普通高等教育“十三五”规划教材
高等院校计算机系列教材

C/C++语言程序设计

主　编　谭晓玲　熊　江　方伟鉴　杨　勇
副主编　雷国平　余先伦　牛晓伟　刘　毓
　　　　肖化武　胡政权

华中科技大学出版社
中国·武汉

内容简介

本书以面向应用型人才培养为目标，遵循理论联系实际的原则，注重基础性和实用性，简洁、通俗易懂、直观地讲述了C/C++语言程序设计。第1~8章讲述了C语言的背景知识，基本数据类型、运算符和表达式，程序的流程控制，数组，模块化程序设计，指针，结构体和共用体，文件等内容；第9章介绍了C++程序设计基础等内容；第10章是实验指导；第11章是习题。

本书以C/C++语言程序设计基础为主，面向零基础的初学者。C++语言在C语言的基础上做了部分修改和扩充，结合实验指导，着重培养学生的基本编程思想，提升学生的逻辑思维能力和抽象能力。本书既适合高等学校计算机专业和非计算机专业的学生使用，也可作为各类职业院校、计算机培训学校等相关专业课程的教材与工程技术人员自学和参考的资料。

图书在版编目(CIP)数据

C/C++语言程序设计/谭晓玲等主编. 一武汉：华中科技大学出版社，2018.12（2024.9重印）
ISBN 978-7-5680-4931-3

Ⅰ. ①C… Ⅱ. ①谭… Ⅲ. ①C语言-程序设计-高等学校-教学参考资料 Ⅳ. ①TP312.8

中国版本图书馆CIP数据核字(2019)第008264号

C/C++语言程序设计　　谭晓玲 熊 江 方伟鉴 杨 勇 主编
C/C++ Yuyan Chengxu Sheji

策划编辑：范 莹
责任编辑：陈元玉
封面设计：原色设计
责任监印：赵 月
出版发行：华中科技大学出版社（中国·武汉）　电话：（027）81321913
武汉市东湖新技术开发区华工科技园　邮编：430223
录 排：华中科技大学惠友文印中心
印 刷：广东虎彩云印刷有限公司
开 本：787mm×1092mm 1/16
印 张：18.5
字 数：437千字
版 次：2024年9月第1版第2次印刷
定 价：45.00元

前　言

程序设计是高等院校的一门基础课程。对于计算机相关专业，程序设计是基础，是进一步学习其他专业知识的第一步阶梯；对于非计算机专业，程序设计的学习有助于理解计算机的工作方式，哪些是计算机擅长解决的问题，计算机擅长用怎样的方式去解决这些问题，从而更好地利用计算机来解决本专业领域内的问题。

C 语言是古老而长青的编程语言，它具备了现代程序设计的基本要求，它的语法是很多其他编程语言的基础，在各类编程语言排行榜上常年名列前茅。它以其丰富灵活的控制和数据结构、简洁的语句、清晰的程序结构、良好的移植性、较小的时空开销广泛应用于系统软件和应用软件的开发中。C++语言是在 C 语言基础上发展起来的面向对象的高级计算机语言，它不但继承了 C 语言的所有优点，而且兼容 C 语言的所有语法，更增强了安全性、适应性，提高了编程效率高。C++既可用于面向过程的结构化程序设计，又可用于面向对象的程序设计，是一种功能强大的混合型程序设计语言。

在多年高校的教学工作中，编者深切体会到，对读者而言，学习 C/C++语言程序设计的过程不仅是非常重要的专业基础训练，而且锻炼耐心和毅力，培养独立思考、逻辑思维，有助于提高发现问题、分析问题和解决问题的综合应用能力，其意义要远大于学会一门程序设计语言，其对后续课程的学习和今后的工作也大有裨益。

本书由长期从事高等院校 C/C++语言程序设计课程的教学、科研开发的一线人员编写而成。依据编者多年的实践教学经验，并参考和借鉴了多本相关的同类教材，对本书的知识体系总体结构及内容讲述的逻辑顺序进行了精心的设计和安排，以基本理论、基本方法和基础知识为着眼点，力争做到知识体系完整，结构顺序合理，内容深浅适宜，例题典型全面，讲解循序渐进。另外，一开始就让读者上机实践，之后理论与实践互补学习，这有利于掌握程序设计的技巧，提高编程能力。扎实掌握好 C 语言编程后，再自然过渡到 C++语言编程。同时，编者还认真参考了全国计算机等级考试的考试大纲，在内容讲授的深度、广度以及侧重点上，尽量满足全国计算机等级考试的要求，让广大读者通过学习本书即可轻松应对全国计算机等级考试。

本书第 1 章由熊江、谭晓玲老师编写，第 2 章、第 3 章、第 7 章由杨勇老师编写，

第 4 章、第 5 章、第 6 章由方伟鉴老师编写，第 8 章由谭晓玲、牛晓伟老师编写，第 9 章由谭晓玲、雷国平、刘毓老师编写，第 10 章由谭晓玲、余先伦、肖化武老师编写，第 11 章、附录由谭晓玲、方伟鉴、杨勇、胡政权老师编写。本书由谭晓玲、熊江老师统稿。编写过程中还得到了重庆三峡学院朱丙丽老师、重庆信息技术职业学院谭俊老师、重庆三峡医药高等专科学校王红老师的热心帮助，在此表示衷心的感谢。

感谢重庆三峡学院、智能信息处理与控制重庆市高校市级重点实验室和重庆市高校创新团队建设计划资助项目（CXTDX201601034）对本书编写工作的资助。

我们在编写中参考了同行专家学者的相关著作，在此谨向他们表示谢意。书中不妥之处在所难免，欢迎读者批评指正。

编　者

2018 年 10 月

目　录

第1章 C语言概述

C 语言是规模小、效率高、功能强的专业编程语言，它被广泛应用于系统软件和应用软件的编写，是公认的最重要的几种编程语言之一，也被称为“低级语言中的高级语言，高级语言中的低级语言”。本章首先介绍C语言的发展及其特点，然后通过实例重点介绍C语言程序的基本结构、书写规则、语句和关键字。

1.1 程序与程序设计语言

计算机本身不能完成任何运算，需要我们告诉计算机如何运算，这就是程序。程序需要有一定的格式才能让计算机识别我们要做的事。因此，我们只有解决一个问题之后（提出算法），才能依靠计算机来帮忙解答问题。

程序设计语言是用于书写计算机程序的语言。语言的基础是一组记号和一组规则。根据规则，由记号构成的记号串的总体就是语言。在程序设计语言中，这些记号串就是程序。程序设计语言有三个方面的因素，即语法、语义和语用。语法表示程序的结构或形式，即表示构成语言的各个记号之间的组合规律，但不涉及这些记号的特定含义，也不涉及使用者。语义表示程序的含义，即表示按照各种方法所表示的各个记号的特定含义，但不涉及使用者。

1.1.1 基本概念

要理解什么是程序，必须先知道什么是计算机？什么是计算？才有可能理解什么是程序。

1.计算

计算（computation）是模拟客观世界运行的一种机制。其目的是预测下一步会发生什么。它有很多种形式，如周易八卦图、大脑里的直觉感应、下意识的反应等。当然，还可以通过机械、电子电路、化学反应等来模拟。我们为计算对象建立模型，比如，需要回答在什么条件下对象的状态会发生转变；当某个数据发生变化时，会引起其他数据怎样变化，等等。将该模型通过特定“机制”描述出来，就是所谓的“计算机”了。

2. 计算机

计算机就是通过电子电路系统来模拟客观世界的运行，接收输入信号，给出输出信号。但是，对专用计算机来说，只能完成单一功能的计算，是不需要程序的。例如运行2+3，可以设计一个专用电路完成。通用计算机可以模拟出任意专用计算机的功能（只要在这个通用计算机的表示范围内），比如2+3、4*5等。

3. 计算机程序

计算机程序就是描述这个专用计算机模型的数据结构，通用计算机解读这个数据结构，然后模拟运行。此数据结构称为程序。这个“解读”过程就是编译器/解释器的运行过程。通过扫描程序，然后将它们翻译成一个个类似的专用电路模块并相互连接而成特别的“计算机”，再让这个机器运行起来，得到预期的结果；否则进行程序调试、修改，重复上面的步骤。

4. 程序

程序（program）是计算机系统的必备元素，因为计算机系统由硬件、操作系统以及软件构成，而程序又是软件的组成部分。操作系统是管理和控制计算机硬件与软件资源的计算机软件，是直接运行在“裸机”上最基本的系统软件，任何其他软件都必须在操作系统的支持下才能运行。可见，操作系统也是一个特殊的程序，特殊在它扮演这个统筹管理的角色，类似于国家职能机关，管理着社会大大小小的事务，让社会有条不紊地发展。

5. 程序与软件的区别

程序与软件（software）的概念不同，但常因为概念相似而被混淆。软件是指程序及与其相关的文档或其他从属物的集合。一般我们视程序为软件的一个组成部分，简单来说，软件=程序+文档。比如一个游戏软件包括程序（如.exe等）和其他图片（如.bmp等）、音效（如.wav等）、使用说明（如readme.txt）等附件，那么这个程序称为应用程序（application），而它与其他文件（图片、音效等）在一起合称为软件。

本质上，程序是在计算机中执行的一系列指令，用于完成特定的目的，通常用某种程序设计语言编写。程序、程序设计语言、计算机与操作系统的关系，好比餐厅中完成一道酸菜鱼，厨房经理（操作系统）协调安排某厨师（计算机）按照某语言（比如C语言）编写的菜谱（程序），使用各种食材（文档），烹饪出美味的酸菜鱼。软件可以看成菜谱和各种食材的集合，用来完成特定的功能（烹饪美食）。

通常，代码文本文件经过预处理、编译、汇编和连接，生成人们不易理解的二进制指令文本，供计算机执行，这种二进制指令文件即为可执行的计算机程序。未经编译可解释运行的程序通常称为脚本程序，未经编译不可执行的代码文件称为源文件。下面以C语言为例，介绍学习编程语言的经典样例helloworld程序的执行过程。源文件helloworld.c如下：

```
#include <stdio.h>
```

```
int main(int argc,char* argv[])
{
  printf("hello world\n");
  return 0;
}
```

helloworld.c 编译默认生成名为 helloworld.exe 的可执行文件，执行输出结果为“hello world”。程序执行过程经历了如下步骤。

（1）二进制可执行文件 helloworld.exe 存储在磁盘上，由 CPU 或 DMA 将 helloworld.exe 加载到主存，加载的数据包括指令和待输出的字符串“hello world”。

（2）CPU 依次从内存读取指令，执行指令，将“hello world”复制到寄存器

（3）CPU 将“hello world”从寄存器复制到标准输出（默认为显示器）。

对于程序的理解，计算机科学家 Niklaus Wirth（尼古拉斯·沃斯）从本质上给出了简洁的定义，即程序=算法+数据结构。所以请记住，软件=程序+文档=算法+数据结构+文档。

6. 应用程序

完成特定功能的软件，这些功能是使用计算机的最终结果。文字处理软件、数据库程序、web 浏览器和图像编辑程序都是应用程序。应用程序使用计算机的操作系统和其他支持应用程序的服务。

1.1.2 程序设计语言

程序设计语言，通常称为编程语言，是指一组用来定义计算机程序的语法规则。更简单地说，就是算法的一种描述。这种标准化的语言可以向计算机发出指令。依靠程序设计语言，人们把解决某个或者某类问题的算法，也可以说是步骤，告诉计算机，从而让计算机帮助我们解决人脑难以解决的问题。如果说计算机的硬件是身体，那么程序就是计算机的灵魂，而程序设计语言就是组成灵魂的各种概念和思想。用户能够根据自己的需求来安装不同的程序，使计算机完成所需的功能，程序设计语言可以说是功不可没。

程序设计语言的基础是一组记号和一组规则。程序设计语言一般都由三部分组成：语法、语义与语用。语法就是在编写程序时所需要遵守的一些规则，也就是各个记号之间的组合规律。语法没有什么特殊含义，也不涉及使用者，但它是编译器识别并编译代码的基础。语义表示的就是程序的含义，也就是按照各种方法所表示的各个记号的特殊含义。程序设计语言的语义又包括静态语义和动态语义。静态语义指的是在编写程序时就可以确定的含义，而动态语义则必须在程序运行时才可以确定的含义。语义不清，计算机就无法知道所要解决问题的步骤，也就无法执行程序。语用表示构成语言的各个记号和使用者的关系，涉及符号的来源、使用和影响。语用的实现有一个语境问题。语境

是指理解和设计程序设计语言的环境，包括编译环境和运行环境。

和自然语言一样，程序设计语言也经过了一步步的发展才逐渐完善的。

自 20 世纪 60 年代以来，世界上公布的程序设计语言已有上千种，但是只有很小一部分得到了广泛应用。从发展历程看，程序设计语言可以分为四个阶段。

1. 第一代机器语言

机器语言是由二进制 0、1 代码指令构成的，不同的 CPU 有不同的指令系统。机器语言程序难编写、难修改、难维护，需要用户直接对存储空间进行分配，编程效率极低。这种语言已逐渐被淘汰了。

2. 第二代汇编语言

汇编语言指令是机器指令的符号化，与机器指令存在着直接的对应关系，所以汇编语言同样存在着难学难用、容易出错、维护困难等缺点。但是汇编语言也有自己的优点：可直接访问系统接口，汇编程序翻译成的机器语言程序的效率高。从软件工程角度看，只有在高级语言不能满足设计要求，或不具备支持某种特定功能的技术性能（如特殊的输入/输出）时，汇编语言才被使用。

3. 第三代高级语言

高级语言是面向用户的、基本上独立于计算机种类和结构的语言。其最大的优点是：形式上接近算术语言和自然语言，概念上接近人们通常使用的概念。高级语言的一个命令可以代替几条、几十条甚至几百条汇编语言的指令。因此，高级语言易学易用，通用性强，应用广泛。高级语言种类繁多，可以从应用特点和对客观系统的描述两个方面对其进一步分类。

1）从应用角度分类

从应用角度看，高级语言可以分为基础语言、结构化语言和专用语言。

（1）基础语言。基础语言也称通用语言。它的历史悠久，流传很广，有大量的已开发的软件库，拥有众多的用户，为人们所熟悉和接受。这类语言有 FORTRAN、COBOL、BASIC、ALGOL 等。FORTRAN 语言是目前国际上广为流行、也是使用得最早的一种高级语言，从 20 世纪 90 年代起，在工程与科学计算中一直占有重要地位，备受科技人员的欢迎。BASIC 语言是在 20 世纪 60 年代初为适应分时系统而研制的一种交互式语言，可用于一般的数值计算与事务处理。BASIC 语言结构简单，易学易用，并且具有交互能力，成为许多初学者学习程序设计的入门语言。

（2）结构化语言。20 世纪 70 年代以来，结构化程序设计和软件工程的思想日益为人们所接受和欣赏。在它们的影响下，先后出现了一些很有影响的结构化语言，这些结构化语言直接支持结构化的控制结构，具有很强的过程结构和数据结构能力。PASCAL、

C、Ada 等语言就是它们的突出代表。

PASCAL 语言是第一种系统地体现结构化程序设计概念的现代高级语言，软件开发的最初目标是把它作为结构化程序设计的教学工具。由于它模块清晰、控制结构完备、有丰富的数据类型和数据结构、语言表达能力强、移植容易，不仅被国内外许多高等院校定为教学语言，而且在科学计算、数据处理及系统软件开发中都有较广泛的应用。

C 语言功能丰富，表达能力强，有丰富的运算符和数据类型，使用灵活方便，应用面广，移植能力强，编译质量高，目标程序效率高，具有高级语言的优点。同时，C 语言还具有低级语言的许多特点，如允许直接访问物理地址，能进行位操作，能实现汇编语言的大部分功能，可以直接对硬件进行操作等。使用C语言编译程序产生的目标程序，其质量可以与汇编语言产生的目标程序相媲美，具有“可移植的汇编语言”的美称，成为编写应用软件、操作系统和编译程序的重要语言之一。

（3）专用语言。专用语言是为某种特殊应用而专门设计的语言，通常具有特殊的语法形式。一般来说，这种语言的应用范围狭窄，移植性和可维护性不如结构化程序设计语言。随着时间的发展，专业语言已有数百种，应用比较广泛的有 APL 语言、Forth 语言、LISP 语言。

2）从客观系统的描述分类

从客观系统的描述来看，程序设计语言可以分为面向过程语言和面向对象语言。

（1）面向过程语言。以“数据结构+算法”程序设计范式构成的程序设计语言，称为面向过程语言。前面介绍的程序设计语言大多为面向过程语言。

（2）面向对象语言。以“对象+消息”程序设计范式构成的程序设计语言，称为面向对象语言。比较流行的面向对象语言有 Delphi、Visual Basic、Java、C++等。

Delphi 语言具有可视化开发环境，提供面向对象的编程方法，可以设计各种具有 Windows 内核的应用程序（如数据库应用系统、通信软件和三维虚拟现实等），也可以开发多媒体应用系统。

Visual Basic 语言简称 VB，是为开发应用程序而提供的开发环境与工具。它具有很好的图形用户界面，采用面向对象和事件驱动的新机制，把过程化和结构化编程集合在一起。它在应用程序开发中的图形化构思，无需编写任何程序，就可以方便地创建应用程序界面，且与 Windows 界面非常相似，甚至是一致的。

Java 语言是一种面向对象的、不依赖于特定平台的程序设计语言，简单、可靠、可编译、可扩展、多线程、结构中立、类型显示说明、动态存储管理、易于理解，是一种理想的、用于开发 Internet 应用软件的程序设计语言。

4. 第四代非过程化语言

第四代编程语言（4GL）是非过程化语言，编码时只需说明“做什么”，不需要描述算法细节。数据库查询和应用程序生成器是4GL的两个典型应用。用户可以使用数据库查询语言（SQL）对数据库中的信息进行复杂的操作。用户只需将要查找的内容在什么地方、根据什么条件进行查找等信息告诉SQL，SQL将自动完成查找过程。应用程序生成器则是根据用户的需求“自动生成”满足需求的高级语言程序。真正的第四代程序设计语言应该说还没有出现。所谓的第四代程序设计语言大多是指基于某种语言环境上的具有4GL特征的软件工具产品，如System Z、PowerBuilder、FOCUS等。第四代程序设计语言是面向应用的，为最终用户设计的一类程序设计语言。它具有缩短应用开发周期、降低维护成本、最大限度地减少调试过程中出现的问题以及对用户友好等优点。

1.2　C语言的发展简史和特点

1.2.1　C语言的发展简史

C语言的前身是1967年由Martin Richards为了开发操作系统和编译器而提出的两种高级程序设计语言 BCPL（Basic Combined Programming Language）和 B.BCPL。Ken Thompson在BCPL的基础上，提出了新的功能更强的B语言，并在1970年使用B语言开发出UINX操作系统的早期版本。BCPL语言和B语言都属于“无数据类型”的程序设计语言，即所有的数据都是以“字”（Word）为单位出现在内存中的，由程序员来区分数据的类型。

1972年，贝尔实验室的Dennis M. Ritchie在BCPL语言和B语言的基础上，又增加了数据类型及其他一些功能，提出了C语言，并在DEC PDP-11计算机上实现。

到20世纪70年代末，C语言已经基本定型，这个C语言版本现在被称为“传统C语言”。1978年，B.W.Kernighan和D.M.Ritchit合著了很有名的《THE C PROGRAMMING LANGUAGE》（简称为《K&R》）一书。但是，在《K&R》中并没有定义一个完整的标准C语言。

C语言还是一门与硬件相关的语言，为了让它能够运行在各种类型的计算机上，即各种硬件平台（Hardware Platforms）上，人们就提出了多种相似但却常常不能相互兼容的C语言版本。这就出现了一个很严重的问题：能够在一台机器上运行的C语言程序往往不能够在另一台机器上运行，除非程序被重新编写。因此，退出C语言标准的呼声日益强烈。1983年，美国国家标准委员会（American National Standards Committee，ANSC）下属的计算机与信息处理部（X3）成立了“X3J11 技术委员会”，专门负责制定一个无二义性的与硬件无关的C语言标准。1989年，“标准C”诞生。1999年，这个标准被更新为“INCITS/ISO/IEC9899:1999”（即C99）。2001年和2004年先后对C语言标准进行了两次技术修正。目前流行的C语言编译系统大多是以ANSI C为基础进行开发的，但不同版本的C编译系统所实现的语言功能和语法规则略有差异。

早期的C语言主要用于UNIX系统。由于C语言的强大功能和各方面的优点逐渐为人们所认识，到了20世纪80年代，C语言开始进入其他操作系统，并很快在各类大型、中型、小型和微型计算机上获得广泛应用，成为当代最优秀的程序设计语言之一。

1.2.2 C语言的特点

与其他语言相比，C语言具有以下主要特点。

（1）C语言简洁、紧凑。

C语言简洁、紧凑，而且程序书写形式自由，使用方便、灵活。ANSI C共有32个关键字，9种控制语句，程序书写自由，主要用小写字母表示，压缩了一切不必要的成分。需要注意的是，在C语言中，关键字都是小写字母。

（2）C语言是高级、低级兼容语言。

C语言又称中级语言，它介于高级语言和低级语言（汇编语言）之间，既具有高级语言面向用户、可读性强、容易编程和维护等优点，又具有汇编语言面向硬件和系统并可以直接访问硬件的功能。C语言允许直接访问物理地址，能进行位（bit）操作，能实现汇编语言的大部分功能，可以直接对硬件进行操作。由于C语言既具有高级语言的功能，又具有低级语言的许多功能，所以可用来编写系统软件，使它既是成功的系统描述语言，又是通用的程序设计语言。

（3）C语言是一种结构化和模块化的程序设计语言。

C是一种融合了控制特性的现代语言。我们发现，在计算机科学的理论和实践中，控制特性是很重要的，它可让用户自然地采用自顶向下的规划、结构化的编程，以及模块化的设计。结构化语言的显著特点是程序与数据独立，从而使程序更通用、更易懂。这种结构化方式可使程序层次清晰，便于调试、维护和使用。

所谓模块化，是指将一个大的程序按功能分割成一些模块，使每个模块都成为功能单一、结构清晰、容易理解的函数，适合大型软件的研制和调试。

（4）C语言可移植性好。

C语言是面向硬件和操作系统的，但它本身并不依赖于机器硬件系统，从而便于在硬件结构不同的机器和各种操作系统间实现程序的移植。

在一个系统上编写的C程序，一般很少修改或不经修改就可在其他系统上运行。如果修改是必要的，则通常只需改变伴随主程序的一个头文件中的几项内容即可。

由于C语言与UNIX系统的紧密联系，所以UNIX系统通常都带有一个C编译器作为程序包的一部分。Linux 操作系统中同样也包括一个 C 编译器。个人计算机包括运行不同版本操作系统的 Windows 和 Macintosh，可使用若干种 C 编译器。所以，不论你使用的是家用计算机、专业工作站还是大型机，都很容易得到针对你的特定系统的 C 编译器。

（5）语法限制不太严格,程序设计自由度大。

C 语言允许程序编写者有较大的自由度，不进行严格的语法检查，编写者不过分依赖 C 语言编译程序查错，例如，对数组下标越界不进行检查，对变量的类型使用比较灵活，整型量与字符型数据以及逻辑型数据可以通用。这些都需由程序编写者自己保证程序的正确性。

（6）生成的目标代码质量高，程序执行效率高。

1.2.3 C 语言的应用领域以及发展前景

20 世纪 80 年代初，C 在 UNIX 系统的小型机世界中已经是主导语言了，从那时开始，它已经扩展到个人计算机（微型机）和大型机（庞然大物），许多软件开发商都首选 C 语言来开发其子处理程序、电子表格软件、编译器和其他产品。这些软件开发商知道，C 语言可以产生紧凑而高效的程序。更重要的是，这些程序易于修改且易于适应新的计算机模式。

20 世纪 90 年代，许多软件开发商开始转身使用 C++语言来编写大项目程序。C++语言向 C 语言嫁接了面向对象编程工具（面向对象编程是一种哲学思想，它试图让语言来适应问题，而不是让问题来适应语言）。C++差不多是 C 的一个超集，意味着任何 C 程序都同时是或差不多是一个有效的 C++程序。通过学习 C 语言，你还会学习到 C++语言的许多知识。

C 语言在软件产业中一直扮演着重要的角色，由于 C 语言具有高级语言的特点，又具有汇编语言的特点，所以可以作为工作系统设计语言编写应用程序，也可以作为应用程序设计语言编写不依赖于计算机硬件的应用程序。其应用范围极为广泛，不仅是在软件开发上，各类科研项目也都要用到 C 语言。下面列举了 C 语言的一些常见领域。

（1）应用软件。Linux 操作系统中的应用软件都是使用 C 语言编写的，因此，这样的应用软件安全性非常高。

（2）对性能要求严格的领域。一般对性能有严格要求的地方都是使用 C 语言编写的，比如，网络程序的底层、网络服务器端的底层、地图查询等。

（3）系统软件和图形处理。C 语言具有很强的绘图能力和可移植性，并且具备很强的数据处理能力，可以用来编写系统软件、制作动画、绘制二维图形和三维图形等。

（4）数字计算。相对于其他编程语言，C 语言是数字计算能力超强的高级语言。

（5）嵌入式设备开发。手机、掌上电脑等时尚消费类电子产品相信大家都不陌生，其内部的应用软件、游戏等很多都是采用C语言进行嵌入式开发的。

（6）游戏软件开发。游戏大家更不陌生，很多人就是由玩游戏而熟悉了计算机。可以用C语言开发很多游戏，比如推箱子、贪吃蛇等。

1.3　C语言程序的结构与书写规则

1.3.1　C语言程序的总体结构

C语言程序是由一个主函数和若干个（或0个）用户函数组成的。主函数可以调用任何用户函数，用户函数间可以互相调用，但不能调用主函数。C语言程序总是从main函数开始执行的，而不论main函数在整个程序中的位置如何。从主函数的第一条语句开始执行，直到主函数的最后一条语句结束。

下面是一个在标准输出（stdout）设备上输出"hello,world"字符串的简单程序，通常作为初学程序设计语言时的第一个程序（可命名为hello.c）。

【例1.1】仅由main函数构成的C语言程序。

程序如下：

```
#include <stdio.h>                    /*文件包含*/
int main(void)                        /*主函数*/

{                                     /*从函数体开始*/
  printf("hello,world\n");            /*输出语句*/
  return 0;
}                                     /*至函数体结束*/
```

运行结果如下：

```
hello,world
```

程序说明如下。

（1）定义函数main，其中函数的头包括：函数类型为int（表示整数类型，简称整型）；函数名为main，函数不包含形式参数，如果写上void，则void表示空类型、无类型。

（2）函数体的第一条语句是调用系统预定义的标准函数printf（print format），以字符串"hello,world\n"为实际参数，输出双引号中的字符串，其中“\n”使用两个字符表示一个特殊符号换行符，即换行。

（3）标准函数printf声明在系统文件stdio.h中。因此，程序的第一行通过#include指令包含stdio.h文件。

（4）第二条语句是返回语句（return语句）。若main函数返回零，则表示程序正常结束；若返回非零，则表示异常。return语句是程序的最后一条语句。在int main(void)中，int表示main函数的返回值应该是一个整数。C语言标准要求main函数这样做。带有返回值的C语言函数要使用一条return语句，该语句包含关键字return，后面紧跟要返回的值，然后是一个分号。对于main函数来说，如果你漏掉了return语句，则大多数编译器将对你的疏忽提出警告，但仍将编译该程序。此时，你可以暂时把main中的return语句看成是保持逻辑连贯性所需的内容。

C 语言程序的书写格式自由，各语法单位之间必须加一个以上的空白符（空格或换行等）分隔。

1.3.2　函数的一般结构

任何函数（包括主函数main）都是由函数说明和函数体两部分组成的。其一般结构如下：

```
[函数类型]  函数名(函数参数表)  函数说明部分
{     说明语句部分;\
      执行语句部分;/  函数体部分
}
```

1. 使用的语法符号约定

[]：方括号表示可选（既可以指定，也可以默认）。

……：省略号表示前面的项可以重复。

|：表示多（含2）中选1。

2. 函数说明

由函数类型（可默认）、函数名和函数参数表三部分组成，其中函数参数表的格式如下：

```
数据类型 形参[,数据类型 形参 2......]
```

例如，例1.2中的函数max，其函数说明部分结构图如图1.1所示。

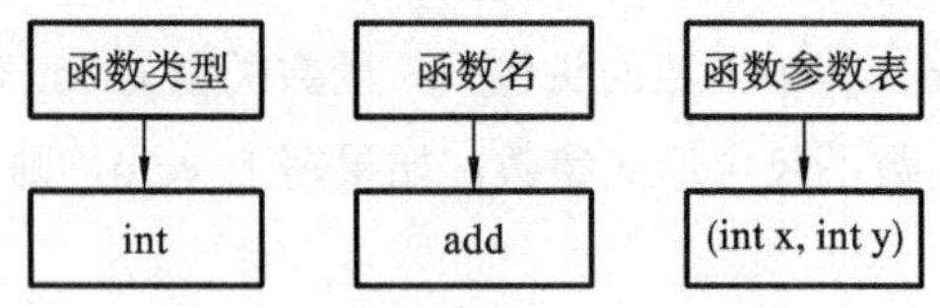

图 1.1　函数说明部分结构图

注意：在旧标准中，函数可以默认参数表。

3. 函数体

函数体是在函数说明部分的下面、大括号（必须配对使用）内的部分。

函数体一般由说明语句和可执行语句两部分构成。

（1）说明语句。

说明语句由变量定义、自定义类型定义、自定义函数说明、外部变量说明等组成。

（2）可执行语句。

可执行语句一般由若干条可执行语句构成。main 函数体的示意图如图 1.2 所示。

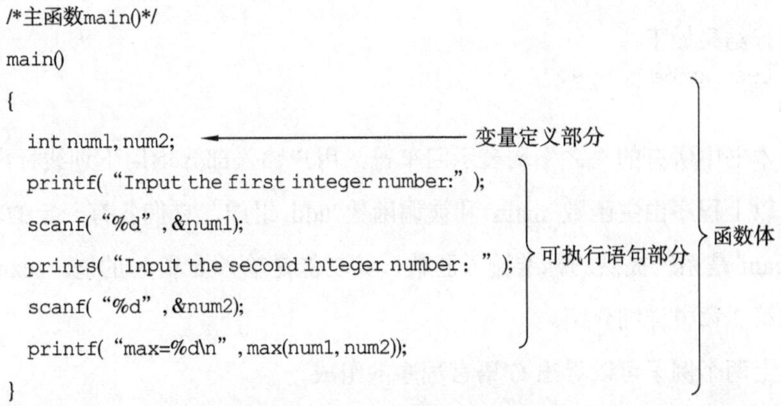

```
/*主函数main()*/
main()
{
  int num1, num2;        ←—— 变量定义部分
  printf("Input the first integer number:");
  scanf("%d",&num1);
  prints("Input the second integer number: ");      } 可执行语句部分   } 函数体
  scanf("%d",&num2);
  printf("max=%d\n",max(num1, num2));
}
```

图 1.2　main 函数体的示意图

4. 说明

函数体中的变量定义语句必须放在所有可执行语句之前。

下面程序中，变量定义语句“int max;”的位置是非法的：

```
main()
{ int x,y;   /*变量定义语句：定义两个整型变量 x、y*/
  x=3;       /*可执行的赋值语句：将 3 赋给变量 x*/
  y=6;       /*可执行的赋值语句：将 6 赋给变量 y*/
  int max;   /*变量定义语句：出现在可执行的赋值语句"x=3; "和"y=6; "之后，非法！*/
  max=x>y?x:y;
  printf("max=%d\n",max);
}
```

解决办法很简单，请读者自己思考。

【例 1.2】由 main 函数和一个其他函数 add 构成的C语言程序。

从键盘输入两个整数，计算并输出它们的和。程序如下：

```
#include <stdio.h>
                                      /*add 函数用于求两数之和*/
int add(int x,int y)                  /*函数定义部分，add 为函数名，x、y 为形参*/
{
    int z;
    z=x+y;
    return(z);                        /*将两数之和返回到主调函数中*/
}
/*main 函数完成两个整数的输入，并输出两数之和*/
main()
{
    int a,b,sum;
    printf("input two number: ");
```

```
    scanf("%d,%d",&a,&b);           /*输入两个整数，分别赋给变量 a、b*/
    sum=add(a,b);                   /*调用 add 函数，将返回值赋给变量 sum*/
    printf("sum=%d\n",sum);
}
```

程序运行结果如下：

```
input two number: 5,9↙
sum=14
```

注意：本书中所有的“↙”均表示回车符，用户输入部分均用下划线标出。

说明：以上程序由主函数 main 和被调函数 add 组成，它们各有一定的功能。main 函数中的 scanf 是系统提供的标准输入函数，其功能是输入 a 和 b 的值，scanf 函数的具体用法将在第 3 章中详细介绍。

通过以上两个例子可以看出 C 语言程序的组成。

①函数是 C 语言程序的基本单位。

C 语言程序都是由函数和变量组成的。在 C 语言程序中包含一个或多个函数，每个函数完成特定的功能。main 函数的作用相当于其他高级语言中的主程序；其他函数的作用相当于子程序。

②C 语言程序总是从 main 函数开始执行。

一个 C 语言程序，总是从 main 函数开始执行，而不论其在程序中的位置，在 main 函数中直接或间接调用其他函数，当主函数执行完毕时，程序就执行完毕。习惯上，将主函数 main 放在最前头。

③函数的定义包括函数头和函数体。

函数头包括三个部分：函数值类型、函数名和形式参数列表。其中，函数名是必需的，形式参数列表写在一对圆括号中。

④函数值类型和形式参数是可选的，若没有，则应按新的 C 语言标准写上 void。

⑤函数体包含在一对花括号中，其中可包括两个部分，即声明部分和执行部分。

声明部分用来定义或声明函数中将用到的若干变量和函数。执行部分包括实现指定功能的若干语句。声明部分在前，执行部分在后，它们之间可用空行分隔，以使函数更清晰。

1.3.3　C 语言程序的书写规则

C 语言程序的书写规则主要包括以下几个方面。

（1）C 语言程序是由函数组成的，每个函数完成相对独立的功能，函数是 C 语言程序的基本模块单元。每个程序必须有且只能有一个主函数 main，除主函数外，可以没有其他函数（如例 1.1），也可以有一个或多个其他函数（如例 1.2）。被调用的其他函数可以是系统提供的函数（如 printf 和 scanf），也可以是用户根据需要自己编写的函数（如 add）。

（2）主函数的位置是任意的，可以在程序的开头、两个函数之间或程序的结尾。程序的执行总是从主函数开始，并在主函数中结束。

（3）C 语言程序一般用小写字母书写，只有符号常量或其他特殊用途的符号才使用大写字母。

（4）C 语言程序的书写格式自由，允许一行内写多条语句，也允许一条语句写在多行，但所有语句都必须以分号“;”结束，函数的最后一条语句也不例外。如果某条语句很长，一般需要将其分成多行书写。

（5）允许使用注释。

C 语言的注释格式为：/*……*/。

例如，在例 1.1 和例 1.2 中，以及本节其他部分给出的源程序中，凡是用“/*”和“*/”括起来的文字，都是注释。

①“/*”和“*/”必须成对使用，且“/”和“*”、“*”和“/”之间不能有空格，否则会出错。

技巧：为了避免遗漏必须配对使用的符号，例如注释符号、函数体的起止标识符（花括号）、圆括号等，在输入时，可连续输入这些起止标识符，然后在其中进行插入来完成内容的编辑。当起止标识符嵌套以及相距较远时，这样做更有必要。

②注释的位置，可以单占 1 行，也可以跟在语句的后面。

③如果 1 行写不下，可另起 1 行继续写。

④注释中允许使用汉字。在非中文操作系统下，看到的是一串乱码，但不影响程序运行。

C 语言中可以使用“/*……*/”对 C 语言程序的任何部分进行注释，以增强程序的可读性。VC++语言中还可以使用“//”给程序加注释，两者的区别在于“/*……*/”可以对多行进行注释，而“//”只能对单行进行注释。程序编译时，不对注释进行任何处理。注释通常放在一段程序的开始，用以说明该段程序的功能；或者放在某条语句的后面，对该语句进行说明。

（6）在程序中使用的变量名、函数名、标号等统称为标识符。除库函数的函数名由系统定义外，其余都由用户自定义。C 语言规定，标识符只能是字母（A～Z、a～z）、数字（0～9）、下划线（_）组成的字符串，并且其第一个字符必须是字母或下划线。

标识符分为以下三类。

①关键字：具有特定含义，专门用来说明 C 语言特定成分的一类标识符；必须小写，如 int、float double 等。

②预定义标识符：为库函数名、编译预处理命令名（define、include）。预定义标识符可作为用户标识符使用，此时预定义标识符就失去了原来的意思；但用户标识符不可作为预定义标识符。

③用户标识符：一般给变量、函数、数组或指针等命名，由用户根据需要定义的标识符。

使用标识符时还必须注意以下几点。

①标准 C 不限制标识符的长度，但它受各种版本的 C 语言编译系统限制，同时也受具体机器的限制。例如在某版本 C 中规定标识符前八位有效，当两个标识符前八位相同时，则被认为是同一个标识符。

②在标识符中，大小写是有区别的。例如 BOOK 和 book 是两个不同的标识符。

③标识符虽然可由程序员随意定义，但标识符是用来标识某个量的符号。因此，命名应尽量有相应的意义，以便于理解，做到“见名知意”，且不与关键字相同。

1.3.4 C 语言程序结构小结

（1）C 语言程序是由多个函数构成的。

（2）每个 C 语言程序中有且只有一个 main 函数。

（3）main 函数是程序的入口和出口。

（4）不使用行号，无程序行的概念。

（5）程序中可使用空行和空格。

（6）C 语言程序格式常使用锯齿形书写格式。

（7）C 语言程序中可加任意多的注释。

（8）引用 C 语言标准库函数，一般要使用预处理命令将其头文件包含进来。

（9）用户自定义的函数，必须先定义后使用。

（10）变量必须先定义后使用。

（11）变量名、函数名必须是合法的标识符，标识符习惯用小写字母，大小写敏感。

（12）不能使用关键字来命名变量和函数。

（13）函数包含两个部分：声明部分和执行部分，在C语言程序中，声明部分在前，执行部分在后，这两部分的顺序不能颠倒，也不能有交叉。

1.4　C语言的语句和关键字

1.4.1　C语言的语句

与其他高级语言一样，C语言也是利用函数体中的可执行语句向计算机系统发送操作命令。按照语句功能或构成的不同，可将C语言的语句分为5类。

1. 控制语句

控制语句完成一定的控制功能。C语言只有9条控制语句，又可细分为以下3种。

（1）选择结构控制语句。

```
if()~else~,switch()~
```

（2）循环结构控制语句。

```
do~while(),for()~,while()~,break,continue
```

（3）其他控制语句。

```
goto,return
```

2. 函数调用语句

函数调用语句由一次函数调用加一个分号（语句结束标志）构成，例如：

```
printf("This is a C function statement.");
```

3. 表达式语句

表达式语句由表达式后加一个分号构成。最典型的表达式语句是在赋值表达式后加一个分号构成的赋值语句。

例如，“num=5”是一个赋值表达式，而“num=5;”是一条赋值语句。

4. 空语句

空语句仅由一个分号构成。显然，空语句什么操作也不执行。

例如，下面就是一条空语句：

```
;
```

5. 复合语句

复合语句是由大括号括起来的一组（也可以是一条）语句构成。例如：

```
main()
{…
{…}      /*复合语句。注意：右括号后不需要分号*/
 …
}
```

复合语句的性质如下。

（1）在语法上和单一语句相同，即单一语句可以出现的地方，也可以使用复合语句。

（2）复合语句可以嵌套，即复合语句中也可出现复合语句。

1.4.2 关键字

C 语言的关键字共有 32 个，根据关键字的作用，可将其分为数据类型关键字、控制语句关键字、存储类型关键字和其他关键字四类。

（1）数据类型关键字（12 个）：char、double、enum、float、int、long、short、signed、struct、union、unsigned、void。

（2）控制语句关键字（12 个）：break、case、continue、default、do、else、for、goto、if、return、switch、while。

（3）存储类型关键字（4 个）：auto、extern、register、static。

（4）其他关键字（4 个）：const、sizeof、typedef、volatile。

C 语言中的关键字可参见第 2 章的表 2-1。

第 2 章　基本数据类型、运算符和表达式

本章介绍 C 语言的基本内容，即基本数据类型、运算符和表达式，这也是程序设计的基础。数据类型亦称数据的存储方式；运算符则提供了数据的运算规则，是对数据进行处理的具体描述；表达式则由数据和运算符组成，为处理数据时所用。在学习如何编写 C 程序之前，首先必须搞清楚本章的必备基础知识。本章是 C 语言程序设计的基础，较多知识点需要采用实例相结合的方法来熟悉，为后续的灵活运用打下良好基础。

2.1　标识符

标识符，实际就是一个由基本字符组成的字符序列，通俗来讲，它就相当于一个人的名字。其作用是用来标识程序中的常量名、变量名、数据类型名、函数名以及程序名等。C 语言规定了合法有效的标识符的语法规则，标识符只能由字母（a～z、A～Z）、数字（0～9）和下划线（_）组成，且第一个字符必须以字母或下划线开头。

C 语言中，标识符按来源不同可分为三类，即关键字、特定字（预定义标识符）和用户自定义标识符。

1. 关键字

关键字又称保留字，用来说明 C 语言中某一固定含义的字，是由系统命名并为系统所专用的特殊标识符，不可以作为它用。在 C 语言中，共有这样的关键字 32 个（见表 2-1）。按用途可以将其分为类型标识符、控制流标识符、存储类型标识符和其他标识符。

表 2-1　C 语言的 32 个关键字

类型标识符（12 个）	控制流标识符（12 个）	存储类型标识符（4 个）	其他标识符（4 个）
int、char、float、double、long、short、signed、unsigned、struct、union、enum、void	break、case、continue、default、do、else、for、goto、if、return、switch、while	auto、extern、register、static	const、sizeof、typedef、volatile

注意：所有关键字不允许作为它用，且关键字都是小写的。

2. 特定字（预定义标识符）

特定字（预定义标识符）通常供 C 语言的库函数名或预编译处理中的专用命名使用，主要有如下 7 个。

`#define`、`#include`、`#undef`、`#indef`、`#ifndef`、`#endif`、`#line`

这些标识符虽然不是关键字，但由于这些字赋予的特定含义，所以人们习惯把特定

字看成是关键字。同样，在程序中，特定字不能作为一般标识符使用。

3. 用户自定义标识符

C 程序中，用户自定义标识符是由用户定义表示变量名、函数名、数组名、文件名、类型名等的有效字符序列。下面的标识符是合法的：

Year　name　f_1　fff_he　x　y　_old

下面的标识符是不合法的：

5k　-xy　1_day　.com　&102　win7.0　a/b

用户在定义标识符时，应注意以下几点。

（1）用户定义的标识符应采用与 32 个关键字、预定义标识符不同的字符来命名。

（2）应区分大小写，即大、小写英文字母具有不同的含义，系统将对大小写字母进行不同的字符处理。

（3）应尽量“简洁明了，见名知意”。例如在求和时，可用 sum 来定义该字符。

（4）以下划线开头的标识符通常是编译系统专用的，所以在编写 C 语言程序时，最好不要使用下划线开头的标识符。

2.2　变量与常量

2.2.1　变量

所谓变量，是指在程序运行过程中变量的数值可以发生变化的量。变量的本质是内存或寄存器中的存储单元，在程序运行中，变量改变的是其中存放的数据。内存空间的大小由定义的变量数据类型所决定。变量的使用应该“先定义，后使用”。

1. 变量名

为了区分不同的变量，需要为每个变量命名。变量名是标识符，应该遵循标识符的命名规则，采用合法有效的变量名字，并且尽量规范，做到“见名知意”，如 min、add、sum 等，注意不能使用保留字和特定字等。变量在命名时不宜过长，以防超过 C 语言编译器所支持的变量名长度。

2. 变量的定义

变量在使用之前需要预先声明，也叫变量的定义。变量的定义一般包含两部分，即变量标识符和变量名列表。定义完成后以半角状态下的分号结束。其一般形式为：

```
类型标识符　变量名列表;
```

注意：类型标识符必须是合法有效的数据类型。变量名列表可以有一个或多个变量，当有多个变量时，变量之间用逗号隔开。多个变量的定义要集中放在函数的开始处，不能与其他语句混放，否则不能通过编译，例如：

```
int a,b;                          /*定义整型变量*/
float f1,f2;                      /*定义单精度实型变量 f1 和 f2*/
char ch;                          /*定义字符型变量*/
```

3. 变量的使用

变量定义之后，需要在使用变量之前对其赋值，即变量的初始化。初始化的变量可以在程序中使用或者改变初始值（即刷新或重新赋值）。变量的赋值可以通过赋值运算符（=）实现，变量赋值的一般格式为：

```
变量名=表达式;
```

变量的赋值，一般有如下几种情况。

（1）在定义变量的同时为其赋值，也称变量的初始化。定义的变量可以全部初始化，也可以部分初始化，例如：

```
int x=5,y=16;                     /*定义整型变量 x 和 y，并且赋值为 5 和 16*/
int a=2,b,c=5;                    /*定义变量 a、b、c，并且给 a、c 赋值为 2 和 5*/
```

（2）先定义，后赋值，例如：

```
int x;                            /*定义 x 为整型变量*/
x=5;                              /*x 的值为 5*/
```

给变量赋值时，应注意以下几个问题。

①变量在某一时刻只能有一个值，变量获得新的赋值后，其原值将被覆盖而消失不见。例如：

```
int y=15;
y=20;
```

执行该程序段后，变量 y 的值为 20，而不是 15。

②定义多个同类型变量时，如果要给所有变量赋同一个值，则只能逐个赋值。例如，下面定义的语句是错误的：

```
int x=y=z=10;
```

正确的格式应为：

```
int x=10,y=10,z=10;
```

③如果变量的类型与数据类型不一致时，则数据会被转换成与变量相同的类型。例如，下面的定义是合法的：

```
int x=10.5;
long y=99;
```

该程序段执行完后，变量 x 的值是整型数据 10，变量 y 的值是长整型数据 99L。

④C 语言中，如果变量定义后未赋值就直接使用，则其值是不正确的，会造成结果不正确。例如：

```
int a,sum,
a=2;
sum=sum+a;
```

```
printf("%d\n",sum);
```

这段程序因为sum没有赋初值，因此不能直接sum+a，执行后输出不确定的值。

2.2.2 常量

与变量相对应，常量用来保存程序执行过程中不发生改变的量，并在程序中一直以固定值的形式存在，比如程序中的具体数字、字符或符号等。

1. 整型常量

整型常量又称整数。在C语言中，整数可以用三种数制来表示，即十进制、八进制、十六进制。

（1）十进制整型常量。

由正号、负号和0～9的数码组成，并且第一个数字不能是0。例如，123、−90、0都是十进制整型常量，而012则不是。

（2）八进制整型常量。

由正号、负号和0～7的数码组成，并且第一个数码必须是0。例如，012、067、−046都是八进制整型常量，而019是非法的常量，八进制中无9这个符号。

（3）十六进制整型常量。

由正号、负号和数码0～9、a～f或A～F组成，并且要有前缀0x或0X。例如，0x80、0X28、−0xad都是十六进制整型常量，而0x2g1则是非法的常量，十六进制中无g这个符号。

注意：①任何一个整数都可以用以上三种形式表示。例如，十进制数的99，可以采用99、0143、0X63等来表示。

②在C语言中，要表示长整型数，需要在整型常量后面加一个字母L或l。例如，−58L（十进制长整型数）、048L（八进制长整型数）、0x125L（十六进制长整型数）等都是长整数。

2. 实型常量

实型常量又称实数、浮点数，有十进制浮点表示法（小数形式）和科学计数法（指数形式）两种方法。

（1）小数形式。由正号、负号、数字和小数点组成（一定有小数点），且小数点的前或后至少一边要有数字。例如，2.5、0.88、−152.5、3.14159。

（2）指数形式。由正号、负号、数字、小数点和指数符号E（或e）组成。在e前必须有数据（整数或实数），e后的指数必须是整数。指数一般适用于表示较大或较小的数。例如，17.32e5、4.7E−12是合法的，而E3、3.2e0.5、4E、.E5都是不合法的。

3. 字符常量

C语言中的字符常量是指用单引号括起来的单个字符。其中的单引号不可缺少。例如：‘A’、‘a’、‘；’、‘$’、‘4’等都是合法的字符常量，其中‘A’和‘a’是不同的字符常量，不能写成‘ab’或‘01’。字符常量是该字符的 ASCII 码值。字符型数据可参加运算，均以该字符所表示的 ASCII 码值参加运算，例如：

```
ch='a'-32;                          //ch 的 ASCII 码值为 97-32=65
```

转义字符是一种特殊的字符常量，转义字符是由反斜杠‘\’开头的字符序列，此时字符具有特定的含义，一般表示控制功能。例如：‘\’表示换行，是将屏幕上的光标移动到下一行的开头；‘\a’表示产生响铃信号，是使计算机通过声卡或扬声器输出一个短的蜂鸣声。

常见的特殊转义字符如表 2-2 所示。

表 2-2　常见的特殊转义字符

转义字符	转义字符的意义	ASCII 代码	转义字符	转义字符的意义	ASCII 代码
\n	回车换行	10	\\	反斜线符 ‘\’	92
\t	横向跳到下一制表位置	9	\’	单引号符	39
\b	退格	8	\”	双引号符	34
\a	响铃	7	\ddd	八进制所代表的字符	
\r	回车	13	\xhh	十六进制所代表的字符	

利用\ddd 或者\xhh 可以表示任何 ASCII 码字符，如‘\101’代表字母‘A’、‘\012’代表换行操作，还可以显示不能直接从键盘上输入的字符，例如≥不能作为一个字符输入。而执行如例 2.1 所示的 C 程序，就可以在屏幕上显示≥。≥的 ASCII 码值是 242，八进制数为 362。

【例 2.1】在屏幕上显示≥符号。

程序如下：

```
#include <stdio.h>
void main()
{
  char ch;                          //定义字符变量 ch
  ch='\362';                        //将 ASCII 码为八进制 362 的字符赋给 ch
  printf("%c",ch);                  //输出显示≥字符
}
```

执行这个程序，在屏幕上显示：≥

4. 字符串常量

在 C 语言中，字符串常量是用双引号括起来的字符序列，如“CHINA”、“beijing”、“chongqing”。系统在存储字符串常量时会分配一段连续的存储单元，并依次存放字符串中的每个字符；系统会在结束的位置自动添加转义字符‘\0’。‘\0’表示字符串的结尾，所以字符串的实际字节数比字符串显示的字符总数多 1。字符串的长度为字符串中的字符

个数，不包括结束标识符。

字符串常量中包含转义字符，在统计字符串个数时需要特别注意。例如，“abcd\t123\n\\\101”是一个合法的字符串常量，其长度为 11 个字符。字符串大小写也是有区别的，例如，“beijing”和“BEIJING”是两个不同的字符串常量。

C 语言中没有字符串变量，处理字符串时要使用字符数组或指针。要特别指出的是，由于一个汉字需要占用两个字节的空间，所以在 C 程序中，即使对于单个汉字的处理，也要采用字符串的方式处理。

注意：①数字和数字字符的区别。1 和‘1’有什么不同？

简述之，字符‘1’代表一个形状为‘1’的符号，在需要的时候原样输出，在内存中以 ASCII 码的方式存储，占一个字节；而整数 1 是以整数的方式（二进制补码方式）存储的，一般占 2 个字节或 4 个字节。

②字符和字符串表示形式的区别，‘a’和“a”有什么不同？请同学们自行思考。

5. 符号常量

程序中使用一个标识符代表一个常量，该标识符就是符号常量。在 C 语言中，其基本格式为：

```
#define  标识符  常量
```

例如：

```
#define PI 3.1415926                    /*定义了符号常量PI,PI即3.1415926*/
```

在程序进行预编译处理时，程序中所有的“PI”均被替换为“3.1415926”。

【例 2.2】符号常量的定义和使用。

程序如下：

```
#include <stdio.h>
#define PI 3.1415926                    //定义表示圆周率的符号常量PI
void main()
{
  double l,s,r;
  printf("请输入圆的半径: ");          //输入圆的半径r
  scanf("%lf",&r);
  l=2*PI*r;
  s=PI*r*r;
  printf("l=%lf,s=%lf\n",l,s);        //输出圆的周长和圆的面积
}
```

2.3 基本数据类型

C 语言规定，在 C 程序中使用的每个数据都属于唯一的一种数据类型。数据类型是按被定义变量的性质、占据存储空间的大小、构造特点来划分的。C 语言的数据类型如图 2.1 所示。

C 语言的基本数据类型有整型、实型和字符型。在 C 语言中，有 4 种类型修饰符：signed（有符号）、unsigned（无符号）、long（长整型）和 short（短整型），它们可以对基本数据类型进行修饰和限定，用来给变量分配不同的存储空间。C 语言的基本数据类型及其分配的存储空间范围如表 2-3 所示。

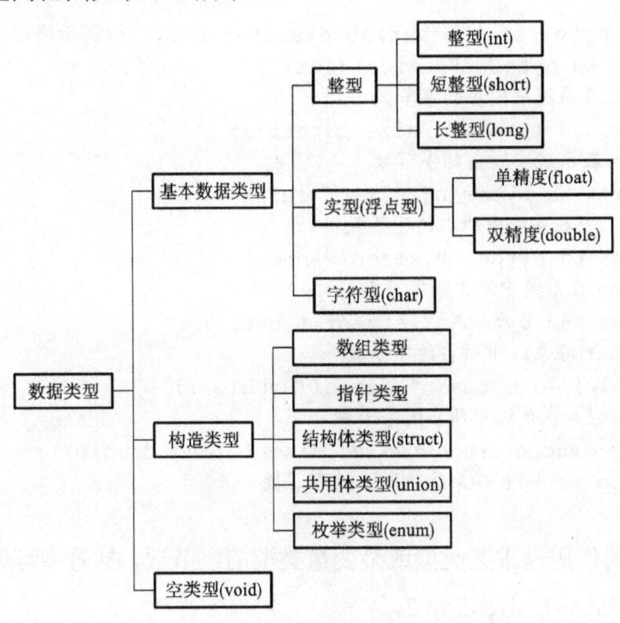

图 2.1　数据类型

表 2-3　C 语言的基本数据类型及其分配的存储空间范围

类型	类型说明符（关键字）	Visual C++编译器	
		字节数	数据所在范围
有符号整型	int	4	$-2^{31} \sim 2^{31}-1$
有符号短整型	short（或 short int）	2	$-2^{15} \sim 2^{15}-1$
有符号长整型	long（或 long int）	4	$-2^{31} \sim 2^{31}-1$
无符号整型	unsigned int	4	$0 \sim 2^{32}-1$
无符号短整型	unsigned short	2	$0 \sim 2^{16}-1$
无符号长整型	unsigned long	4	$0 \sim 2^{32}-1$
单精度浮点型	float	4	3.4e − 38 ~ 3.4e + 38
双精度浮点型	double	8	1.7e − 308 ~ 1.7e + 308
字符型	char	1	$-2^{7} \sim 2^{7}-1$
无符号字符型	unsigned char	1	$0 \sim 2^{8}-1$

注意：在不同的编译系统中，具体情况有所不同，比如在 Turbo C++中，一个整型变量的最大值为 32767，如果再加 1，则会产生“溢出”现象。

【例 2.3】使用 sizeof 函数显示变量所占有的字节数。

程序如下：

```
#include<stdio.h>
void main()
{
printf("the bytes of the variablers are:\n");  //提示语句
printf("int: %d bytes\n",sizeof(int));
//打印输出 int 在系统中所占的字节数
printf("char: %d bytes\n",sizeof(char));
//打印输出 int 在系统中所占的字节数
printf("short: %d bytes\n",sizeof(short));
//打印输出 short 在系统中所占的字节数
printf("long: %d bytes\n",sizeof(long));
//打印输出 long 在系统中所占的字节数
printf("float: %d bytes\n",sizeof(float));
//打印输出 float 在系统中所占的字节数
printf("double: %d bytes\n",sizeof(double));
//打印输出 double 在系统中所占的字节数
printf("long double: %d bytes\n",sizeof(long double));
//打印输出 long double 在系统中所占的字节数
}
```

注意：sizeof 的作用是求某类型或某变量类型的字节数，括号中可以是类型名，也可以是变量。例如：int a=1; sizeof(a)=2。

2.3.1 整型数据

整数类型是 C 语言中使用最多的类型，简称整型，类型名为“int”。从表 2-3 中可知，整型数据分为两大类，即有符号整型和无符号整型。

在 C 语言中，用于存放整型数据的变量称为整型变量。整型变量有短整型变量、基本整型变量、长整型变量和无符号整型变量 4 种，其数据类型名分别为 short int（或 short）、int、long int（或 long）与 unsigned int（或 unsigned）。例如：

```
int x,y;                          //定义 x、y 为整型变量
long a,b;                         //定义 a、b 为长整型变量
unsigned m,n;                     //定义 m、n 为无符号整型变量
```

【例 2.4】长整型变量在程序中的使用。

程序如下：

```
#include <stdio.h>
main()
{ int x=100,y=99,z=0;
  long a=100,b=99,c=0;
  z=x*y;
  c=a*b;
  printf("z=%d,c=%ld\n",z,c);     //"%ld"用于输出长整型数据
}
```

运行结果如下：

```
z=9900,c=9900
```

【例 2.5】整型数据在程序中的使用。

程序如下：

```
#include <stdio.h>
main()
{ int a,b,c;                        //定义 a、b、c 为整型变量
  long x,y,z;                       //定义 x、y、z 为长整型变量
  a=25;                             //常量值直接赋给变量
  printf("请输入整型变量 b 的值: ");  //提示用户输入数据
  scanf("%d",&b);                   //输入数据
  c=a+b;
  printf("a=%d,b=%d,c=%d\n",a,b,c);     //输出变量 a、b、c 的值
  printf("请输入整型变量 x 和 y 的值: ");
  scanf("%d，%d",&x,&y);
  z=x-y;
  printf("x=%ld,y=%ld,z=%ld",x,y,z);    //输出变量 x、y、z 的值
}
```

以上程序中的格式化输入函数 scanf 和格式化输出函数 printf 的使用将在稍后的章节中讨论，目前只需知道可以通过这种方式输入/输出数据即可。程序一次运行的情况如下所示：

```
请输入整型变量 b 的值: 24
a=25,b=24,c=49
请输入整型变量 x 和 y 的值: 7895678,2346485
x=7895678,y=2346485,z=5549193
```

2.3.2　实型数据

C 语言中，实型数据也称浮点数，即为数学中的实数，其取值范围比整数大得多。在计算机内存中，实数一律以指数形式存放。C 语言中，有十进制小数形式和十进制指数形式两种表示实型常数的方法。

一般系统中，实型数据在内存中占 4 个字节（32 位空间），且按指数的形式存储，其存放形式如图 2.2 所示。

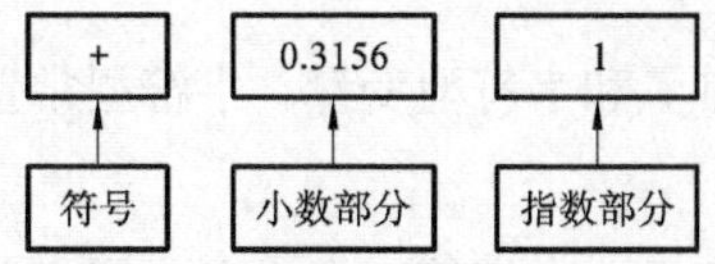

图 2.2　实型数据在内存中的存放形式

其中，小数部分占的位数越多，数值的有效位数越多，精度也越高。指数部分占的位数越多，说明该数值表示的范围越大。

在 C 程序中，用于存放实型数据的变量称为实型变量，根据数据的范围和精度的不

同，实型数据分为单精度型数据和双精度型数据，分别用 float 和 double 进行定义。在 32 位开发环境中，单精度型数据占 4 个字节的存储空间，提供 6～7 位有效数字。双精度型数据占 8 个字节的存储空间，提供 15～16 位有效数字。需要注意的是，以上类型的数据所占的字节数和取值范围取决于具体的计算机和编译器（在某些编译器中，类型 long double 和 double 的位数相同）。在计算机内存中，可以精确存放一个整数，不会出现误差。但是实型数据的范围相对较大，相应的数据类型提供的有效数字位数有限，有效数字以外的数字将被舍去，由此产生误差。如 float 类型的有效数字只有 6～7 位，1234456.123e5（12345612340.0）中超出有效数字以外的数字（高 7 位以外的数字）会被舍去。

【例 2.6】实型数据在程序中的使用。

程序如下：

```
#include<stdio.h>
void main()
{
  float a,b;
  double x,y;
  a=0.0013f;                              //后缀字符 f 表示数据为单精度常数
  x=15.8;
  printf("请输入 b 的值: ");
  scanf("%f",&b);
  printf("请输入 y 的值: ");
  scanf("%f",&y);
  printf("%e\n%f\n",a,b);                 //实数输出保持 6 位小数
  printf("%le\n%lf\n",x,y);
}
```

运行以上程序，显示运行结果如下：

```
请输入 b 的值: 10.1
请输入 y 的值: 10.1
1.3000000e-003
10.100000
1.580000e+001
10.100000
```

2.3.3 字符型数据

字符型数据包括字符型常量和字符型变量。字符型常量在字符常量部分已介绍，此处不再强调。

字符型变量用来存储和表示一个字符，在内存中用于分配一个字节的空间，字符型变量的定义形式如下：

```
char 变量表列;
```

例如：

```
char ch1, ch2;
//定义变量 ch1、ch2 为字符型变量，在内存中分别分配一个字节的存储空间
```

【例 2.7】字符型数据在程序中的使用。

程序如下：

```
#include<stdio.h>
void main()
{
  char c1='A',c2,c3;                //定义 c1、c2、c3 为字符型数据，并对 c1 初始化
  c2=c1+32;
  c3=c2+1;
  printf("%c,%c,%c\n",c1,c2,c3);
}
```

程序运行的结果如下：

```
A,a,b
```

2.4　不同数据类型的转换

在 C 语言中，不同类型的数据进行混合运算时，会自动转换成同一类型的数据再进行计算。数据的类型转换方式有两种：自动类型转换和强制类型转换。

2.4.1　自动类型转换

当一个运算符两边的运算对象数据类型不同时，一般字节数少的数据类型会转换成字节数多的数据类型（即一般转换为精度高的类型），然后再进行运算，且结果为转换后高精度的数据类型。例如，int 型和 long 型数据在运算时，先把 int 型数据存储字节数转换成 long 型数据存储字节数，两者字节数一样后，再进行计算。

图 2.3 所示的为自动类型转换规则。

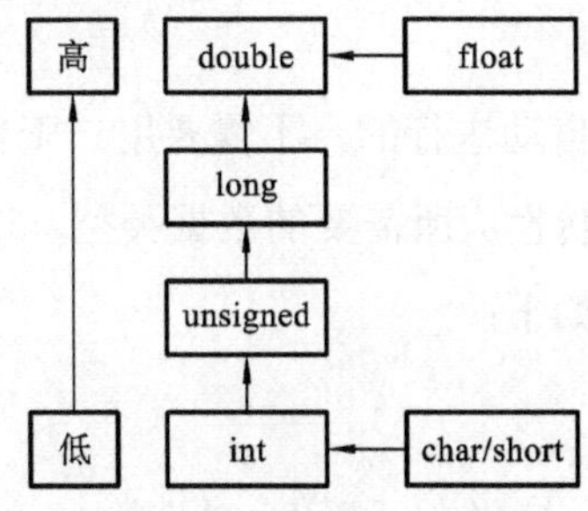

图 2.3　自动类型转换规则

假设已指定 i 为 int 型变量，f 为 float 型变量，d 为 double 型变量，e 为 long 型变量，有表达式：

```
50+'c'+i*f-d/e
```

运算次序为：①将‘c’转换成整数 99，进行 50+‘c’的运算，运算结果为 149。②将 i*f 转换成 double，进行 i*f 的运算，运算结果为 double 型。③将整数 149 转换成 double 型，

再将 149 与 i*f 相加，结果为 double 型。④将变量 e 转换成 double 型，d/e 的结果为 double 型。⑤将 50+‘c’+i*f 和 d/e 相减，结果为 double 型。

说明：自动类型转换只针对某个运算符的两个操作数，不能对表达式的所有运算符做一次性的自动类型转换。

例如，表达式 6/4+6.7 的计算结果为 7.7，而表达式 6.0/4+6.7 的计算结果为 8.2，原因是 6/4 按整型计算，而不会因为 6.7 是浮点型而将其按浮点型计算。

【例 2.8】运行下面两个程序，试比较程序 1 和程序 2 在输出时的区别。

程序 1：

```
#include<stdio.h>
void main()
{
int ia=0;
float ia=0.5f;
ia=fa;
printf("ia=%d",ia);
}
```

程序 2：

```
#include<stdio.h>
void main()
{
int ia=0;
float fa=0.5;
fa=ia;
printf("ia=%d",ia);
}
```

2.4.2 强制类型转换

自动类型转换是编译系统自动进行的，不需要用户干预。C 语言允许用户根据自己的需要将运算对象的数据类型转换成所需要的数据类型，这就是强制类型转换。

强制类型转换的一般格式如下：

```
(类型标识符)  表达式;
```

例如：

```
int a;(double)a;          //将 int 型的 a 转换成 double 型
float x,y;(int)(x+y);     //将 float 型的(x+y)值转换成 int 型的数据，截断小数部分
(float)(5+3);             //将 5+3 的值转换成 float 型的数据
```

【例 2.9】分析下面程序并输出结果。

```
#include <stdio.h>
void main()
{
int a ;
float x=3.6;
```

```
a=(int)x+2;
printf("x=%f,a=%d",x,a);
}
```

分析：程序中的(int)x 只是强制将 x 转换成一个中间变量参加运算，原来的变量类型并没有改变，即变量 x 的值也没有变化。

程序运行结果为：

```
x=3.600000,a=5
```

无论是强制类型转换还是自动类型转换，都只是为了本次运算的需要而对变量的长度进行临时性转换，而不改变数据声明时对该变量定义的类型。

2.4.3　赋值运算中的类型转换

对于赋值表达式，也可能存在数据类型转换。

如果赋值运算符两侧的数据类型一致，则不需要转换。

如果赋值运算符两侧的数据类型不一致，则需要将赋值运算符右边表达式的类型转换为左边变量的类型。

2.5　运算符的优先级与结合性

C 语言的运算符优先级和结合性，如表 2-4 所示。

表 2-4　运算符的优先级及结合性

优先级	运算符	名称或含义	使用形式	结合方向	说明
1	[]	数组下标	数组名[常量表达式]	从左到右	
	()	圆括号	（表达式）/函数名（形参表）		
	.	成员选择（对象）	对象.成员名		
	→	成员选择（指针）	对象指针→成员名		
2	–	负号运算符	–表达式	从右到左	单目运算符
	（类型）	强制类型转换	（数据类型）表达式		
	++	自增运算符	++变量名/变量名++		单目运算符
	—	自减运算符	—变量名/变量名—		单目运算符
	*	取值运算符	*指针变量		单目运算符
	&	取地址运算符	&变量名		单目运算符
	!	逻辑非运算符	!表达式		单目运算符
	~	按位取反运算符	~表达式		单目运算符
	sizeof	长度运算符	sizeof（表达式）		

续表

优先级	运算符	名称或含义	使用形式	结合方向	说明
3	/	除	表达式/表达式	从左到右	双目运算符
	*	乘	表达式*表达式		双目运算符
	%	余数（取模）	整型表达式/整型表达式		双目运算符
4	+	加	表达式+表达式	从左到右	双目运算符
	–	减	表达式–表达式		双目运算符
5	<<	左移	变量<<表达式	从左到右	双目运算符
	>>	右移	变量>>表达式		双目运算符
6	>	大于	表达式>表达式	从左到右	双目运算符
	>=	大于等于	表达式>=表达式		双目运算符
	<	小于	表达式<表达式		双目运算符
	<=	小于等于	表达式<=表达式		双目运算符
7	==	等于	表达式==表达式	从左到右	双目运算符
	!=	不等于	表达式!=表达式		双目运算符
8	&	按位与	表达式&表达式	从左到右	双目运算符
9	^	按位异或	表达式^表达式	从左到右	双目运算符
10	|	按位或	表达式|表达式	从左到右	双目运算符
11	&&	逻辑与	表达式&&表达式	从左到右	双目运算符
12	||	逻辑或	表达式||表达式	从左到右	双目运算符
13	?:	条件运算符	表达式 1?表达式 2:表达式 3	从右到左	三目运算符
14	=	赋值运算符	变量=表达式	从右到左	
	/=	除后赋值	变量/=表达式		
	*=	乘后赋值	变量*=表达式		
	%=	取模后赋值	变量%=表达式		
	+=	加后赋值	变量+=表达式		
	–=	减后赋值	变量–=表达式		
	<<=	左移后赋值	变量<<=表达式		
	>>=	右移后赋值	变量>>=表达式		
	&=	按位与后赋值	变量&=表达式		
	^=	按位异或后赋值	变量^=表达式		
	|=	按位或后赋值	变量|=表达式		
15	,	逗号运算符	表达式,表达式,…	从左到右	从左向右顺序运算

说明如下。

（1）所有运算符的优先级共分为 15 级。在表 2-4 中，优先级从上到下依次递减。

（2）当不同类型的运算符出现在同一个表达式中，计算该表达式的值时，应先执行优先级高的运算，再执行优先级低的运算。

（3）相同优先级的运算符，如果出现在同一个表达式中，则结合按照从左至右的顺序进行。

（4）在分析 C 语言源程序或者编写 C 语言程序时，要注意运算符的作用和其操作数的个数，因为有些运算符可能代表不同的运算。例如：p*j 的运算符*是乘号，它有左右两个分量；而*p*i 中，左边的*是单目运算符，只是一个操作数，其作用是取出 p（指针量）所指向内存单元的内容，右边的*是双目运算符，表示两数相乘。

2.6　运算符和表达式

在使用 C 语言进行计算时，除了前面介绍的操作的数据对象之外，还需要运算符和表达式配合才能完成计算。C 语言的运算符比较丰富，例如按照功能可以分为算术运算符、赋值运算符、关系运算符、逻辑运算符、位运算符、逗号运算符、求字节运算符、取地址运算符、指针运算符等。表达式则是由常量或变量与运算符组成的式子，表达式的运算要考虑各种运算符的优先级的制约以及运算符的结合先后顺序。

2.6.1　算术运算符和算术表达式

算术运算符是 C 语言中进行运算时用得最频繁的运算符，它包括加（+）、减（−）、乘（*）、除（/）、求余（%）、自增（++）以及自减（—）。

（1）加法运算符（+）：为双目运算符，具有“表达式+表达式”的结构，运算规则同数学计算一样，按从左至右的顺序进行运算。“+”也可以做正值符号，此时为单目运算符，例如，+1。

（2）减法运算符（−）：为双目运算符，具有“表达式-表达式”的结构，运算规则同数学计算一样，按从左至右的顺序进行运算。“-”也可以做正值符号，此时为单目运算符，例如，−1。

（3）乘法运算符（*）：为双目运算符，具有“表达式*表达式”的结构，运算规则同数学计算一样，按从左至右的顺序进行运算。“*”也可以做取值运算符，其形式为：*指针变量名，此时为单目运算符，其功能是取特定地址中存放的内容，例如，*p。

（4）除法运算符（/）：为双目运算符，具有“表达式/表达式”的结构，在整数进行除法（/）运算时，对于小数部分的处理不是按四舍五入的规则，而是将整除后的整数部分进行保留，舍去小数部分。例如：表达式 int a=3/2，当进行除法运算时，得到的结果为整数 1，而不是 1.5。在除法中，如果有一个是实型，则结果也将是实型。例如：float a=3.0/2，则结果 a 的值为 1.500000。

【例 2.10】除法运算符（/）。

程序如下：

```
#include<stdio.h>
void main()
{
printf("%d,%f,%f",3/2,3.0/2,3/2.0);
}
```

运行结果如下：

```
1,1.500000,1.500000
```

（5）求余（%）运算符：为双目运算符，具有左结合性。在 x%y 中表示 x 除以 y 的余数值，其中 x 和 y 均应为整型数据，如果 x 能够被 y 整除，则 x%y 的值为 0；否则计算结果仅保留余数。例如：9%5=4，9%−5=4，−9%5=−4。

（6）自增（++）运算符。其作用是使变量值自增 1。

【例 2.11】自增运算符（++）。

程序如下：

```
#include<stdio.h>
void main()
{
  int x=15;
  int y=15;
  printf("%d,%d",x++,++y);
}
```

运行结果为：15,16

从例 2.11 的结果可以看出，x++的作用是先输出，然后使变量 x 的值自增 1，而++y 的作用是先让自变量 y 加 1，然后再输出。

（7）自减运算符（—），其作用是使变量值自减 1。

【例 2.12】自减运算符（—）。

程序如下：

```
#include<stdio.h>
void main()
{
  int x=15;
  int y=15;
  printf("%d,%d",x--,--y);
}
```

运行结果为：15,14

从例 2.12 的结果可以看出，x--的作用是先输出，然后使变量 x 的值自减 1，而--y 的作用是先让自变量 y 减 1，然后再输出。

需要注意的是，自增运算符和自减运算符的特点：x++、x--是先输出之后变量自增（或自减）1，而++x、--x 是先自增（或自减）1；它们都是单目运算符且具有右结合性；它们都只能用于变量，而不能用于常量或表达式。例如：5++，（a+b）++是不合法的。

2.6.2 赋值运算符与赋值表达式

1. 赋值运算符与赋值表达式

C 语言中，“=”称为赋值运算符，其作用是将一个变量和一个表达式连接起来组成赋值表达式，格式如下：

变量名=表达式

其中：变量名代表的是某个存储空间；赋值号右边的表达式则是将计算后的值存储在变量名的空间之内。在一段程序中，当相同的变量名被多次用表达式赋值之后，其前面的数据将不复存在，只有最后一次的数值存放在该变量代表的存储空间内。

赋值运算符的优先级只高于逗号运算符，比其他运算符的优先级都低，且具有自右向左的结合性，同时，赋值号右边的表达式也可以是赋值表达式。

【例 2.13】计算下面的赋值表达式。

x=5　　//把常量 5 赋值给变量 x，表达式的值是 x 的值 5

x=y　　//把变量 y 的值赋值给变量 x，y 中的值不变，表达式的值是 x 的值

m=5+7/2　//“+”和“/”的优先级都高于“=”，先计算右边的表达式，得到 8，再把 8 赋值给变量 m，所以最后表达式的值是 m 的值 8

n=n+1　　//变量 n 的值加 1 后再放入变量 n 中（使变量 n 中的值增 1）。C 语言中，“=”是赋值运算符，不同于数学符号中的“等于号”，不是等同的关系

a=b=1+2　//按照运算的优先级，先计算 1+2，值为 3，按照赋值运算符自右向左的结合方式，先把 3 赋值给变量 b，再把变量 b 的值赋值给变量 a，表达式的值是 a 的值 3，这种形式下必须先定义 a、b 变量的数据类型，不然有可能得不到正确的值

赋值表达式必须注意以下几点。

（1）赋值运算符的优先级只高于逗号运算符，比其他运算符的优先级都要低，且具有自右向左的结合性。例如：a=b=c=5 可理解为 a=(b=(c=5))。

（2）赋值运算符“=”不同于数学中的等号“=”，C 语言中等号应该用“==”来表示。

（3）赋值表达式“x=y”的作用是将变量 y 所代表的存储单元的内容赋值给变量 x 所代表的存储单元，x 中的原有数据被刷新替换。

（4）凡是表达式可以出现的地方均可以出现赋值表达式。例如：式子 x=(a=4)+(b=8)是合法的。

（5）在赋值表达式后面加上“;”，则赋值表达式构成语句。

（6）赋值运算符左边只能是变量，不能是常量或表达式，而赋值运算符右边可以是变量、常量或表达式。

（7）如果赋值运算符两侧的数据类型不一致，则会进行自动转换，赋值符号右边的数据将转换成左边变量的数据类型，保持一致。

①将实型数据（单精度、双精度）赋值给整型变量时，舍弃实数的小数部分，例如：a 为 int 型，执行赋值语句 a=5.67;之后，则结果为 5 而不是 5.67。

②将整型数据赋值给单精度、双精度的实型数据时，数值不变，但以浮点型数据来进行存储。例如：将实型数据 5 赋值给 float 型变量 d，即 d=5;执行该语句后，先将 5 转换成 5.000000 再存储到 d 中，如果 d 为 double 型数据，则将 5 赋值给 d，最后的结果为 d=5.000000000000000（共 15 位小数）。

③如果是字符型数据赋值给整型数据，则整型数据的高位字节全部补为 0，例如：如 int 型共 4 个字节，前 3 个字节全为 0，最后一个字节按字符型数据原样填写。

转换的原则：高字节的数据向低字节的变量赋值，则高字节部位将被截断，执行赋值语句后结果将发生改变；低字节的数据向高字节的变量赋值时，高字节的位数补为 0，低字节的数据原样填写，数据大小不变。

2. 复合赋值运算符和复合赋值表达式

在赋值运算符“=”前面加上其他运算符，可以构成复合的运算符。将算术运算符（+、–、*、/、%）与赋值运算符结合起来，可形成复合赋值运算符。例如：

a+=3 ↔ a=a+3

a–=3 ↔ a=a-3

a*=3 ↔ a=a*3

a/=3 ↔ a=a/3

a%=3 ↔ a=a%3

复合赋值运算符需要注意以下几点。

（1）复合赋值运算符左边必须是变量。

（2）复合赋值运算符右边的表达式计算完成后，才能参与复合赋值运算。

（3）复合赋值运算符的优先级符合 C 语言运算符的优先级表，结合方向为从右到左。

（4）采用复合赋值运算符有利于编译处理，提高程序的编译效率。

【例 2.14】变量 a 的值为 6，计算复合赋值表达式 a+=a–=a+a 的值。

①计算 a+a 的运算，其值为 12。

②计算“a-=12”，相当于“a=a-12”，赋值符号右边表达式的值是-6，表达式和 a 的值均为-6。

③最后计算“a+=-6”，相当于“a=a+（-6）”，右边表达式的值为-12，表达式和 a 的值均为-12，所以原表达式的值是-12。

2.6.3　逗号运算符和逗号表达式

逗号表达式就是把两个或者多个表达式通过逗号（,）串联起来组成新的表达式，这个新的表达式就称为逗号表达式，也称顺序求值运算符。逗号表达式的一般形式如下：

表达式 1，表达式 2，…，表达式 n

其计算过程为：依次求解表达式 1，表达式 2，…，表达式 n。整个逗号表达式的值是最后的表达式 n 的值。

逗号运算符的优先级别最低，采用自左向右的结合方式。

【例 2.15】分析下面程序的执行过程。

```
#include<stdio.h>
void main()
{
int x,y;
x=40;
y=(x=x-5,x/5);
printf("x=%d,y=%d\n",x,y);
}
```

分析：因为 x 的初始值为 40，程序执行到 y=(x=x-5,x/5);这一步时，先要计算括号里的内容，括号里面是由一个赋值表达式和一个算术表达式构成的逗号表达式，根据逗号表达式的规则，先计算 x=x-5，得到 x=35，然后计算第二个表达式 x/5,即 35/5=7 作为逗号表达式最终的值赋给 y，所以 y 的值最后为 7，而 x 最终的值为 35。

2.6.4　关系运算符和表达式

在程序中经常需要比较两个量的大小关系，以决定程序下一步的工作。比较两个量的运算符称为关系运算符。

1. 关系运算符及其优先次序

在 C 语言中有<（小于）、<=（小于或等于）、>（大于）、>=（大于或等于）、==（等于）、!=（不等于）等关系运算符，其优先级及结合性可参见表 2-4。

关系运算符都是双目运算符，其结合性均为左结合。关系运算符的优先级低于算术运算符的优先级，高于赋值运算符的优先级。在六个关系运算符中，<、<=、>、>=的优先级相同，但高于==和!=的优先级；==和!=的优先级相同。

2. 关系表达式

关系表达式的一般形式如下：

表达式 关系运算符 表达式

例如：x1+x2>x3−x4、a>5/2、'a'+1<c、−a−5*b==c+1 都是合法的关系表达式。

由于表达式也可以是关系表达式，因此也允许出现嵌套的情况。例如：x>(y>z)、x!=(y==z)等。

关系表达式的值有“真”和“假”两种，用“1”和“0”表示。例如：2>5 的值为“假”，即为 0；(x=8)>(y=5)，由于 8>5 成立，故其值为真，即为 1。

【例 2.16】分析下面程序的执行过程。

```
#include <stdio.h>
main()
{
  char c='k';
  int i=1, j=2,k=3;
  float x=3e+5,y=0.85;
  int result_1 = 'a'+5<c, result_2 = x-5.25<=x+y;
  printf("%d, %d\n",result_1,-i-2*j>=k+1 );
  printf("%d, %d\n",1<j<5,result_2 );
  printf("%d, %d\n",i+j+k==-2*j,k==j==i+5 );
}
```

例 2.16 程序运行后的结果如图 2.4 所示。

图 2.4 例 2.16 程序运行后的结果

例 2.16 中求出了各种关系运算符的值。字符变量是以它对应的 ASCII 码参与运算的。对于含多个关系运算符的表达式，如 k==j==i+5,根据运算符的左结合性，先计算 k==j,该式不成立，其值为 0；再计算 0==i+5，也不成立，故表达式值为 0。

2.6.5 逻辑运算符和表达式

1. 逻辑运算符及其优先顺序

C 语言中提供了&&（与运算）、||（或运算）、!（非运算）三种逻辑运算符。

与运算符（&&）和或运算符（||）均为双目运算符，具有左结合性。非运算符（!）

为单目运算符，具有右结合性。逻辑运算符和其他运算符优先级的关系可表示如下：

!（非）→&&（与）→||（或）

“&&”和“||”低于关系运算符，“!”高于算术运算符。如：a>b && c>d 等价于(a>b)&&(c>d)，!b==c||d<a 等价于((!b)==c)||(d<a)，a+b>c&&x+y<b 等价于((a+b)>c)&&((x+y)<b)。

运算符的优先顺序如表 2-5 所示。

表 2-5　运算符的优先顺序

运算符	优先顺序
!	↓ 高
算术运算符	
关系运算符	
&&和||	低
赋值运算符	

2. 逻辑运算的值

逻辑运算的值也有“真”和“假”两种，用“1”和“0”表示。其求值规则如下。

（1）与运算（&&）：参与运算的两个量都为真时，结果才为真，否则为假。例如，5>0 && 4>2，由于 5>0 为真，4>2 也为真，相与的结果也为真。

（2）或运算（||）：参与运算的两个量只要有一个为真，结果就为真。两个量都为假时，结果为假。例如，5>0||5>8，由于 5>0 为真，相或的结果也就为真。

（3）非运算（!）：参与运算的量为真时，结果为假；参与运算的量为假时，结果为真。例如，!（5>0）的结果为假。

虽然 C 语言编译在给出逻辑运算值时以“1”代表“真”、“0”代表“假”。但反过来在判断一个量是为“真”还是为“假”时，以“0”代表“假”，以非“0”的数值作为“真”。例如，由于 5 和 3 均为非“0”，因此 5&&3 的值为“真”，即为 1。又如，5||0 的值为“真”，即为 1。

3. 逻辑表达式

逻辑表达式的一般形式为：

表达式 逻辑运算符 表达式

其中，表达式又可以是逻辑表达式，从而组成嵌套的情形。例如：

```
(a&&b)&&c
```

根据逻辑运算符的左结合性，上式也可写为：

```
a&&b&&c
```

逻辑表达式的值是式中各种逻辑运算的最后值，以“1”和“0”分别代表“真”和“假”。

【例 2.17】分析下面程序的执行过程。

```
main()
{
  char c='k';
  int i=1,j=2,k=3;
  float x=3e+5,y=0.85;
  printf("%d,%d\n",!x*!y,!!!x);
  printf("%d,%d\n",x||i&&j-3,i<j&&x<y);
  printf("%d,%d\n",i==5&&c&&(j=8),x+y||i+j+k);
}
```

例 2.17 程序运行后的结果如图 2.5 所示。

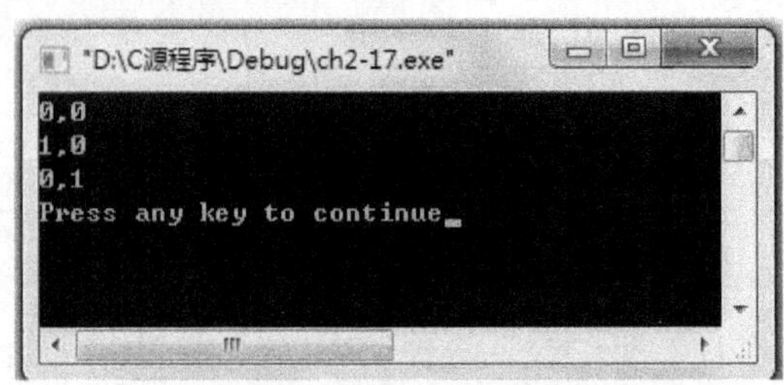

图 2.5　例 2.17 程序运行后的结果

例 2.17 中的!x 和!y 分别为 0，!x*!y 也为 0，故其输出值为 0。由于 x 为非 0，故!!!x 的逻辑值为 0。对式 x||i&&j-3，先计算 j-3 的值为非 0，再求 i && j-3 的逻辑值为 1，故 x||i&&j-3 的逻辑值为 1。对式 i<j&&x<y，由于 i<j 的值为 1，而 x<y 为 0，故表达式的值为 1，0 相与，最后为 0。对式 i==5&&c&&(j=8)，由于 i==5 为假，即值为 0，该表达式由两个与运算组成，所以整个表达式的值为 0。对式 x+y||i+j+k，由于 x+y 的值为非 0，故整个或表达式的值为 1。

2.6.6　条件运算符和条件表达式

在条件语句中，如果只执行单个的赋值语句，常可使用条件表达式来实现。不但使程序简洁，也提高了运行效率。条件运算符为?和:，它是一个三目运算符，即有三个参与运算的量。

由条件运算符组成条件表达式的一般形式如下：

```
表达式 1?表达式 2:表达式 3
```

条件表达式的求值规则为：如果表达式 1 的值为真，则以表达式 2 的值作为条件表达式的值，否则以表达式 2 的值作为整个条件表达式的值。

条件表达式通常用于赋值语句中，例如条件语句：

```
if(a>b)  max=a;
  else max=b;
```

可用条件表达式写为：

max=(a>b)?a:b;

执行该语句的语义是：如果 a>b 为真，则把 a 赋予 max，否则把 b 赋予 max。

使用条件表达式时，还应注意以下几点。

（1）条件运算符的运算优先级低于关系运算符和算术运算符的，但高于赋值运算符的。因此，

```
max=(a>b)?a:b
```

可以去掉括号而写为：

```
max=a>b?a:b
```

（2）条件运算符?和：是一对运算符，不能分开单独使用。

（3）条件运算符的结合方向是自右至左。例如：

```
a>b?a:c>d?c:d
```

应理解为：

```
a>b?a:(c>d?c:d)
```

这也就是条件表达式嵌套的情形，即其中的表达式 3 又是一个条件表达式。

【例 2.18】用条件表达式输出两个数中的大数。

程序如下：

```
main(){
    int a,b,max;
    printf("\n input two numbers:   ");
    scanf("%d%d",&a,&b);
    printf("max=%d",a>b?a:b);
}
```

第 3 章　程序的流程控制

本章主要介绍顺序结构程序设计的基本流程和规范；讲解 C 语言中简单语句和复杂语句的区别；重点说明程序在数据输入和输出时的 4 种基本函数，即 getchar 函数、scanf 函数、putchar 函数和 printf 函数（注意其必须使用头文件“stdio.h”或<stdio.h>）。

3.1　结构化程序思想

结构化程序设计是一种通过使用子程序、模块结构和循环来提高计算机程序的清晰度、质量，缩短开发周期的一种编程规范。它的主要思想是把一个需要解决的复杂问题分解成若干个子模块，每个子模块解决一个小问题，以使每个小问题容易理解和解决。结构化设计的程序便于书写、阅读、修改和维护，所以结构化程序设计在实际的程序设计中得到了广泛应用。

结构化程序设计的方法可以概括为：自顶向下、逐步细化、模块化设计、结构化编程。设计程序时要从全局到局部、从整体到细节、从上层到下层将复杂的问题细化成多个子问题，将子问题有序地封装模块化，再对每个模块程序进行编写。

进行结构化程序设计时，设计算法是非常关键的一步，好的算法可以使程序的代码少，执行效率高，而且还好理解。算法具有以下 5 个特点。

（1）有穷性。算法必须在有限步骤内结束。

（2）确定性。算法的每一步执行顺序和执行内容有确切的规定。

（3）可执行性。算法中的所有操作应该能通过程序代码实现，且计算机的语言种类不限。

（4）最好有输入操作。为了给用户一个可灵活使用的平台，算法最好有输入操作。

（5）必须有输出操作。没有输出的程序是毫无价值的，因为用户得不到处理后的反馈信息。程序一般包括一个或多个输出操作。

常使用流程图来说明设计算法和程序结构。图 3.1 是画流程图所使用的常用符号。

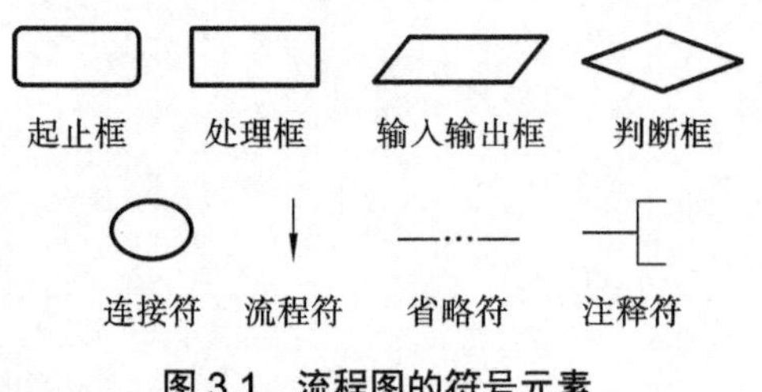

图 3.1　流程图的符号元素

结构化程序设计的三种基本结构为顺序结构、选择结构和循环结构。下面分别对这几种结构进行说明。

3.1.1　顺序结构

顺序结构是最简单、最基本、最常用的一种程序结构，也是进行复杂程序设计的基础。顺序结构程序的执行完全按照语句出现的先后次序进行，每条语句都会执行到，而且只被执行一次。顺序结构程序的基本框架主要包括数据输入、数据处理、结果输出三部分。顺序结构示意图如图3.2所示，先执行语句1，再执行语句2，依次执行到语句n。

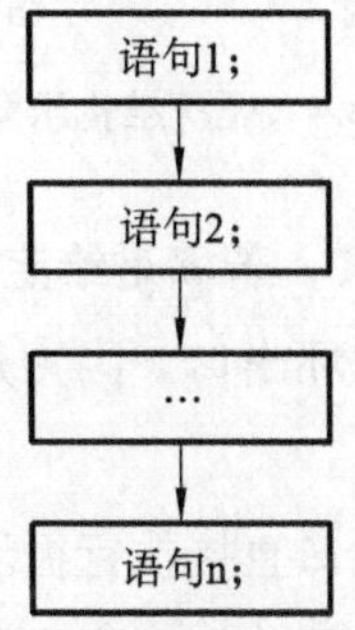

图3.2　顺序结构示意图

说明：例3.1~例3.11都是顺序结构的程序。

3.1.2　选择结构

选择结构又称分支结构，选择结构中的语句能否被执行，取决于分支处的条件是否满足。

选择结构有单分支选择结构、双分支选择结构和多分支选择结构三种，如图3.3所示。

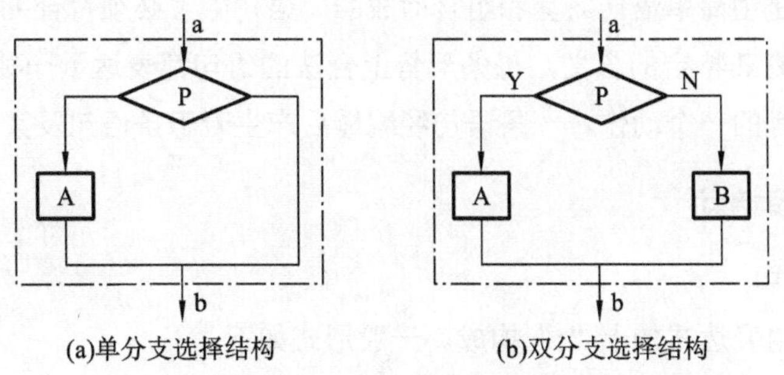

(a)单分支选择结构　　(b)双分支选择结构

图3.3　选择结构示意图

3.1.3　循环结构

循环结构表示程序需要反复执行某一个或某一些相似的操作，直到不符合某条件为止。循环结构有两种基本形式，即当型循环结构和直到型循环结构，如图 3.4 所示。

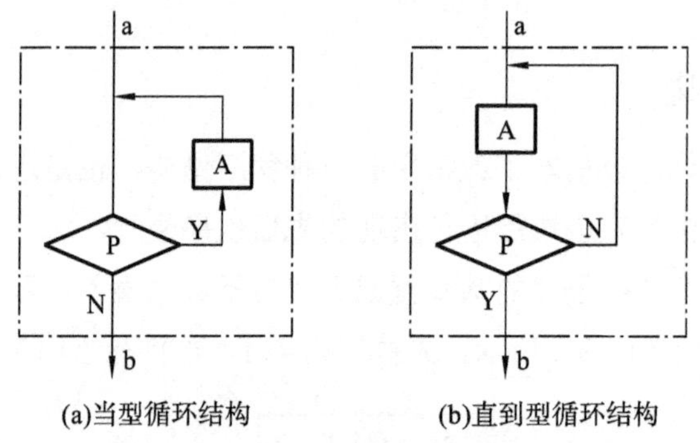

(a)当型循环结构　　(b)直到型循环结构

图 3.4　循环结构示意图

在图 3.4（a）中，首先判断条件 P，若满足给定条件，则执行循环体 A；若不满足给定条件，则退出循环体并直接跳出循环出口。因为是“当条件满足时循环”，即先判断后执行，称为当型循环。

在图 3.4（b）中，表示从结构入口直接执行循环体 A，在循环终端处判断条件。如果条件 P 不为真，则返回继续执行循环体，直到 P 满足条件才跳出循环体。因为是“直到条件成立时跳出循环”，所以称为直到型循环。

3.2　C 语句

C 语句是 C 语言描述计算过程的最基本单位，以分号“;”作为一条 C 语句结束的标志。所有的 C 语言程序都是由一条一条的 C 语句构成的。C 语言中，语句可以分为简单语句和复合语句两类。其中简单语句包含表达式语句、函数调用语句、控制语句和空语句等；复合语句是由简单语句嵌套和组合而成的。语句除了必须符合 C 语言在形式上的严格要求外，还有其特定的含义，每条形势上合法的语句都表达了一种含义，表示了程序执行时要求执行的一个动作。一条语句经编译后产生若干条语句及其指令。

3.2.1　简单语句

1. 表达式语句

表达式语句由表达式加上“;”构成。一般形式如下：

表达式;

例如:“a=b+3;”是赋值语句；“x+y;”是加法运算语句;“a+1,b−2;”是位逗号语句。

需要注意的是，由于单纯的运算语句和逗号语句的结果无法保留，所以在程序设计中没有实际的意义。

2. 函数调用语句

函数调用语句是由一个函数加上分号构成的语句。其一般形式为：

函数名（实际参数表）;

例如：

```
printf("hello");
```

3. 控制语句

用于控制程序流程的语句称为控制语句。程序中的顺序结构、选择结构和循环结构都是由控制语句来实现的。C 语言中一共有 9 种控制语句：if、switch、while、do while、for、break、goto、continue 和 return。

4. 空语句

空语句只包含一个“;”的语句，空语句不产生任何操作运算，只是出于语法上的需要，在某些必要场合占据一个语法位置。例如：

```
for(i=1;i<10000;i++);
```

3.2.2　复合语句

复合语句是由简单语句嵌套和组合而成的，采用组合形式构成的复合语句通常由多条简单语句构成，采用“{”和“}”将多条语句统一到其中。下面是一个复合语句的示例。

【例 3.1】复合语句。

程序如下：

```
#include <stdio.h>
void main()
{
  Printf("****************\n");
  Printf("Welcome\n");
  Printf("****************\n");
}
```

3.3　数据的输入/输出

常用的数据输入/输出有 getchar 函数、scanf 函数、putchar 函数和 printf 函数，它们都是在标准 I/O 库函数中定义过的，所以使用这 4 个函数时，通常只需要加上头文件 stdio.h 即可，通过引用头文件，可以直接使用已经开发好的函数，大大提高了程序的开发效率。

3.3.1　字符输入函数 getchar

getchar 函数的功能是从标准输入设备（如键盘）读取一个字符，即获取一个从键盘上输入的字符。getchar 函数的一般形式为：

```
ch=getchar();
```

其中 ch 是一个字符型变量，该语句会将 getchar 函数获取的字符赋给这个字符型变量 ch。

【例 3.2】字符输入函数 getchar 只接收一个字符。

程序如下：

```
#include <stdio.h>
void main()
{
  char ch;
  ch=getchar();                        //从键盘上读取一个字符
  putchar(ch);                         //将这个字符打印到控制台上
}
```

运行时，从键盘上输入"a"的运行结果为：

```
a↙
a
```

运行时，从键盘上输入"abc"的运行结果为：

```
abc↙
a
```

程序分析：由上面的程序运行可知，从键盘上输入一个或者多个字符，在按下回车键后，从控制台输出的只有一个字符，也就是 ch 只接收了一个字符，所以 getchar 函数的作用是只接收一个字符。

【例 3.3】getchar 函数会获取所有从键盘键入的字符。

程序如下：

```
#include <stdio.h>
void main()
{
  char ch1,ch2;
  ch1=getchar();
  putchar(ch1);
  ch2=getchar();
  putchar(ch2);
}
```

运行时，从键盘上输入“ab”的运行结果为：

```
ab↙
ab
```

运行时，从键盘上输入“tab”和“b”的运行结果为：

```
○b                                    (这里的○代表 Tab 键)
○b                                    (这里的○代表 Tab 键)
```

运行时，从键盘上输入“回车键”和“b”的运行结果为：

```
b↙                                    (这里的↙代表回车键)
b
↙                                     (这里的↙代表回车键)
```

程序分析：从上面的运行结果可以看出，getchar 函数会获取所有从键盘键入的字符，包括 Tab 键、空格和回车键等看不见的控制字符。

3.3.2　格式输入函数 scanf

scanf 函数可以输入任意类型的多个数据。

（1）scanf 函数的一般形式如下：

```
Scanf ("格式控制字符串", 变量地址列表);
```

【例 3.4】格式输入函数 scanf。

程序如下：

```
#include<stdio.h>
void main()
{
  int x,y,z;
  scanf("%d,%d,%d",&x,&y,&z);
  printf("%d,%d,%d",x,y,z);
}
```

&x、&y、&z 中的&是地址运算符，&x 是指 x 在内存中的地址。scanf 函数的作用是把从输入设备上读出的数值按先后顺序存入 x、y、z 在内存的地址中，这是与其他程序设计语言读出语句的一个重要区别。

"%d,%d,%d"表示按十进制整数形式输入数据。scanf 输入数据时，应该严格按照其格式控制的标准准确输入，比如在例 3.4 中，scanf 的输入格式为"%d,%d,%d"，那么在输入的时候，每个数据中间必须加上“,”，例如运行上面的程序输入：

```
1,2,3↙
```

其输出结果为：

```
1,2,3
```

如果中间不用逗号而用空格：1□2□3 回车（这里的□代表键入空格），则其输出结果为：

```
1,61,2697608
```

将得不到正确的结果。

【例 3.5】scanf 函数的格式输入控制。

程序如下：

```
#include<stdio.h>
void main()
{
  int x,y,z;
  scanf("%d%d%d",&x,&y,&z);
  printf("%d,%d,%d",x,y,z);
}
```

"%d%d%d"中间不加“,”时，在键盘上输入 1□2□3 回车（这里的□代表键入空格），则其输出结果为：

```
1,2,3
```

或者输入格式控制改成"%d□%d□%d"，在键盘上输入 1□2□3 回车（这里的□代表键入空格），则其输出结果为：

```
1,2,3
```

由以上分析可知，在 scanf 输入中，格式控制如果为"%d%d%d"或者"%d□%d□%d"时，输入时可在键盘上键入 1□2□3 回车都能够得到正确的结果，如果此时输入 1,2,3，则得不到正确的结果。所以在进行格式输入时，应该严格控制其输入格式。

（2）格式说明。

C 语言中，输入格式字符如表 3-1 所示。

表 3-1　输入格式字符

格式字符	含义
%d	输入十进制整数
%o	输入八进制整数
%x	输入十六进制整数
%c	输入一个字符（空格、回车和制表符也是有效输入）
%s	输入字符串（遇到第一个空白字符结束）
%f 或%e	输入实数，以小数或指数形式输入
%%	输入一个“%”

C 语言中的输入修饰符如表 3-2 所示。

表 3-2　C 语言中的输入修饰符

修饰符	功能
l	用于 d、o、x 前时表示输入 long 型整数，用于 e、f 前时表示输入 double 型实数
h	用于 d、o、x 前表示输入 short 型整数
m（m 为正整数）	数据域宽。当数据宽度<m 时，用空格补缺，否则按实际宽度读入
*	赋值抑制符，表示对应的输入项在读入后不赋给相应的变量

3.3.3　字符输出函数 putchar

putchar 是字符输出函数，其功能是输出单个字符。其一般函数调用形式为：

```
putchar(ch);
```

其中，函数参数 ch 可以是整型或字符型变量或常量，也可以是表达式。例如：

```
putchar('A');                          //输出大写字母 A
putchar(y);                            //输出字符变量 y 的值
putchar('\101');                       //\101 是转义字符，表示 3 位八进制，输出大写字
```

```
母 A
putchar('a'-32);                      //输出字符'A'
putchar('\n');                        //换行
```

对控制字符则执行控制操作，不在屏幕上显示。使用本函数同样要注意加上头文件包含命令#include<stdio.h>或者#include “stdio.h”。

【例 3.6】输出单个字符。

程序如下：

```
#include <stdio.h>
void main()
{
  char x='b',y='y',z=101;
  putchar(x);putchar(y);
  putchar(z);putchar('\t');
  putchar(x);putchar(y);
  putchar('\n');
  putchar(y);putchar(z);
  putchar('\n');
}
```

使用 putchar 函数时应注意以下几点。

putchar 只能输出单个字符，当输出数据为数字时，虽然也按字符处理，但应先把数字转换为对应的 ASCII 代码再输出。

使用 putchar 函数时，在其前必须加上头文件 stdio.h。

putchar 函数可以输出转义字符和控制字符。

在 Visual C++中运行 putchar 函数时，输出的单个字符不包含单引号。

3.3.4　格式输出函数 printf

printf 函数称为格式输出函数，其关键字最末尾的一个字母 f 即为“格式”（format）之意。其功能是按用户指定的格式把指定的数据显示在显示屏上，前面已经多次使用过该函数。

（1）printf 函数是一个标准库函数，其函数原型在头文件 stdio.h 中，在 Visual C++ 6.0 环境中，使用 printf 函数之前必须包含头文件 stdio.h。printf 函数调用的一般形式为：

printf（“格式控制字符串”，输出表列）；

其中，“格式控制字符串”用于指定输出的格式，可由格式字符串和非格式字符串组成。格式字符串是以%开头的字符串，在%后跟有各种格式的字符，以说明输出数据的类型、形式、长度、小数位数等。例如：

①%d 表示十进制整数。

②%o 表示无符号八进制整数。

③%c 表示输出一个字符。

非格式字符串在输出时原样输出，在显示中起提示作用。

输出表列中应给出需要输出的对象，可以是变量名或表达式，其输出个数和类型与前面的格式控制字符串相对应。

【例 3.7】输出 a 和 b 的值。

程序如下：

```
#include<stdio.h>
void main()
{
int a=97;
int b=98;
printf("%d %d\n",a,b);
printf("%d,%d\n",a,b);
printf("%c,%c\n",a,b);
printf("a=%d,b=%d\n",a,b);
}
```

程序最后运行的结果为：

```
97 98
97,98
a,b
a=97,b=98
```

（2）printf 函数的格式说明。

在 Visual C++ 6.0 中，格式字符串的一般形式为：

```
% [-/+/ /#] [0] [m.n] [h/L] 格式字符
```

说明：%表示格式控制的起始引导符。[-]表示左对齐，否则为右对齐。[0]表示左空格是否填 0。[m.n]表示域宽和精度（m 需为正整数，表示数据输出的宽度为 m。n 为正整数，对于实数输出 n，n 表示小数的输出位数；对于字符串 n，n 表示输出前几个字符；对于整数输出 n，n 表示必须输出的数字个数，当 n 大于数据本身的宽度时，则前面补 0，否则按原样输出）。[h/L]表示长度修正符，h 为按短整型输出，L 为按长整型输出。格式字符即为指定输出项的类型。带有[ ]，表示该项是可选项。

当格式控制符使用宽度限定时，还要注意以下几点。

如果字符串的长度或整型数位超过说明的宽度，则按其实际长度输出。

对于浮点数，若整数部分超过说明的整数位宽度，则按其实际长度输出。

若小数部分的位数超过说明的小数位宽度，则按说明宽度以四舍五入输出。

若想在输出值前加一些 0，就应在宽度项前加一个 0，例如，%04d 表示在输出一个小于 4 位的数值时，将在前面补 0 使其总宽度为 4 位。

如果用浮点数表示字符或整型量的输出格式，则小数点后面的数字代表最大宽度，小数点前面的数字代表最小宽度。例如，%6.9s 表示一个长度不小于 7 且大于 9 的字符串，若大于 9，则第 9 个字符以后的内容将被删除。

格式字符表示指定的输出数据类型，其格式字符及其功能如表 3-3 所示。

表 3-3　C 语言中常见的格式字符（数据类型）

格式字符	功能
d	以十进制形式输出带符号整数（正数不输出符号）
o	以八进制形式输出无符号整数（不输出前缀 o）
x、X	以十六进制形式输出无符号整数（不输出前缀 ox）
u	以十进制形式输出无符号整数
f	以小数形式输出单、双精度实数
e、E	以指数形式输出单、双精度实数
g、G	以%f 或%e 中较短的输出宽度输出单、双精度实数
c	输出单个字符
s	输出字符串

标志字符的含义如表 3-4 所示。

表 3-4　标志字符[−/+/ /#]的含义

标志	含义
−	结果左对齐，右边空格补齐
+	输出符号（正号或负号）
空格	输出值为正时冠以空格，输出值为负时冠以负号
#	对于 c、s、d、u 类无影响；对于 o 类，在输出前加前缀 o；对于 x 类，在输出前加前缀 ox；对于 e、g、f 类，只有结果有小数时才会给出小数点

【例 3.8】按不同格式输出数据。

程序如下：

```
#include<stdio.h>
void main()
{
  int a=241;                          //定义整型变量 a 并赋初值
  printf("%d\n",a);                   //按十进制整数格式输出
  printf("%x\n",a);                   //按十六进制整数格式输出
  printf("%o\n",a);                   //按八进制整数格式输出
  printf("%u\n",a);                   //按无符号整数格式输出
}
```

程序运行结果如下：

```
241
F1
361
241
```

【例 3.9】按字符数据格式输出。

程序如下：

```
#include<stdio.h>
void main()
{
  char a=65;                              //定义a为字符变量
  printf("%c\n",a);
}
```

程序运行结果如下：

```
A
```

【例 3.10】格式字符串。

程序如下：

```
#include<stdio.h>
void main()
{
int a=15;
float b=123.1234567;
double c=12345678.1234567;
char d='p';
printf("a=%d,%5d,%o,%x\n",a,a,a,a);
printf("b=%f,%lf,%5.4lf,%e\n",b,b,b,b);
printf("c=%lf,%f,%8.4lf\n",c,c,c);
printf("d=%c,%8c\n",d,d);
}
```

程序运行结果如下：

```
a=15,□□□□□15,17,f
b=123.123459,123.123459,123.1235,1.231235e+002
c=12345678.123457,12345678.123457,12345678.1235
d=p,□□□□□□□p
```

程序说明如下。

第 8 行语句“printf("a=%d,%5d,%o,%x\n",a,a,a,a);”中要求以 4 种格式输出整型变量 a 的值。其中“%d”以十进制整型的格式按照实际宽度输出；“%5d”要求输出宽度为 5，默认向右对齐；而 a 值为 15 只有两位，故前面补 3 个空格；“%o”为以八进制整型的格式输出，因此结果为 17；“%x”要求以十六进制的格式输出整数 15，因此结果为 f。

第 9 行语句“printf("b=%f,%lf,%5.4lf,%e\n",b,b,b,b);”以 4 种格式输出实型变量 b 的值。其中“%f”和“%lf”格式的输出结果相同，说明“l”符对“f”类型无影响。“%5.4lf”指定输出宽度为 5，精度为 4 位，由于实际长度超过 5 位，故应该按实际位数输出，小数位数超过 4 位的部分被截去。“%e”按照规范化指数形式输出，指数部分占 5 位，数值部分小数点前必须有 1 位而且只能有 1 位非 0 数字，小数部分要求 6 位。

第 10 行输出双精度实数，“%8.4lf”由于指定精度为 4 位，故截去了超过 4 位的部分。

第 11 行输出字符量 d，其中“%8c”指定输出宽度为 8，故在输出字符之前补加 7 个空格。

【例 3.11】输出格式字符与数据所定义的类型一致。

程序如下：

```
#include <stdio.h>
void main()
{
  int a=5023;
  long int b=654321;
  printf("%5d\n%3d\n%ld\n%9ld\n",a,a,b,b);
}
```

程序运行结果如下：

```
5023
5023
654321
654321
```

3.4 选择结构

3.4.1 if 语句

用 if 语句可以构成分支结构，它是根据给定的条件进行判断，以决定执行某个分支程序段。C 语言的 if 语句有两种基本形式。

1. if 语句的两种形式

第一种为单分支结构形式：if

```
if(表达式) 语句
```

其语义为：如果表达式的值为真，则执行其后的语句，否则不执行该语句。其过程如图 3.3（a）所示。

【例 3.12】分析下面程序的执行过程。

```
main()
{
  int a,b,max;
  printf("\n input two numbers:   ");
  scanf("%d%d",&a,&b);
  max=a;
  if (max<b) max=b;
  printf("max=%d",max);
}
输入 3 5 ↙
```

例 3.12 程序运行后的结果如图 3.5 所示。

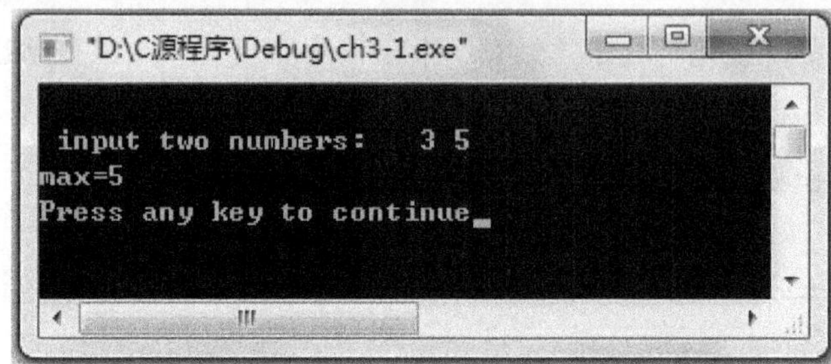

图 3.5 例 3.12 程序运行后的结果

在例 3.12 中，输入两个数 a、b。把 a 先赋给变量 max，再用 if 语句判断 max 和 b 的大小，如果 max 小于 b，则把 b 赋给 max。因此 max 中总是大数，最后输出 max 的值。

第二种为双分支结构形式:if-else

```
if(表达式)
  语句 1;
else
  语句 2;
```

其语义为：如果表达式的值为真，则执行语句 1，否则执行语句 2。

其执行过程如图 3.3（b）所示。

【例 3.13】分析下面程序的执行过程。

```
#include <stdio.h>
int main()
{
int x1,x2,max;
printf("x1,x2:");
scanf("%d%d",&x1,&x2);
if(x1>x2)
max=x1;
else
max=x2;
printf("max=%d\n",max);
return 0;
}
```

输入 3 5 ↙

例 3.13 程序运行后的结果如图 3.6 所示

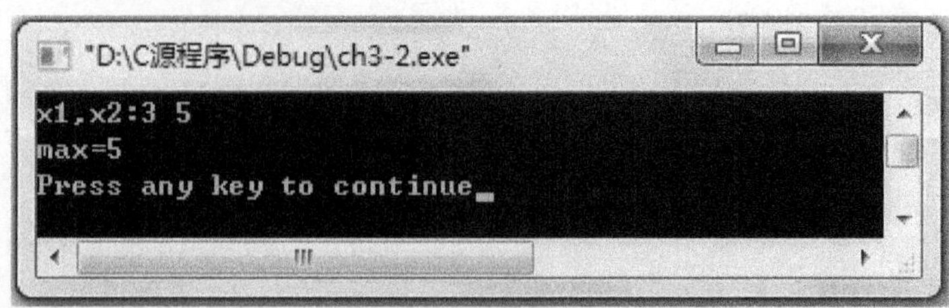

图 3.6 例 3.13 程序运行后的结果

改用 if-else 语句判断 a、b 的大小，若 a 大，则输出 a，否则输出 b。

2. 使用 if 语句时应注意的问题

（1）在两种形式的 if 语句中，在 if 关键字之后均为表达式。该表达式通常是逻辑表达式或关系表达式，但也可以是其他表达式，如赋值表达式，甚至也可以是一个变量。例如：

```
if(a=5)语句;
if(b)语句;
```

都是允许的。只要表达式的值为非 0，即为“真”。例如：

```
if(a=5)…;
```

这个表达式的值永远为非 0，因此其后的语句总是要执行的。当然，这种情况在程序中不一定会出现，但在语法上是合法的。

又如，有程序段：

```
if(a=b)
printf("%d",a);
else
printf("a=0");
```

以上程序段的语义是，把 b 值赋给 a，如果为非 0，则输出该值，否则输出"a=0"字符串。这种用法在程序中经常出现。

（2）在 if 语句中，条件判断表达式必须用括号括起来，在语句之后必须加分号。

（3）在 if 语句的两种形式中，所有的语句应为单个语句，如果想在满足条件时执行一组（多个）语句，则必须把这一组语句用{}括起来组成一个复合语句。但要注意的是，在}之后不能再加分号。例如：

```
if(a>b)
{a++;
b++;}
else
{a=0;
b=10;}
```

3. if 语句的嵌套

当 if 语句中的执行语句又是 if 语句时，则构成 if 语句嵌套的情形。其一般形式可表示如下：

```
if(表达式)
  if 语句;
或者为:
if(表达式)
  if 语句;
else
  if 语句;
```

在嵌套内的 if 语句可能又是 if-else 型的，这将会出现多个 if 和多个 else 重叠的情况，这时要特别注意 if 和 else 的配对问题。例如：

```
if(表达式1)
  if(表达式2)
    语句1;
  else
    语句2;
```

其中 else 究竟与哪一个 if 配对呢?

以上是应该理解为：

```
if(表达式1)
  if(表达式2)
    语句1;
  else
    语句2;
```

还是应理解为:

```
if(表达式1)
  if(表达式2)
    语句1;
else
  语句2;
```

为了避免这种二义性，C 语言规定，else 总是与它前面最近的 if 配对，因此对上述例子应按前一种情况理解。

【例 3.14】分析下面程序的执行过程，并比较两个数的大小关系。

```
main()
{
  int a,b;
  printf("please input A,B:    ");
  scanf("%d%d",&a,&b);
  if(a!=b)
  if(a>b) printf("A>B\n");
  else   printf("A<B\n");
  else   printf("A=B\n");
}
```

例 3.14 中用了 if 语句的嵌套结构。采用嵌套结构实质上是为了进行多分支选择，实际上有三种选择，即 A>B、A<B 或 A=B。这种问题用 if-else-if 语句也可以完成，而且程序更加清晰。因此，一般情况下较少使用 if 语句的嵌套结构。

3.4.2 switch 语句

C 语言还提供了另一种用于多分支选择的 switch 语句，其一般形式如下：

```
switch(表达式){
  case 常量表达式1:语句1;
  case 常量表达式2:语句2;
  …
  case 常量表达式n:语句n;
  default:语句n+1;
```

```
}
```

其语义是：计算表达式的值，并逐个与其后的常量表达式值相比较，当表达式的值与某个常量表达式的值相等时，即执行其后的语句，然后不再进行判断，继续执行后面所有 case 后的语句。如果表达式的值与所有 case 后的常量表达式的值均不相同，则执行 default 后的语句。

【例 3.15】分析下面程序的执行过程。

```
main()
{
  int a;
  printf("input integer number:     ");
  scanf("%d",&a);
  switch (a)
{
  case 1:printf("Monday\n");
  case 2:printf("Tuesday\n");
  case 3:printf("Wednesday\n");
  case 4:printf("Thursday\n");
  case 5:printf("Friday\n");
  case 6:printf("Saturday\n");
  case 7:printf("Sunday\n");
  default:printf("error\n");
  }
}
```

本程序要求输入一个数字，输出一个英文单词。但是当输入 3 之后，却执行了 case 3 及以后的所有语句，输出了 Wednesday 及以后的所有单词。这当然不是我们希望的。为什么会出现这种情况呢？这恰恰反映了 switch 语句的一个特点。在 switch 语句中，“case 常量表达式”只相当于一个语句标号，表达式的值和某标号相等，则转向该标号执行，但不能在执行完该标号的语句后自动跳出整个 switch 语句，所以出现了继续执行所有后面 case 语句的情况。这与前面介绍的 if 语句完全不同，应特别注意。为了避免上述情况，C 语言还提供了一种 break 语句，专用于跳出 switch 语句，break 语句只有关键字 break，没有参数，后面会详细介绍。修改例 3.15 的程序，在每一 case 语句之后增加 break 语句，使每次执行之后均可跳出 switch 语句，从而避免了输出不应有的结果。

【例 3.16】分析下面程序的执行过程。

```
main()
{
  int a;
  printf("input integer number:    ");
  scanf("%d",&a);
  switch (a)
  {
    case 1:printf("Monday\n");break;
```

```
    case 2:printf("Tuesday\n"); break;
    case 3:printf("Wednesday\n");break;
    case 4:printf("Thursday\n");break;
    case 5:printf("Friday\n");break;
    case 6:printf("Saturday\n");break;
    case 7:printf("Sunday\n");break;
    default:printf("error\n");
  }
}
```

在使用 switch 语句时还应注意以下几点。

（1）case 后的各常量表达式的值不能相同，否则会出现错误。

（2）在 case 后允许有多个语句，可以不用{}括起来。

（3）case 和 default 子句的先后顺序可以变动，而不会影响程序执行结果。

（4）default 子句可以省略不用。

3.5 循环结构

循环结构是程序中一种很重要的结构。其特点是，当给定条件成立时，反复执行某程序段，直到条件不成立为止。给定的条件称为循环条件，反复执行的程序段称为循环体。C 语言提供了多种循环语句，可以组成各种不同形式的循环结构。

（1）使用 goto 语句和 if 语句构成循环。

（2）使用 while 语句构成循环。

（3）使用 do-while 语句构成循环。

（4）使用 for 语句构成循环。

3.5.1 goto 语句以及用 goto 语句构成循环

goto 语句是一种无条件转移语句，与 Basic 中的 goto 语句相似。goto 语句的使用格式如下:

goto 语句标号;

其中，标号是一个有效的标识符，这个标识符加上一个“:”一起出现在函数内某处，执行 goto 语句后，程序将跳转到该标号处并执行其后的语句。另外，标号必须与 goto 语句同处于一个函数中，但可以不在一个循环层中。通常 goto 语句与 if 条件语句连用，当满足某一条件时，程序跳到标号处运行。

不使用 goto 语句，主要因为它会使程序层次不清且不易读，但当多层嵌套退出时，使用 goto 语句则比较合理。

3.5.2　while 语句

while 语句的一般形式如下：

while（表达式）语句

其中，表达式是循环条件，语句为循环体。

while 语句的语义是：计算表达式的值，当值为真（非 0）时，执行循环体语句。其执行过程如图 3.4（a）所示。

【例 3.17】使用 while 语句求 1+2+…+100。

程序如下：

```
main()
{
  int i,sum=0;
  i=1;
  while(i<=100)
    {
      sum=sum+i;
      i++;
    }
  printf("%d\n",sum);
}
```

使用 while 语句应注意以下几点。

（1)while 语句中的表达式一般是关系表达式或逻辑表达式,只要表达式的值为真(非 0)，就可继续循环。

（2）循环体如果包括一条以上的语句，则必须用{}括起来组成复合语句。

3.5.3　do-while 语句

do-while 语句的一般形式如下：

```
do
  语句
while(表达式);
```

这个循环与 while 循环的不同之处在于：它先执行循环中的语句，然后判断表达式是否为真，如果为真，则继续循环；如果为假,则终止循环。因此,do-while 循环至少要执行一次循环语句。其执行过程如图 3.4（b）所示。

【例 3.18】使用 do-while 语句求 1+2+…+100。

程序如下：

```
main()
{
  int i,sum=0;
  i=1;
  do
    {
```

```
        sum=sum+i;
        i++;
      }
    while(i<=100)
      printf("%d\n",sum);
    }
```

同样，当有许多条语句参加循环时,要用“{”和“}”把它们括起来。

3.5.4 for 语句

在 C 语言中，for 语句使用最为灵活，它完全可以取代 while 语句。它的一般形式如下:

for（表达式 1;表达式 2;表达式 3） 语句

它的执行过程如下。

（1）求解表达式 1。

（2）求解表达式 2，若其值为真（非 0），则执行 for 语句中指定的内嵌语句，然后执行下面的第（3）步；若其值为假（0），则结束循环，转到第（5）步。

（3）求解表达式 3。

（4）转回上面第（2）步继续执行。

（5）循环结束，执行 for 语句下面的一条语句。

for 语句最简单的应用形式也是最容易理解的形式，如下：

for（循环变量赋初值;循环条件;循环变量增量） 语句

循环变量赋初值总是一条赋值语句，它用来给循环控制变量赋初值;循环条件是一个关系表达式，它可以决定什么时候退出循环；循环变量增量用来定义循环控制变量每循环一次后按什么方式变化。这三个部分之间用“;”分开。例如：

for(i=1; i<=100; i++)sum=sum+i;

先给 i 赋初值 1，判断 i 是否小于等于 100，若是，则执行语句，之后值增加 1。再重新判断，直到条件为假，即 i>100 时，结束循环。相当于：

```
      i=1;
    while(i<=100)
        { sum=sum+i;
          i++;
    }
```

对于 for 循环中语句的一般形式，就是如下的 while 循环形式：

```
      表达式 1;
      while(表达式 2)
        {语句
        表达式 3;
    }
```

应注意以下几点。

（1）for 循环中的“表达式 1（循环变量赋初值）”、“表达式 2（循环条件）”和“表达式 3（循环变量增量）”都是选择项，即可以缺省，但“;”不能缺省。

（2）省略了“表达式 1（循环变量赋初值）”，表示不对循环控制变量赋初值。

（3）省略了“表达式 2（循环条件）”，表示不做其他处理时便成为死循环。例如：

```
for(i=1;;i++) sum=sum+i;
```

相当于：

```
i=1;
while(1)
  {sum=sum+i;
  i++;}
```

（4）省略了“表达式 3（循环变量增量）”,表示不对循环控制变量进行操作，这时可在语句体中加入修改循环控制变量的语句。例如：

```
for(i=1;i<=100;)
{sum=sum+i;
i++;}
```

（5）省略了“表达式 1（循环变量赋初值）”和“表达式 3（循环变量增量）”。例如：

```
for(;i<=100;)
{ sum=sum+i;
  i++;}
```

相当于：

```
while(i<=100)
  {sum=sum+i;
  i++;}
```

（6）3 个表达式都可以省略，例如：

```
for(; ;)语句
```

相当于：

```
while(1)语句
```

（7）表达式 1 可以是设置循环变量初值的赋值表达式，也可以是其他表达式，例如：

```
for(sum=0;i<=100;i++) sum=sum+i;
```

（8）表达式 1 和表达式 3 可以是一个简单表达式，也可以是逗号表达式。

```
for(sum=0,i=1;i<=100;i++) sum=sum+i;
```

或者：

```
for(i=0,j=100;i<=100;i++,j--) k=i+j;
```

（9）表达式 2 一般可以是关系表达式或逻辑表达式，也可以是数值表达式或字符表达式，只要其值非 0，就执行循环体，例如：

```
for(i=0;(c=getchar())!='\n';i+=c);
```

又如：

```
for(;(c=getchar())!='\n';)
  printf("%c",c);
```

3.5.5 循环的嵌套

有时为了解决一个较为复杂的问题，需要在一个循环中再定义一个循环，这样的方式称为循环嵌套。在 C 语言中，while、do…while、for 循环语句都可以进行嵌套，并且它们之间也可以互相嵌套，这当中最常见的就是在 for 循环中嵌套 for 循环。

【例 3.19】分析下面程序的执行过程。

```
main()
{
int i,j,k;
printf("i j k\n");
for (i=0;i<2;i++)
  for(j=0;j<2;j++)
    for(k=0;k<2;k++)
      printf("%d %d %d\n",i,j,k);
}
```

3.5.6 几种循环的比较

（1）四种循环都可以用来处理同一个问题，一般可以互相代替。但一般不提倡使用 goto 循环。

（2）while 和 do-while 循环，循环体中应包括使循环趋于结束的语句。for 语句功能最强。

（3）使用 while 和 do-while 循环时，循环变量初始化的操作应在 while 和 do-while 语句之前完成，而 for 语句可以在表达式 1 中实现循环变量的初始化。

3.5.7 break 和 continue 语句

1. break 语句

break 语句通常用在循环语句和开关语句中。当 break 用于开关语句 switch 中时，可使程序跳出 switch 而执行 switch 以后的语句；如果没有 break 语句，则将成为一个死循环而无法退出。break 在 switch 中的用法已在前面介绍开关语句时的例子中碰到，这里不再举例。

当 break 语句用于 do-while、for、while 循环语句时，可使程序终止循环而执行循环后面的语句，通常 break 语句总是与 if 语句关联在一起，即满足条件时便跳出循环。

【例 3.20】分析下面程序的执行过程。

```
main()
{
  int i=0;
  char c;
  while(1)                              /*设置循环*/
    {
    c='\0';                             /*给变量赋初值*/
```

```
    while(c!=13&&c!=27)                    /*键盘接收字符直到按回车或Esc键*/
      {
        c=getch();
        printf("%c\n", c);
      }
    if(c==27)
      break;                               /*判断若按Esc键，则退出循环*/
    i++;
    printf("The No. is %d\n",i);
      }
    printf("The end");
  }
```

应注意以下几点。

（1）break 语句对 if-else 的条件语句不起作用。

（2）在多层循环中，一条 break 语句只向外跳一层。

2. continue 语句

continue 语句的作用是跳过循环体中剩余的语句而强制执行下一次循环。continue 语句只用在 for、while、do-while 等循环体中，常与 if 条件语句一起使用，用来加速循环。

（1）

```
while(表达式1)
  { ……
    if(表达式2)break;
    ……
}
```

（2）

```
while(表达式1)
  { ……
    if(表达式2)continue;
    ……
}
```

【例 3.21】分析下面程序的执行过程。

```
#include <stdio.h>
main()
{
  char c;
  while(c!=13)                       /*不是回车符则循环*/
    {
      c=getchar();
      if(c==0X1B)
      continue;                      /*若按Esc键不输出，则进行下次循环*/
      printf("%c\n",c);
    }
}
```

第 4 章　数组

本章将讨论 C 语言中提供的一种最简单的构造类型：数组。每个数组包含一组具有同一类型的变量，这些变量在内存中占有连续的存储单元；程序中的这些变量虽有相同的名字，但有不同的下标，C 语言中可以使用如 a[0]、a[1]、a[2]……这种形式来表示数组中连续的存储单元，我们把其称为“带下标的变量”或数组元素。在程序设计中，数组是一种十分有用的数据结构，大多数问题不使用数组几乎难以解决。本章将介绍一维数组、二维数组和多维数组的定义，数组元素的引用，以及数组应用的一些基本算法。

4.1　一维数组

4.1.1　一维数组概述

当数组中每个元素只带有一个下标时，称这样的数组为一维数组。在 C 语言中，定义一维数组语句的一般形式如下：

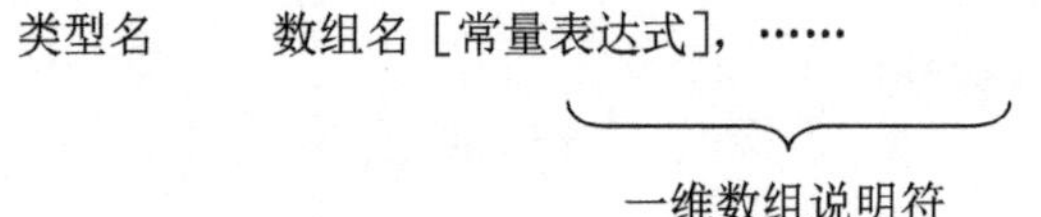

例如，int a[8];

这里，int 为类型名，a[8]为一维数组说明符。这条语句说明了：

（1）定义了一个名为 a 的一维数组。

（2）方括号中的 8 规定了 a 数组包含 8 个元素，它们是 a[0]、a[1]、a[2]、……、a[7]。

（3）类型名 int 规定了 a 数组中的每个元素都是整型，在每个元素中只能存放整型数。

（4）每个元素只有一个下标，C 语言规定每个数组第一个元素的下标总为 0（称为数组下标的下界），因此，以上 a 数组中的最后一个元素的下标应该是 7（称为数组下标的上界）。

（5）C 语言编译程序将为 a 数组在内存中开辟如图 4.1 所示的 8 个连续的存储单元，在图中标明了每个存储单元的名字，可以用这样的名字直接来引用存储单元。

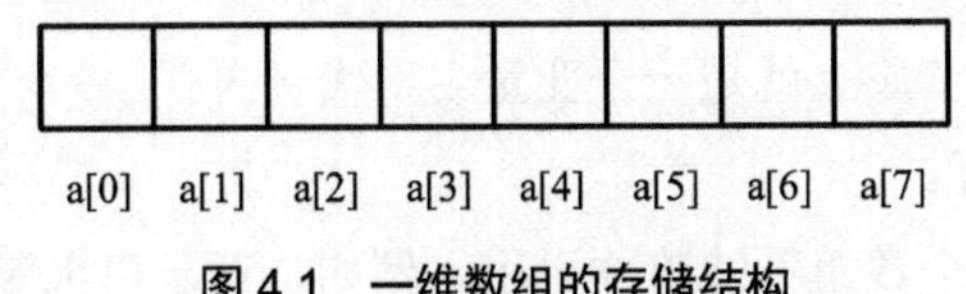

图 4.1　一维数组的存储结构

在一个定义数组的语句中，可以有多个数组说明符，它们之间用逗号隔开，例如：

```
double w[22],v[100],u[5];
```

以上语句定义了三个名为 w、v、u 的双精度类型数组。其中 w 数组包含 22 个元素，数组下标的上界为 21；v 数组包含 100 个元素，数组下标的上界为 99；u 数组包含 5 个元素，数组下标的上界为 4。

数组说明符和普通变量名可同时出现在一个类型定义语句中，例如：

```
char c1,c2,carr[81];
```

4.1.2　一维数组元素的引用

数组被定义后，编译器会分配一个存储空间将数组元素按一定的顺序存储在其中。每个数组元素会占有一个数据类型的存储空间。图 4.2 表示定义的 char 数组各元素在存储器中的存储情况。

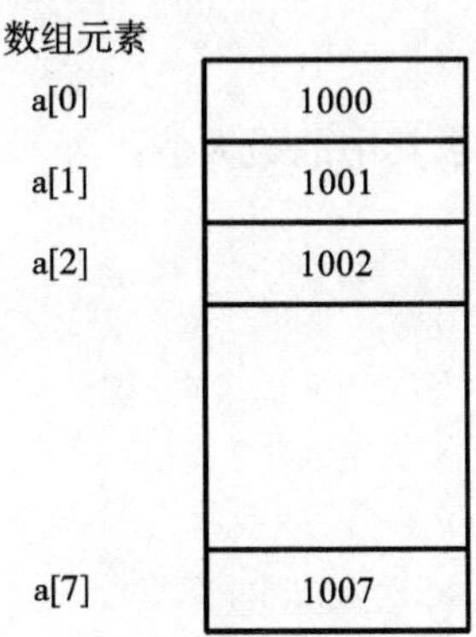

图 4.2　数组的存储分配

由于是一维数组，因此引用数组元素时只带一个下标。引用形式如下：

```
数组名[下标表达式]
```

例如，若有以下定义语句：

```
double  x[8];
```

则 x[0]、x[j]、x[i+k]都是对 x 数组中元素合法的引用形式。其中 0、j 和 i+k 称为下标表达式，由于定义了 x 数组有 8 个元素，因此下标表达式的值必须大于等于 0,并且小于 8。注意：在数组元素 x[i+k]中，i+k 只是一个下标表达式，不要误认为有 i 和 k 两个下标。

综上，应该树立以下概念。

（1）一个数组元素实质上就是一个变量名，代表内存中的一个存储单元。一个数组占有一串连续的存储单元。

（2）C 语言中，一个数组不能整体引用。例如，对于以上定义的 x 数组，不能用 x 代表 x[0]到 x[7]这 8 个元素。C 语言中，数组名中存放的是一个地址常量，它代表整个数组的首地址，关于这方面的内容将在后面章节中详细讨论。

引用数组元素时，数组中下标表达式的值必须是整数，下标表达式的值的下限为 0。C 语言程序在运行过程中，系统并不自动检验数组元素的下标是否越界。因此，数组两端可能会因为越界而破坏了其他存储单元中的数据，甚至破坏了程序代码。因此，编写程序时要保证数组下标不越界是十分重要的。

【例 4.1】将 1～10 赋给数组，并将数组元素打印出来。

程序如下：

```
main()
{
  int i,a[10];
  for(i=0,i<10;)
    a[i++]=i;
  for(i=9;i>=0;i--)
  printf("%d",a[i]);
}
```

【例 4.2】输入 10 个整数，求其中的最大值。

程序如下：

```
main()
{
  int a[10],i,max;
  for(i=0;i<10;i++)
    scanf( “%d” ,&a[i]);
    max=a[0];
  for(i=1;i<10;i++)
   if(a[i]>max)
    max=a[i];
  printf( “max=%d\n” ,max):
}
```

从例 4.2 可以看出，C 语言不能一次性引用整个数组，数组元素只能依次赋初值，比较的时候也是依次进行比较，通过数组的下标来区分数组元素。

【例 4.3】给一个有 10 个元素的一维数据输入奇数，然后输出结果。

程序如下：

```
main()
{
  int i,a[10];
  for(i=0;i<10;)
     a[i++]=2*i+1;
```

```
  for(i=0;i<=9,i++)
    printf("%d",a[i];)
  printf("\n%d %d\n",a[5.2],a[5.8]);
}
```

在例 4.3 的程序中使用第一条循环语句给 a 数组各元素输入奇数值，然后使用第二条循环语句输出各个奇数。在第一条 for 语句中，省略了表达式 3。在下标变量中使用了表达式 i++，用来修改循环变量。当然，第二条 for 语句也可以这么做，C 语言允许使用表达式表示下标。程序中的最后一条 printf 语句输出了两次 a[5]的值，可以看出，当下标不为整数时将自动取整。

4.1.3　一维数组的初始化

1. 为所定义的数组赋初值

当系统为所定义的数组在内存中开辟一系列连续的存储单元时，这些存储单元中并没有确定的值。可以采用以下形式在定义语句中为所定义的数组赋初值。

```
int a[8]={0,1,2,3,4,5,6,7};
```

所赋初值放在赋值号后的一对花括号中，数值类型必须与所说明的类型一致，所赋初值之间用逗号隔开，系统将按这些数值的排列顺序从 a[0]元素开始依次给 a 数组中的元素赋初值。以上语句将给 a[0]赋初值 0,给 a[1]赋初值 1,…，给 a[7]赋初值 7。当指定初值时，第一个初值必须赋给下标为 0 的元素，因此，不可能跳过前面的元素给后面的元素赋初值。

当所赋初值少于所定义数组的元素个数时，将自动给后面的元素补初值 0。例如，以下定义语句将给 a 数组中的所有元素赋初值 0。

```
int a[10]={0};
```

对于字符型数组，也同样补初值 0。例如，以下定义语句将给 a 数值中的所有元素赋初值 0。

```
int a[10]={0};
```

对于字符型数组，也同样补初值 0，即'\0'。例如以下定义：

```
char c[5]={'@'};
```

相当于:

```
char c[5]={'@','\0','\0','\0','\0'};
```

当所赋初值多于所定义数组的元素个数时，在编译时将给出出错信息。

2. 通过赋初值定义数组的大小

C 语言规定，可以通过赋初值来定义数组的大小，这时数组说明符的一对方括号中可以不指定数组的大小。例如：

```
int a[ ]={0,0,0,0,0,0,0,0};
```

以上语句的一对花括号中出现了 8 个 0,它隐含地定义了 a 数组含有 8 个元素，此定义语句等价于以下语句：

int a[8]={0};

3. 一维数组的定义和数组元素引用举例

【例 4.4】编写程序，定义一个含有 30 个元素的 int 类型数组。依次给数组元素赋奇数 1、3、5、……；然后按每行 10 个数顺序输出；最后按每行 10 个数逆序输出。

本例叙述了如何利用 for 循环控制变量顺序或逆序地逐个引用数组元素，这是对数组元素进行操作的基本算法。另外，本例也叙述了两种在利用循环控制变量来实现连续输出数据的过程中如何进行换行操作。程序如下：

```
#define M 30
main()
{ int s[M],ik=1;
  for(i=0;i<M;k+=2,i++) s[i]=k;   /*给 s 数组元素依次赋 1、3、……*/
  printf("\nSequence Output:\n");/*按从前到后的顺序输出*/
  for(i=0;i<M;i++)
  { printf("%4d",s[i]);
    if((i+1)%10= =0) printf("\n"); /*利用 i 控制换行符的输出*/
    }
    printf("\nInvert Output:\n"); /*按从后到前的顺序输出*/
    for(i=M-1;i>=0;i--)            /*下标值从大到小*/
    printf("%3d%c",s[i],((i%10)= =0)?'\n':' ');
/*利用条件表达式来决定是输出换行符还是输出空格*/
    printf("\n");
}
```

以上程序输出结果如下：

```
Sequence  Output:
1    3    5    7    9    11    13    15    17   19
21   23   25   27   29   31    33    35    37   39
41   43   45   47   49   51    53    55    57   59
Invert  Output:
59  57  55  53  51  49  47  45  43  41
39  37  35  33  31  29  27  25  23  21
19  17  15  13  11  9   7   5   3   1
```

4.2 字符串

4.2.1 字符数组与字符串

1. 字符串的定义

（1）C 语言中对字符串的约定。

C 语言本身并没有设置一种类型来定义字符串变量，字符串的存储完全依赖于字符数组，但字符数组又不等于字符串变量。

在 C 语言中，字符串是借助于字符型一维数组来存放的，并规定以字符‘\0’作为“字符串结束标志”。‘\0’是一个转义字符，称为“空值”，它的 ASCII 码值为 0。‘\0’作为标志占用存储空间，但不计入字符串的实际长度。

（2）C 语言中字符串常量的指定。

虽然 C 语言中没有字符串数据类型，但却允许使用“字符串常量”。当表示字符串常量时，不需要人为在其末尾加入‘\0’，例如，字符串常量“Hello!\0”，C 语言编译程序将自动完成这一项工作，在末尾添加字符‘\0’。

（3）C 语言中字符串常量给出的是地址值。

每个字符串常量都分别占用内存中一串连续的存储空间，这些连续的存储空间实际上就是字符型一维数组。这些数组虽然没有名字，但 C 语言编译系统却以字符串常量的形式给出存放每个字符串的存储空间的首地址。不同的字符串有不同的起始地址。也就是说，在 C 语言中，字符串常量被隐含处理成一个以‘\0’结尾的无名字符型一维数组。因此，若有以下定义：

```
char *sp,s[10];
```

则以下赋值是不合法的：

```
s="Hello!";
```

因为面值为 Hello!的字符串常量在赋值过程中给出的是这个字符串在内存中所占一串连续存储单元(即无名一维字符数组）的首地址，而 s 是一个不可重新赋值的数组名，因此，此赋值不合法。而以下赋值是合法的：

```
sp="Hello!";
```

此赋值语句并不是把字符串的内容放入 sp 中，而只是把字符串在内存中所占的首地址赋给了 char 类型的指针变量 sp，使指针变量 sp 指向以上字符串。

（4）字符数组与字符串的区别。

字符数组的每个元素可存放一个字符，但它并不限定最后一个字符应该是什么。而在 C 语言中，因为有关字符串的大量操作都与字符串结束标志‘\0’有关，因此，在字符数组的有效字符后面加上‘\0’的情况下，可以把这种一维字符数组“看作”字符串变量，但它又不同于一般的变量。综上所述，仅可以在字符数组内存放字符串，不能通过赋值语句将字符串常量或其他字符数组中的字符串直接赋给字符串变量（稍后将详细介绍一维字符数组赋给字符串的方法）。可以说，字符串是字符数组的一种具体应用。

2. 通过赋初值的方式给一维字符数组赋字符串

（1）采用给一般数组赋初值的相同方式给一维字符数组赋初值

我们已介绍了一维数组赋初值的方式，即把所赋初值依次放在一对花括号中，例如：

```
char str[10]={'s','t','r','i','n','g','!','\0'};
```

赋初值后，字符数组 str 中的内容如图 4.3 所示。

图 4.3 字符数组 str 元素的存储情况

字符数组 str 共有 10 个元素，但 str 作为字符串，其长度为 7。此处赋初值时，人为地在最后一个有效字符后加入了字符串结束标志‘\0’。事实上，只要所赋初值的字符个数少于数组的元素个数，系统就会自动在其后的元素中加入‘\0’。因此，在以上赋初值时去掉最后的‘\0’，效果是相同的。

如果一个字符数组作为字符串使用，那么在定义该字符数组时，数组的大小就应该比它要实际存放的最长字符串多一个元素，从而给在末尾存放‘\0’留有空间。

当用赋初值的方式来定义字符数组的大小时，这时定义应写成：

```
char str1[ ]={'s','t','r','i','n','g','!'};
```

在此，定义的是一个包含 7 个元素的字符数组 str2，因为赋初值的末尾没有字符串结束标志，所以不能认为在 str2 中存放了字符串，这时不能把它当作字符串来使用。如果误作字符串来进行操作，那么系统会在其后的内存中找一个距它最近的‘\0’作为其结束标志，结果必然会造成“张冠李戴”，导致错误的结果。

（2）在赋初值时直接赋字符串常量。

可以直接用字符串常量给一维字符数组赋初值。例如：

```
char str[10]={"string!"};
```

习惯上均省略花括号，可简写成：

```
char str[10]="string!";
```

这里，由于"string!"是字符串常量，系统已自动在最后加入‘\0’，所以不必人为加入。由于定义了 str 数组占有 10 个连续的存储单元，所以有足够的空间存放字符串。若是定义成：

```
char str[7]="string!";
```

则 7 个单元空间不够用，‘\0’将占用下一个不属于 str 的存储单元。虽然在侥幸的情况下也能得到正确结果，但实质上是不正确的。它有可能破坏了其他数据或程序代码。

可以用以下形式进行定义：

```
char str[ ]="string!";
```

系统将按字符串中实际的字符个数来定义数组的大小，在此，数组 str 将包含 8 个元素（含系统自动加入的‘\0’）。

（3）在 C 程序执行过程中给一维字符数组赋字符串。

①不可以用赋值语句给字符数组整体赋一串字符。

本章开始曾提到：当作字符串变量使用的字符数组，不能由赋值语句直接赋字符串常量。

例如：

```
char mark[10];
mark="C Program";                         /*赋值不合法*/
```

以上赋值形式是不允许的。因为数组名 mark 是一个地址常量，不能被重新赋值。同时，以下赋值方式也是错误的：

```
char str1[10]="computer", str[10];
str2=str1;                                /*赋值不合法*/
```

②给数组元素逐个赋字符值，最后人为加入字符串结束标志。

利用我们目前所学知识，在程序执行过程中，可以通过逐个给数组元素赋值的方式，达到给一维字符数组赋字符串的目的，例如：

```
char mark[10];
mark[0]='C';mark[1]=' ';mark[2]='P';mark[4]='r';
 |
mark[9]='\0';
```

也可以通过给一维字符数组输入字符，并在最后通过加‘\0’的方式给一维字符数组赋字符串。例如：

```
char mark[10];int i;
for(i=0;i<9;i++)
scanf("%c",&mark[i]);
mark[i]='\0';
```

这时需要从键盘依次输入指定的字符，如从第一列输入：

C Program ↙

输入结束后，再给 mark[9]赋字符串结束标志‘\0’，因为 scanf 函数无法从终端读入它。

使用上述方法给字符数组赋字符串，显得很繁琐，操作起来很不方便。实际上，C 语言提供了专用于给字符数组赋字符串的格式说明符和输入/输出函数，以及进行字符串处理的各种函数给用户使用，这些将在后面章节中介绍。

4.2.2　字符串的输入和输出

对于字符串，可以利用%c 格式说明符或利用字符输入、输出函数依次输入、输出字符；输入时在最后人为加入‘\0’，输出时用‘\0’作为输出结束标志。此外，C 语言还提供了进行整串输入/输出的格式说明符%s 和字符串输入、输出函数。

1. 输入/输出字符串时的必要条件

当输出字符串时，输出项既可以是字符串或字符数组名，也可以是已指向字符串的字符指针。

当输入字符串时，输入项既可以是字符数组名，也可以是字符指针。当用字符数组名作为输入项时，输入的字符串将存放在字符数组中，因此，字符数组应有足够的存储空间。当使用指针变量作为输入项时，指针必须已经指向确切的、足够大的存储空间，以便输入的字符串能存放在其所指的具体的内存单元中。

2. 用格式说明符%s 进行整串输入和输出

（1）在 scanf 函数中使用格式说明符%s 可以实现字符串的整体输入。函数调用形式如下：

```
scanf("%s",str_adr);
```

其中：str_adr 是地址值。调用 scanf 函数时，输入字符依次放入以这一地址为起点的存储单元中，并自动在末尾加‘\0’。str_adr 可以是字符数组名、字符指针或字符数组元素的地址。例如：

```
char str[15];
scanf("%s",str);
```

执行以上 scanf 语句时，若从第一列开始输入：

```
PROGRAMMING↙                          /*此处↙代表Enter键*/
```

则输入字符串将从 str[0]开始依次放在数组 str 中，在最后一个字母 G 之后由系统自动加‘\0’。

说明如下：

①使用%s 格式符输入字符串时，空格和回车符作为输入数据的分隔符而不能被读入。因此，对以上程序段，若输入（□代表一个空格）：

```
A∪PROGRAMMING↙                        /*此处↙代表Enter键*/
```

则在 str 中将存入字符串“A”，而不是字符串“PROGRAMMING”。

②若输入字符串的长度超过字符数组所能容纳的字符个数，系统并不会报错，这相当于下标越界。因此，应注意避免发生这样的情况。

③当输入项为字符指针时，该指针必须已指向确定的有足够空间的连续存储单元。

④当输入项是数组元素的地址时，输入数据将从这个元素开始存放。

（2）在 printf 函数中使用格式说明符%s 可以实现字符串的整体输出，函数调用形式如下：

```
printf(“%s”,str_adr);
```

其中，str_adr 是地址值。调用 printf 函数时，将从这一地址开始，依次输出存储单元中的字符，直到遇到第一个‘\0’为止。‘\0’是结束标志，不在输出字符之列。输出结束后不自动换行。

3. 调用 gets、puts 函数，从终端进行字符串行的输入和输出

调用 gets 和 puts 函数时，必须在程序的开头出现包含头文件 stdio.h 的命令行。

（1）gets 函数的调用形式如下：

```
gets(str_adr)
```

其中，str_adr 表示用于存放输入字符串的起始地址。可以是字符数组名、字符指针或字符数组元素的地址。gets 函数用来从终端键盘读入字符串（包括空格符），直到读入一个换行符为止。换行符读入后，不作为字符串的内容。系统将自动用‘\0’代替。例如：

```
char str[20];
gets(str);
```

执行上述语句时，若从第一列开始由键盘输入：

```
A∪PROGRAM↙                              /*□代表空格，↙代表Enter键*/
```

则将读入 10 个字符（包括空格和最后的换行符），第一个字符 A 放在 str[0]中，其他依次存放；系统自动用‘\0’代替最后的换行符。

（2）puts 函数的调用形式如下：

```
puts(str_adr)
```

其中，str_adr 表示用于存放待输出字符串的起始地址。调用 puts 函数时，将从这一地址开始，依次输出存储单元中的字符，直到遇到第一个‘\0’即结束输出，并自动输出一个换行符。

4.2.3 字符串数组

字符串数组就是数组中的每个元素又都是一个存放字符串的数组。利用 C 语言中数据的构造特点，能很容易实现这一数据结构。

（1）由前面的内容可知：一个二维数组可以看作是一个一维数组，这个一维数组中的每个元素又是一个一维数组。从这一概念出发，可以将一个二维字符数组视为一个字符串数组。例如：

```
char name[10][80];
```

数组 name 共有 10 个元素，每个元素可以存放 80 个字符（作为字符串使用时，最多可以存放 79 个有效字符，最后一个存储单元留给‘\0’）。因此，可以认为：二维数组的第一个下标决定了字符串的个数；第二个下标决定了字符串的最大长度。因此，把 name 看作一个字符串数组。

（2）字符串数组也可以在定义的同时赋初值。若有以下定义：

```
char ca[3][5]={"A","BB","CCC"};
```

此定义也可写成：

```
char ca[ ][5]={"A","BB","CCC"};
```

数组 ca 元素的存储情况如图 4.4 所示（在内存中，ca[1][0]紧接在 ca[0][4]之后，即一行紧接着一行）。

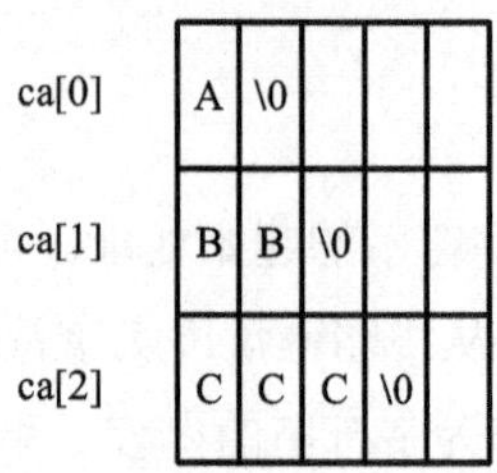

图 4.4　数组 ca 元素的存储情况

数组元素按行占连续的固定的存储单元。由图 4.4 可知，其中有些存储单元是空闲的，各字符串并不一串紧接着一串存放，而总是从每行的第 0 个元素开始存放一个新的串。可以通过二维数组元素的形式，如 ca[i][j]等来直接引用字符串中的每个字符。

（3）可以定义字符型指针数组并通过赋初值来构成一个类似的字符串数组。例如：

```
char *pa[3]={"a","b","ccc"};
```

数组 pa 元素的存储结构如图 4.5 所示。指针数组 pa 的每个元素指向一个字符串。也就是说，数组 pa 的每个元素中存放着一个字符串的首地址。

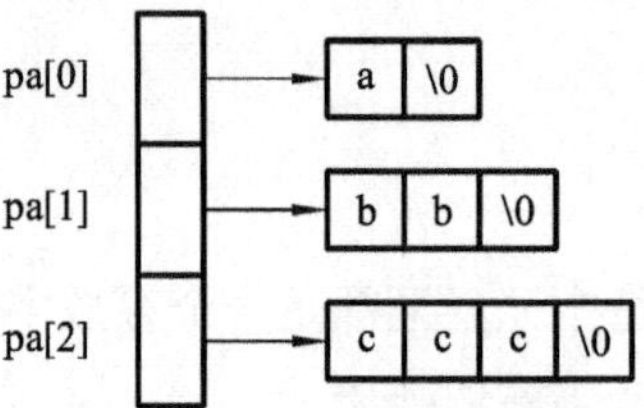

图 4.5　数组 pa 元素的存储情况

这里，指针元素指向长度不同的无名一维字符数组，各字符数组之间并不占用连续的存储单元，它们的联系全依赖于 pa 指针数组元素；一旦 pa 指针数组元素中的地址被重新赋值，若没有其他指针指向相应的字符串，相应的字符串也将丢失。

由于指针数组元素已指向确定的存储空间，因此，可以使用输入语句给这些字符串重新赋值。例如：

```
gets(pa[2]);
```

注意：pa[2]中的地址未变，仍指向有 4 个元素的无名字符数组，执行以上语句时只能在一行上输入包含 3 个字符的字符串。

可以使用表达式*(pa[2]+1)、pa[2][1]等形式引用 pa 数组所指字符串中的字符。

4.2.4　用于字符串处理的函数

C 语言中虽然没有提供对字符串进行整体操作的运算符，但提供了很多有关字符串操作的库函数。例如，不能由运算符实现的字符串赋值、合并和比较运算，都可以通过调用库函数来实现。

下面介绍几种常用的字符串处理函数。当使用这些函数时，必须在程序前面使用命令行指定包含标准头文件“string.h”。

1. 字符串复制（拷贝）函数 strcpy

strcpy 函数的调用形式如下：

```
strcpy(s1,s2)
```

此函数将 s2 所指的字符串（源）的内容复制到 s1 所指的存储空间（目的）中，函数返回 s1 的值，即目的串的首地址。注意：为了保证复制的合法性，s1 必须指向一个能足够容纳 s2 串的存储空间。

2. 字符串连接函数 strcat

strcat 函数的调用形式如下：

```
strcat(s1,s2)
```

此函数将 s2 所指的字符串内容连接到 s1 所指的字符串后面，并自动覆盖 s1 串末尾的‘\0’;函数返回 s1 的地址值。注意：s1 所指的字符串应有足够的空间容纳两串后的内容。

3. 字符串长度函数 strlen

strlen 函数的调用形式如下：

```
strlen(s)
```

此函数计算出以 s 为起始地址的字符串的长度，并作为函数值返回。这一长度不包括串尾的结束标志‘\0’。

4. 字符串比较函数 strcmp

strcmp 函数的调用形式如下：

```
strcmp(s1,s2)
```

此函数用来比较 s1 和 s2 所指字符串的大小。若串 s1＞串 s2，则函数值大于 0（正数）；若串 s1==串 s2，则函数值等于 0；若串 s1＜串 s2，则函数值小于 0（负数）。

字符串比较的方法：依次对 s1 和 s2 所指字符串对应位置上的字符两两进行比较，当出现第一对不相同的字符时，即由这两个字符决定所在串的大小（字符大小的依据是其 ASCII 码值）。

4.3　二维数组与多维数组

4.3.1　二维数组

1. 二维数组的定义

当数组中的每个元素带有两个下标时，称这样的数组为二维数组。逻辑上可以把二维数组看成是一个具有行和列的表格或矩阵。

在 C 语言中，二维数组的定义语句形式如下：

类型名　　数组名［常量表达式 1］［常量表达式 2］,…;

（其中"数组名［常量表达式 1］［常量表达式 2］"为数组说明符）

二维数组说明符中必须有用两个方括号括起来的常量表达式，常量表达式的值只能是正整数。可以把“常量表达式 1”看成是矩阵（或表格）的行数，它决定了第一维下标值的上限为（常量表达式 1) -1；可以把“常量表达式 2”看成是矩阵（或表格）的列数，它决定了第二维下标值的上限为（常量表达式 2) -1。例如有以下定义：

```
int a[3][4];
```

其中，int 是类型名，a[3][4]是一个二维数组说明符。此定义语句说明：①定义了一个名为 a 的二维数组。②a 数组中的每个元素都是整型。③a 数组中共有 3×4 个元素。④a 数组的逻辑结构是一个具有如下形式的 3 行 4 列的矩阵（或表格）：

	第 0 列	第 1 列	第 2 列	第 3 列
第 0 行	a[0][0]	a[0][1]	a[0][2]	a[0][3]
第 1 行	a[1][0]	a[1][1]	a[1][2]	a[1][3]
第 2 行	a[2][0]	a[2][1]	a[2][2]	a[2][3]

每个元素有两个下标，第一个方括号中的下标代表行号，称行下标；第二个方括号中的下标代表列号，称列下标。行下标和列下标的下限总为 0。这里，a 数组的行下标的上限为 2,列下标的上限为 3。

a 数组中的元素在内存中占用一系列连续的存储单元。二维数组在内存中的排列顺序如图 4.6 所示，图中标明了每个存储单元的名字。也就是说，先存放第 0 行的元素，再存放第 1 行的元素，依此类推。这种存放顺序称为“按行存放”。

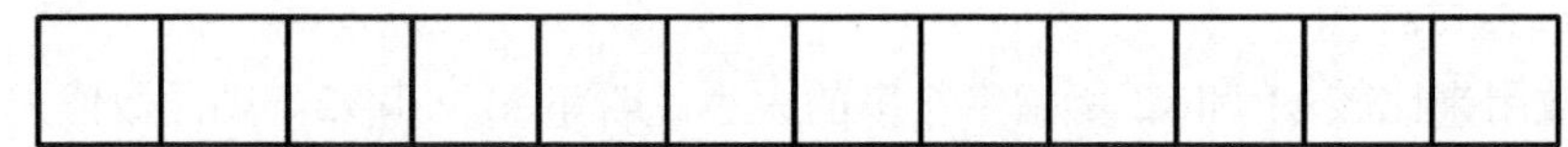

图 4.6　二维数组在内存中的排列顺序

在 C 语言中，可以把一个二维数组看成是一个一维数组，每个数组元素又是包含若干个元素的一维数组。如可以把以上 a 数组看成是由 a[0]、a[1]、a[2]三个元素组成的一维数组，其中每个元素又是由四个整型元素组成的一维数组。建立起这一概念十分重要，因为 C 语言编译程序确实是把二维数组 a 中的 a[0]、a[1]、a[2]作为数组名来处理的，有关这方面的内容将在本章讨论。

2. 二维数组元素的引用

引用二维数组元素时必须带有两个下标。引用形式如下：

```
数组名[下标表达式1][下标表达式2]
```

例如，若有以下定义语句：

```
double w[4][2];
```

则 w[0][1]、w[i][j]、w[i+k][j+k]都是合法的数组元素引用形式，只是每个下标的表达式的值必须是整数，且不得超越数组定义中的上界和下界。

注意：引用二维数组元素时，一定要把两个下标分别放在两个方括号内，例如，引用以上 w 数组元素时，不可以写成 w[0,1]、w[i,j]、w[i+k,j+k]，这都是不合法的。

4.3.2　二维数组的初始化

1. 所赋初值的个数与数组元素的个数相同

可以在定义二维数组的同时给二维数组的各元素赋初值，例如：

```
int a[4][3]={{1,2,3},{4,5,6},{7,8,9},{10,11,12}};
```

全部初值括在一对花括号中，每行的初值又分别括在一对花括号中，之间用逗号隔开。

2. 每行所赋初值的个数与数组元素的个数不同

当某行一对花括号内的初值个数少于该行中元素的个数时，例如：

```
int a[4][3]={{1,2},{4,5},{7},{10}};
```

系统将自动给该行后面的元素补初值 0。因此，a[0][2]、a[0][3]的初值为 0。也就是说，不能跳过每行前面的元素而给后面的元素赋初值。

3. 所赋初值的行数少于数组的行数

当给每行赋初值的行数少于数组的行数时，例如：

```
int a[4][3]={{1,2},{4,5}};
```

系统将自动给后面各行的元素补初值 0。

4. 赋初值时省略行花括号对

在给二维数组赋初值时可以不用行花括号对，例如：

```
int a[4][3]={1,2,4,5};
```

注意：此处所赋初值与 3.中所赋初值的结果完全不同。编译时，系统按 a 数组元素在内存中排列的顺序将花括号内的数据一一对应地赋给各个元素，若数据不足，则系统将给后面的元素自动补初值 0。以上语句将给 a 数组第一行中的元素依次赋给 1、2、4、5，其他元素中的初值都为 0。

5. 通过赋初值定义二维数组的大小

对于一维数组，可以在数组定义语句中省略第一个方括号的常量表达式，通过所赋初值的个数来确定数组的大小；对于二维数组，只可以省略第一个方括号中的常量表达式，而不能省略第二个方括号中的常量表达式。例如：

```
int a[ ][3]={{1,2,3},{4,5},{6},{8}};
```

以上语句中，a 数组的第一维方括号中的常量表达式省略，在所赋初值中，包含 4 个行花括号对，则第一维的大小由所赋初值的行数来决定。因此，它等同于：

```
int a[4][3]={{1,2,3},{4,5},{6},{8}};
```

当采用以下形式赋初值时，如下：

```
int c[ ][3]={1,2,3,4,5};
```

第一维的大小由以下规则决定。

（1）当初值的个数能被第二维的常量表达式的值除尽时，所得商数就是第一维的大小。

（2）当初值的个数不能被第二维的常量表达式的值除尽时，则：

第一维的大小＝所得的商数＋1

因此，按此规则，以上 c 数组第一维的大小应该是 2,也就是说，以上语句等同于：

```
int c[2][3]={1,2,3,4,5};
```

6. 二维数组的定义和数组元素的引用举例

【例 4.5】通过键盘给 2×3 的二维数组输入数据，第一行赋 1、2、3，第二行赋 10、20、30。然后按行输出此二维数组。

本例介绍引用二维数组元素对二维数组进行输入和输出的基本方法。程序如下：

```
main()
{ int a[2][3],i,j;
  printf("Enter data by line:\n");
  for(i=0;i<2;i++)
    for(j=0;j<3;j++) scanf("%d",&a[i][j]);
  printf("Output a 2-dimension array:\n");
  for(j=0;j<2;j++)
    { for(i=0;i<3;i++)
      printf("%4d",a[j][i]);
      printf("\n");
    }
}
```

若运行以上程序时输入：

```
1  2  3  10  20  30  <CR>  (<CR>代表 Enter 键)
```

则输出结果如下：

```
Output a 2-dimension array :
    1    2    3
    10   20   30
```

若把以上进行输入的双重循环改写如下：

```
printf("Enter data by col:\n");
  for(i=0;i<3;i++)
    for(j=0;j<2;j++) scanf("%d",&a[j][i]); /*注意 j 作为行下标*/
```

输入时数组元素的顺序将是：a[0][0]、a[1][0]、a[0][1]、a[1][1]、a[0][2]、a[1][2]。请

读者思考，若按题目要求，那么数据应如何输入。

4.3.3 多维数组

1. 多维数组的定义

当一维数组元素的类型也是一维数组时，便构成了二维数组。二维数组定义的一般格式为：

array[下标类型 1][下标类型 2];

说明：两个下标类型与一维数组的定义一样，可以看成“下界 1..上界 1”和“下界 2..上界 2”，给出二维数组中每个元素（双下标变量）可以使用下标值的范围。

一般来说，n 维数组的格式为：

array[下标类型 1],[下标类型 2],…,[下标类型 n];

其中，下标类型的个数即数组的维数，并且说明了每个下标的类型及取值范围。

2. 多维数组的元素引用

多维数组的元素引用与一维数组的元素引用类似，区别在于多维数组的元素引用必须给出多个下标，引用的格式为：

<数组名>[下标 1],[下标 2],…,[下标 n]

说明：显然，每个下标表达式的类型应与对应的下标类型一致，且取值不超出下标类型所指定的范围。

【例 4.6】多维数组的应用。

程序如下：

```
#include <stdio.h>
void main()
{
  int i,j,k,sum=0;
  int a[2][3][4]={0};
  for(i=0;i<2;i++)
    for(j=0;j<3;j++)
      for(k=0;k<3;k++)
{
sum=sum+1;
a[i][j][k]=sum;
}
  for(i=0;i<2;i++)
    for(j=0;j<3;j++)
      for(k=0;k<3;k++)
printf("a[%d][%d][%d]:%d\n",i,j,k,a[i][j][k]);
}
```

【例 4.7】分析程序的运行结果。

程序如下：

```
#include <stdio.h>
# define N 7
main()
{
int i,j,temp,a[N]={1,2,3,4,5,6,7};
for ( i = 0;i<N/2;i ++ )
{
j = N-1-i;temp = a[i];a[i]=a[j];a[j]=temp;
}
for(i = 0;i<N;i++)
printf("%2d", a[i]);
}
```

【例 4.8】分析程序的运行结果。

程序如下：

```
#include <stdio.h>
main ()
{
  int i,c;
  char s[2][5]={"8980","9198"};
  for (i=3;i>=0 ;i--)
{
  c=s[0][i]+s[1][i]-2*'0';
  s[0][i] = c % 10 + '0' ;
   }
   for (i=0;i<=1;i++) puts(s[i]);
}
```

第 5 章　模块化程序设计

在前面各章的例子中，C 语言程序都使用了以“main”开头的主函数，并且在程序中频繁地调用了 C 语言提供的用于输入和输出的库函数——scanf、printf 函数。读者可能注意到：main 是由用户自己编写的，而 scanf、printf 则是由 C 语言提供的，用户只要学会如何正确调用就行。

一个实用的 C 语言源程序总由许多函数组成，这些函数都是根据实际任务由用户自己编写的。在这些函数中，可以调用 C 语言提供的库函数，也可以调用由用户自己或他人编写的函数。但是，一个 C 语言源程序无论包含多少函数，C 语言程序总是从 main 函数开始执行。本章将讨论如何调用 C 语言提供的库函数；如何自己来定义函数，并调用这些函数。

C 语言源程序可以分放在不同的文件中，所以，同一个源程序中的函数也可分放在不同的文件中。

5.1　函数

C 语言虽然提供了丰富的库函数，但这些函数是面向所有用户的，不可能满足每个用户的各种特殊需要，因此大量的函数必须由用户自己来编写。

5.1.1　函数定义的语法

（1）C 语言函数定义的一般形式如下：

```
函数返回值的类型名  函数名(类型名  形式参数 1,类型名  形式参数 2,…)
/*函数的首部*/
{
  说明部分          /*函数体*/
  语句部分
}
```

（2）在老的 C 语言版本中，函数的首部采用以下形式：

```
函数返回值的类型名  函数名(形式参数 1,形式参数 2,…)
形式参数类型说明;
```

新的 ANSI 标准 C 语言兼容这种形式的函数首部说明。

（3）函数名和形式参数都是由用户命名的标识符。在同一程序中，函数名必须唯一；形式参数只要在同一函数中唯一即可，可以与其他函数中的变量同名。

（4）C 语言规定，不能在一个函数的内部再定义函数。

（5）若在函数的首部省略了函数返回值的类型名，则可把函数首部写成：

```
函数名(类型名  形式参数1,类型名  形式参数2,…)
```

C 语言默认函数返回值的类型为 int 类型。

【例 5.1】求两个双精度数之和的函数。

程序如下：

```
double add(double a,double b)
{ double  s;
  s=a+b;
  return s;
}
```

在此程序中，double add(double a,double b)称为函数的首部。其中 add 是函数名，这是由用户命名的标识符。它前面的 double 是类型名，用来说明函数返回值的类型（通常称为函数值的类型），函数值的类型可以是整型、实型、字符型、指针和结构类型。以上 add 函数值的类型是双精度型。

函数名后的一对圆括号中是形式参数（简称形参）和类型名，本例中只有两个形式参数 a 和 b，在每个形参之前都要有类型名。各形参的定义之间用逗号隔开。

在老版本的 C 语言中，上面的函数首部可写成：

```
double add(a,b)
double a,b;
```

定义函数可以没有形参，但函数名后的一对圆括号不能省略。例如以下函数的首部：

```
dummy()
```

这说明 dummy 函数的返回值类型为整型，该函数没有形参。

以上 add 函数首部之后的一对花括号之间是函数体。函数体中的语句用来实现函数的功能，本例中是实现求 a 和 b 的和。函数体可以是空的，例如：

```
dummy() {}
```

这是一个什么也不做的函数。像这种什么也不做的函数，在程序开发的时候作为一个虚设的部分也是很有用的。

函数体中，除形参外，用到的其他变量必须在说明部分进行定义，这些变量（包括形参）只在函数被调用时才临时开辟存储单元，当退出函数时，这些临时开辟的存储单元全被释放掉，因此，这种变量只在函数体内部起作用，与其他函数体中的变量互不相关，它们可以和其他函数中的变量同名。函数体中的说明部分，就像在 main 函数中那样，总是放在函数体中所有可执行语句之前。以上 add 函数中定义了一个 double 类型的变量 s，退出 add 函数后，这些变量包括形参 a 和 b 所占的存储单元都会被释放掉。

5.1.2　函数的返回值

函数的值通过 return 语句返回，return 语句的形式如下：

return 表达式；或 return(表达式)；或 return;

也就是说，return 语句中表达式的值就是所求的函数值。此表达式值的类型必须与函数首部所说明的类型一致。若类型不一致，则以函数值的类型为准，由系统自动进行转换。

当程序执行到 return 语句时，程序就返回到调用该函数的地方（通常称为退出调用函数），并带回函数值。在同一个函数内，可以根据需要在多处出现 return 语句。

return 语句也可以不含表达式，这时它的作用只是使流程返回到调用函数，并没有确定的函数值。

函数体内可以没有 return 语句，程序的流程就一直执行到函数末尾的“}”，然后返回调用函数，这时也没有确定的函数值带回。

5.1.3　函数的调用

函数的一般调用形式为：

```
函数名 (实在参数表)
```

实在参数（简称实参）的个数多于一个时，各实在参数之间用逗号隔开。实参的调用形式为：

```
函数名()
```

函数名后的一对圆括号不可少。

（1）当调用的函数用于求某个值时，函数的调用可作为表达式出现在允许表达式出现的任何地方。例如上面的 add 函数，可用以下语句调用 add 函数求出 3.0 与 4.0 的和，然后赋给 y：

```
y=add(3.0,4.0);
```

也可通过以下语句段调用 add 函数求出 1+2+3+4+5：

```
for(y=0,i=1;i<=5;i++) y=add(y,i)
```

add 函数也可以出现在 if 语句中作为判断的表达式：

```
if(add(x,y)>0)…
```

（2）C 语言中的函数可以只进行某些操作而不返回函数值，这时函数的调用可作为一条独立的语句。例如：

```
函数名(实参表);
```

注意：最后有一个分号。

（3）函数调用时的语法要求包含以下两方面。

①调用函数时，函数名必须与所调用的函数名完全一致。

②实参的个数必须与形参的个数一致。实参可以是表达式，在类型上应按位置与形参一一对应匹配。如果类型不匹配，则 C 语言编译程序按赋值兼容的规则进行转换；若实参和形参的类型不赋值兼容，则通常不会给出出错信息，且程序仍然执行，只是不会得到正确的结果。因此，应特别注意实参和形参与类型应匹配。

C 语言规定：函数必须先定义、后调用（函数的返回值类型为 int 或 char 时除外）。例如，如果想在 main 函数中调用 add 函数，在源程序中它们的位置应该如下：

```
double add(double a,double b)
{…}
main()
{ double y,p,q;
        ⁞
y=add(p,q);
        ⁞
}
```

如果被调用函数的返回值为 int 或 char 类型，则被调用函数的定义也可以放在调用函数的位置之后，例如：

```
  ⁞
main()
{
  ⁞
   dummy();
  ⁞
}
dummy() { }
```

（4）C 语言程序中，函数可以直接或间接地自己调用自己，称为递归调用。有关函数递归调用的内容将在后面章节介绍。

5.1.4 函数的说明

1. 函数说明的形式

在 C 语言中，除主函数外，用户定义的函数要遵循“先定义、后使用”的规则。凡是未在调用前定义的函数，C 语言编译程序默认函数的返回值为 int 类型。对于返回值为其他类型的函数，若把函数的定义放在调用之后，则应该在调用之前对函数进行说明（或称函数原型说明）。函数说明的一般形式如下：

```
类型名  函数名(参数类型1,参数类型2,…)
```

如 double add(double,double)，或者：

```
类型名  函数名(参数类型1  参数名1,参数类型2  参数名2,…)
```

如 double add(double p,double q)。此处的参数名完全是虚设的，它们可以是任意的用户标识符，既不必与函数首部中的形参名一致，又可以与程序中的任意用户标识符同名，实际上，参数名常常省略。函数说明语句中的类型名必须与函数返回值的类型一致。

函数说明可以是一条独立的语句，例如：

```
double add(double,double);
```

也可以与普通变量一起出现在同一定义语句中。例如：

```
double x,y,add(double,double);
```

对于返回值为整型的函数说明，如对于 dummy 函数的说明，应写成：

```
int dummy();
```

也可写成：

```
dummy();
```

在函数名前没有说明函数返回值类型时，隐含为 int 类型。

对函数进行说明，能使 C 语言的编译程序在编译时进行有效的类型检查。当调用函数时，若实参的类型与形参的类型不能赋值兼容，当进行非法转换时，C 语言的编译程序将会发现错误并报错；当实参的个数与形参的个数不同时，编译程序也会报错。使用函数说明能及时通知程序员出错的位置，从而保证程序的正确运行。

另外，在老的 C 语言版本中，当对函数进行说明时，并不要求在其后的一对圆括号中指定函数形参的类型，如对 add 函数只需写成：

```
double add();
```

为了与老的 C 语言版本兼容，新的 ANSI 标准也允许采用这种形式进行说明，但这会导致 C 语言关闭对调用时实参与形参的个数和类型是否一致的检查，从而无法及时发现错误，这是一种不好的编程风格，希望读者不要采用。

2. 函数说明的位置

当在所有函数的外部、被调用之前说明函数时，在函数说明的后面所有位置上都可以对该函数进行调用。

函数说明也可以放在函数内的说明部分，如在 main 函数内部进行说明，则只能在 main 函数内部才能识别该函数。

3. 调用函数和被调用函数之间的数据传递

C 语言中，调用函数和被调用函数之间的数据可以通过以下三种方式进行传递。

（1）在实参和形参之间进行数据传递。

（2）通过 return 语句把函数值返回调用函数。

（3）通过全局变量传递。但这不是一种好的传递方式，通常不提倡使用。

在 C 语言中，数据只能从实参单向传递给形参，称为“按值”传递。也就是说，当简单变量作为实参时，用户不可能在函数中改变对应实参的值。

【例 5.2】以下程序列出了函数之间的单向传递，请观察程序的执行结果。

```
main()
{ void try (int x, int y, int z); int x=2,y=3,z=0;
  printf("(1)x=%d y=%d z=%d\n",x,y,z);
  try(x,y,z);
  printf("(4)x=%d y=%d z=%d\n",x,y,z);
}
void try(int x,int y,int z)
{ printf("(2)x=%d y=%d z=%d\n",x,y,z);
  z=x+y;
```

```
  x=x*x;
  y=y*y;
  printf("(3)x=%d y=%d z=%d\n",x,y,z);
}
```

程序运行结果如下：

```
(1)x=2 y=3 z=0
(2)x=2 y=3 z=0
(3)x=4 y=9 z=5
(4)x=2 y=3 z=0
```

当程序从main函数开始运行时，根据定义在内存中开辟了三个int类型的存储单元x、y、z，且赋初值2、3和0，调用try函数之前的printf语句输出结果验证了这些值；当调用try函数之后，程序的流程转向try函数，这时系统为try函数的三个形参x、y、z分配了三个临时的存储单元，同时，实参x、y、z将值传递给对应的形参，实参和形参虽然同名，但它们占用不同的存储单元，如图5.1（a）所示。

当进入try函数后，首先执行一条printf语句，输出try函数中的x、y、z的值，因为未对它们进行任何操作，所以仍输出2、3和0；当执行赋值语句z=x+y;x=x*x;和y=y*y;之后，这时z、x、y存储单元中的值分别为5、4、9（见图5.1（b）），这可由随后的printf语句输出结果证实。当退出try函数时，try函数中的x、y、z变量所占用的存储单元将消失（释放）。流程返回到main函数，然后执行main函数中的最后一条printf语句，并输出x、y、z的值。由输出结果可见，main函数中的x、y、z的值在调用try函数后没有任何变化。

以上程序运行的结果证实了在调用函数时，实参的值将传送给对应的形参，但形参的值的变化不会影响对应的实参。

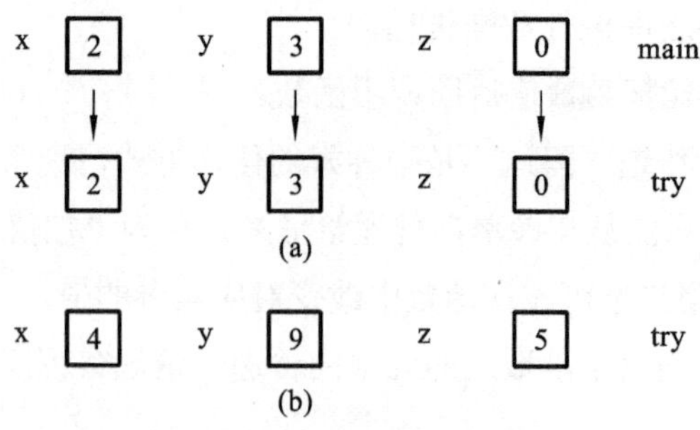

图5.1　参数传递过程

【例5.3】以下程序试图通过调用swap函数，交换主函数中变量x和y中的数据。请观察程序的输出结果。

```
main()
{ void swap (int a int b);int x=10,y=20;
  printf("(1)x=%d y=%d\n",x,y);
```

```
  swap(x,y);
  printf("(4)x=%d y=%d\n",x,y);
}
void swap(int a,int b)
{ int t;
  printf("(2)a=%d b=%d\n",a,b);
t=a;a=b;b=t;
  printf("(3)a=%d b=%d\n",a,b);
}
```

程序运行结果如下：

```
(1)x=10 y=20
(2)a=10 b=20
(3)a=20 b=10
(4)x=10 y=20
```

由程序运行结果可以看到：x 和 y 的值已传送给函数 swap 中对应的形参 a 和 b，在函数 swap 中，a 和 b 也确实进行了交换，但由于 C 语言中的数据只能从实参单向传递给形参，形参数据的变化并不影响对应实参，因此在本程序中，不能通过调用 swap 函数使主函数中 x 和 y 的值进行交换。如何通过调用 swap 函数来交换主函数中的两个数据，将在后面章节中介绍。

5.1.5　程序举例

【例 5.4】编写函数 isprime(int a)用来判断 a 是否为素数，若是素数，则函数返回 1，否则返回 0。

```
#include "math.h"
int isprime(int);                      /*函数说明*/
main()
{ int x;
  printf("Enter a integer number:");
  scanf("%d",&x);                      /*从键盘输入一个整数*/
  if(isprime(x))
    printf("%d is prime\n",x);         /*当函数返回 1 时，输出：是素数*/
  else printf("%d is not prime\n",x);  /*当函数返回 0 时，输出：不是素数*/
}
isprime(int a)
{ int i;
for(i=2;i<=sqrt((double) a );i++)
  if(a%i= =0)
    return 0;                          /*a 一旦能被某个数整除，即不是素数，返回 0*/
  return 1;                            /*a 不能被 2 到√a 之间任何一个数整除，返回 1*/
}
```

【例 5.5】编写函数，验证任意两个素数之和为偶数并输出这两个素数。

若验证的数放在变量 x 中，则可依次从 x 中减去 i，i 从 2 变化到 x/2。步骤如下。

（1）i 的初值为 2。

（2）判断 i 是否是素数。若是，则执行步骤（3）；若不是，则执行步骤（5）。

（3）判断 x–i 是否是素数。若是，则执行步骤（4）；若不是，则执行步骤（5）。

（4）输出结果，返回调用函数。

（5）使 i 增 1。

（6）重复执行步骤（2），直到 i>x/2。

在例 5.4 中已经有 isprime(int a)函数可以用来验证某数是否是素数。因此在步骤（2）和步骤（3）中，只要调用该函数，就可分别判断 i 和 x–i 是否是素数了。

按以上步骤编写程序如下：

```
#include "math.h"
int isprime(int);                          /*函数说明*/
void even(int);
main()
{ int a;
  printf("Enter a even number:");scanf("%d",&a);
  if(a%2==0) even(a);l
  else printf("The %d isn't even number\n",a);
}
void even(int x)
{int i;
  for(i=2;i<=x/2;i++)
    if(isprime(i))
      if(isprime(x-i))
        {
printf("%d=%d+%d\n",x,i,x-i);
return;
}
}
isprime(int a)
{…}
```

【例 5.6】编写函数 sum(int n)用于求 $\sum_{x=0}^{n} f(x)$，和数作为函数值返回。这里 $f(x)=x^2+1$。

程序如下：

```
int sum(int);                              /*函数说明*/
int f(int);
main()
{ int a,b;
  printf("Enter a integer number:  ");  /*输入一个整数*/
  scanf("%d",&a);
  b=sum(a);
  printf("a=%d sum=%d\n",a,b);
}
sum(int n)
{int x,s=0;
  for(x=0;x<=n;x++) s+=f(x);
```

```
  return s;                                    /*返回累加和*/
}
f(int x)
{return x*x+1;}
```

5.2　变量的存储属性

在 C 语言中，标识符必须先定义后使用，那么定义语句应该放在什么位置呢？在程序中，一个定义了的标识符是否随处可用？这些问题涉及标识符的作用域。经过赋值的变量是否在程序运行期间总能保存其值呢？这就涉及变量的生存期。当一个程序的若干函数分别存放于不同的文件中时又有何限制？对于上述问题，C 语言中都有具体的规定。本章将对这些问题进行详细讨论。

本章中，读者应该特别注意“定义”和“说明”这两个词，“定义”（definition）是指给变量分配确定的存储单元，“说明”（declaration）只是说明变量的性质，而并不分配存储空间。

5.2.1　局部变量、全局变量和存储分类

1. 用户标识符的作用域

在 C 语言中，由用户命名的标识符都有一个有效的作用域。所谓标识符的“作用域”就是指程序中的某一部分，在这一部分中，该标识符是有定义的，可以被 C 语言编译和连接程序所识别。

例如，我们知道每个变量都有自己的作用域，在函数 sub 内定义的变量，不能在其他函数中引用；显然，变量的作用域与其定义语句在程序中出现的部位有直接的关系。据此可以划分出局部变量和全局变量。

2. 局部变量、全局变量及其存储分类

在函数内部或复合语句内部定义的变量，称为局部变量。函数的形参也属于局部变量。在函数外部定义的变量，称为全局变量。有时，局部变量也称内部变量，全局变量也称外部变量。

C 语言中，有两种存储类别：一种是自动类；一种是静态类。局部变量既可以说明是自动类；也可以说明是静态类；而全局变量只能是静态类。

有四个与两种存储类别有关的说明符，它们是 auto（自动）、register（寄存器）、static（静态）和 extern（外部）。这些说明符通常与类型名一起出现，它们可以放在类型名的左边，也可以放在类型名的右边，例如：

```
auto int i,j;
```

也可写成：

```
int auto i,j;
```

存储类别确定了所说明对象在内存中的存储位置，从而也确定了所说明对象的作用域和生存期。图 5.2 展示了一个 C 语言程序在内存中的存储映像。

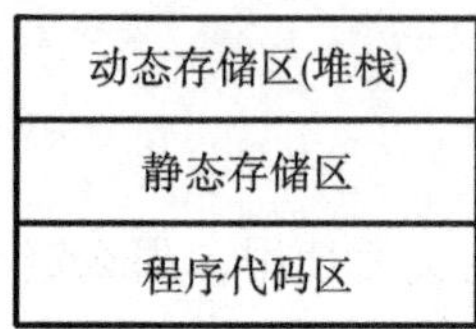

图 5.2　C 语言程序在内存中的存储映像

动态存储区用来保存函数调用时的返回地址、自动类别的局部变量等。静态存储区用来存放全局变量及静态类别的局部变量。

5.2.2　局部变量及其作用域和生存期

1. auto 变量

当在函数内部或复合语句内定义变量时，如果没有指定存储类或使用了 auto 说明符，系统就认为所定义的变量具有自动类别。因此，

```
float a;
```

就等价于：

```
auto float a;
```

auto 变量的存储单元被分配在内存的动态存储区。每当进入函数体（或复合语句）时，系统会自动为 auto 变量分配存储单元；退出时会自动释放这些存储单元另作他用。因此，这类局部变量的作用域是从定义的位置起，到函数体（或复合语句）结束为止。例如：

```
void sub(float a)
{int i;
 |
 if(i>0)
 {int n;
   |
   printf("%d\n",n);
  }
  |
 }
```

这里，变量 i、a 和 n 都是 auto 变量。但 i 和 a 的作用域是整个 sub 函数；而 n 的作用域仅限于 if 子句内。注意：局部变量的定义必须放在所在函数体（或复合语句）中全部可执行语句之前。

所有自动类局部变量的存储单元都是在进入这些局部变量所在函数体（或复合语句）时生成的，退出其所在的函数体（或复合语句）时消失（变为无定义）。这就是自动类局

部变量的“生存期”。当再次进入函数体（或复合语句）时，系统将为它们另行分配存储单元；因此变量的值不可能被保留。由于随着函数的频繁调用，动态存储区内为某个变量分配的存储单元位置随程序的运行而改变，变量中的初值也就随之而变，所以未赋值的自动变量其值不定，称为“无定义”。

自动变量赋初值是在程序运行过程中进行的，每进入一次函数体（或复合语句），就赋一次指定的初值。使用这类局部变量的最突出优点是：可在各函数之间造成信息隔离，不同的函数中使用了同名的变量也不会相互影响，可避免因不慎赋值所导致的错误而影响到其他函数。

2. register 变量

寄存器变量也是自动类变量。register 变量与 auto 变量的区别仅在于：用 register 说明变量是建议编译程序将变量的值保留在 CPU 的寄存器中，而不是像一般变量那样占内存单元。程序运行时，访问存于寄存器内的值要比访问存于内存中的值快得多。因此，当程序对运行速度有较高要求时，把那些频繁引用的少数变量指定为 register 变量，有助于提高程序的运行速度。

【例 5.7】编写函数 power 用来计算 x^n 。

```
main()
{int s;
  s=power(5,3);
  printf("%d\n",s);
}
power(int x,register int n)
{ register int p;
  for(p=1;n;n--) p=p*x;
  return p;
}
```

在 power 函数中，用作循环变量的 n 和存放连乘积的变量 p 被定义为 register 变量，以便加快求值速度。

register 变量的说明如下。

（1）CPU 中寄存器的数目是有限的，因此只能说明少量的寄存器变量。在一个函数中，允许说明为寄存器变量的数目不仅取决于 CPU 的类型，也与所用的 C 编译程序有关。当没有足够的寄存器来存放指定的变量，或编译程序认为指定的变量不适合放在寄存器中时，将自动按 auto 变量来处理。因此，register 说明只是对编译程序的一种建议，而不是强制性的。

（2）由于 register 变量的值是存放在寄存器内而不是存放在内存中，所以 register 变量没有地址，也就不能对它进行求地址运算。

（3）register 变量的说明应尽量靠近其使用的地方，用完之后尽快释放，以便提高寄存器的利用率。这可以通过把对 register 变量的说明和使用放在复合语句中来实现。

3. 静态存储类的局部变量

当在函数体（或复合语句）内部用 static 来说明一个变量时，可以称该变量为静态局部变量。静态局部变量的作用域仍与 auto、register 类的变量一样；但它与前者有两点本质上的区别。

（1）在整个程序运行期间，静态局部变量在内存的静态存储区中占据着永久性的存储单元。即使退出函数以后，下次再进入该函数时，静态局部变量仍使用原来的存储单元。由于并不释放这些存储单元，这些存储单元中的值得以保留，因此可以继续使用存储单元中原来的值。由此可知，静态局部变量的生存期将一直延长到程序运行结束。

（2）静态局部变量的初值是在编译时赋予的，在程序执行期间不再赋予初值。对未赋初值的静态局部变量，C 语言编译程序自动给它赋初值 0。

静态局部变量的上述特点，对于编写那些在函数调用之间必须保留局部变量值的独立函数是非常有用的。

5.2.3 全局变量及其作用域和生存期

全局变量只有静态一种类别。对于全局变量，可使用 extern 和 static 两种说明符。

1. 全局变量的作用域和生存期

全局变量是在函数外部任意位置上定义的变量，它的作用域是从变量定义的位置开始到整个源文件结束为止。例如：

```
void fun1(void);
void fun2(void);
int sum;                                /*定义全局变量*/
main()
{…sum++;…}
void fun1(void)
{…sum++;…}
int test;                               /*定义全局变量*/
void fun2(void)
{…sum++;test1;…}
```

此处变量 sum 和 test 都是全局变量。sum 是在整个源程序的开始定义的，它的作用域是整个程序（覆盖了三个函数）。而 test 是在函数 fun2 前定义的，它的作用域是从定义处开始直到程序结束（只覆盖了 fun2 函数）。

全局变量的使用，相当于为函数之间的数据传递另外开辟了一条通道。上述三个函数中对变量 sum 的自增 1 都是有效的。因此，使用中要特别小心，以免造成意料不到的变化。

全局变量的生存期是整个程序的运行期间。

若全局变量和某一函数中的局部变量同名，则在该函数中，此全局变量被屏蔽，在该函数内，访问的是局部变量，与同名的全局变量不发生任何关系。

【例 5.8】分析下面程序的执行过程。

```
int sum;
void fun(void);
main()
{sum=10;
  printf("** main(1)**:%d\n",sum);
  fun();
  printf("**main(2)**:%d\n",sum);
}
void fun(void)
{ int sum;                                    /*定义局部同名变量*/
  sum=20;
  printf("** fun **:%d\n",sum);
}
```

以上程序运行时输出如下：

```
** main(1)**:10
** fun **:20
** main(2)**:10
```

即全局变量 sum 的作用域是除函数 fun 以外的整个程序；局部变量 sum 的作用域仅是函数 fun 内部。

虽然全局变量作用域大，生存期长，用起来似乎方便灵活，但需要提醒读者的是：除十分必要外，一般不提倡使用全局变量，原因主要有以下三个方面。

（1）不论是否需要，全局变量在整个程序运行期间都占用内存空间。

（2）全局变量必须在函数以外定义，降低了函数的通用性，影响了函数的独立性。

（3）使用全局变量，容易因疏忽或使用不当而导致全局变量中的值意外改变，从而引起副作用，产生难以查找的错误。

2. 在同一编译单位内使用 extern 说明符来扩展全局变量的作用域

当全局变量定义在后，引用它的函数在前时，应该在引用它的函数中使用 extern 对此全局变量进行说明，以便通知编译程序：该变量是一个已在外部定义了的全局变量，已经分配了存储单元，无需再为它另外开辟存储单元。这时其作用域从 extern 说明处起延伸到该函数末尾。

注意：全局变量的说明与全局变量的定义不同，变量的定义（开辟存储单元）只能出现一次，当定义全局变量时，不可使用 extern 说明符；而对全局变量的说明，则可以多次出现在需要的地方，这时必须使用 extern 进行说明。

3. 在不同编译单位内使用 extern 说明符来扩展全局变量的作用域

一个 C 语言程序总是由许多函数组成的，这些函数可以分别存放在不同的源文件中，每个源文件可以单独进行编译，进行语法检查，若无错误，则生成目标（.obj）文件，然后可使用系统提供的连接程序把多个目标文件连接成一个可执行程序（.exe 文件），此程序就可执行。通常，人们把每个可进行单独编译的源文件称为“编译单位”。

当一个程序由多个编译单位组成，并且在每个文件中均需要引用一个全局变量，这时若在每个文件中都定义一个所需的同名全局变量，则在“连接”时会产生“重复定义”错误。这种情况下，单独编译每个文件时并无异常，编译程序将按定义分别为它们开辟存储空间；当进行连接时，就会显示出错信息，即指出同一个变量名进行了重复定义。解决的办法通常是：在其中一个文件中定义所有全局变量，而在其他用到这些全局变量的文件中使用 extern 对这些变量进行说明，声明这些变量已在其他编译单位中定义，通知编译程序不必再为它们开辟存储单元。

【例 5.9】分析下面程序的执行过程。

```
/*file1.c*/                          /*file2.c*/
int x,y;                             /*定义全局变量*/
extern int x;                        /*说明全局变量*/
main()                          fun2()
{ |                             {printf("%d\n",x);/*输出结果为 111*/
  fun1();                       |
  fun2();                                }
fun3();                         fun3()
  |                             {x++;
}                               printf("%d\n",x);/*输出结果为 112*/
fun1()                          |
{x=111;                                  }
  |
}
```

例 5.8 中，在不同的编译单位内引用了全局变量 x，即在文件 file2.c 中使用了文件 file1.c 中定义的全局变量。在 file2.c 中，由于说明语句 extern int x;放在了文件开始，所以变量 x 的作用域包含 file2.c 整个文件。若将这一说明改放在函数 fun2 内，变量 x 的作用域就只从说明的位置起延伸到函数 fun2 的末尾。也就是说，在函数 fun3 中将不能引用全局变量 x 了。

4. 静态全局变量

当使用 static 说明符说明全局变量时，此变量可称为“静态”全局变量。静态全局变量只限于本编译单位使用，不能被其他编译单位所引用。

【例 5.10】分析下面程序的执行过程。

```
/*file1.c*/
static int n;
```

```
void func();
main()
{n=5;
printf("file1:%d\n",n);
fun1();
}
```

文件file1.c中定义了静态全局变量n,在文件file2.c中使用extern说明n是全局变量，试图引用它。分别编译两个文件时一切正常，当把这两个文件连接在一起时将指出在文件file2.c中产生出错信息，符号'n'无定义。也就是说，在文件file1.c中，变量n虽然被定义成全局变量，但使用 static 说明后，其他文件中的函数就不能再引用它，而文件file2.c在编译时由于使用extern说明了变量n，编译时并未为n开辟存储单元，所以在连接时就找不到n的存储单元了。由此可见，static说明限制了全局变量作用域的扩展，达到了信息隐蔽的目的。这对于编写一个具有众多编译单位的大型程序是十分有益的，程序员不必担心因全局变量重名而引起混乱。

5.2.4 函数的存储分类

所有函数在本质上都是外部的，因为C语言不允许在函数内部定义另一个函数。但当定义函数时，可以使用extern或static说明符。

1. 使用extern说明函数

当定义一个函数时，若在函数返回值的类型前加上说明符extern，则称此函数为“外部”函数。extern说明可以省略，一般的函数都隐含说明为extern。所以，我们以前所定义的函数都属于外部函数。

外部函数的特征：可以被其他编译单位中的函数调用。通常，当函数调用语句与被调用函数不在同一编译单位，且函数的返回值为非整型时，应该在调用语句所在函数的说明部分使用extern对所调用的函数进行函数说明。

2. 使用static说明函数

当定义一个函数时，若在函数返回值的类型前加上说明符static，则称此函数为“静态”函数。

静态函数的特征：只限于本编译单位的其他函数调用它，而不允许其他编译单位中的函数对它进行调用。从这个意义上说，静态函数又可称为“内部”函数（内部于本文件的函数）。

使用静态函数，可以避免不同编译单位因函数同名而引起混乱。若强行调用静态函数，则会产生出错信息。

5.3 模块的编译与链接

5.3.1 编译过程

C 语言的编译链接过程要把我们编写的一个 C 程序（源代码）转换成可以在硬件上运行的程序（可执行代码），需要进行编译和链接。编译就是把文本形式的源代码翻译为机器语言形式的目标文件的过程。链接是把目标文件、操作系统的启动代码和用到的库文件进行组织，形成最终生成可执行代码的过程。编译过程如图 5.3 所示。

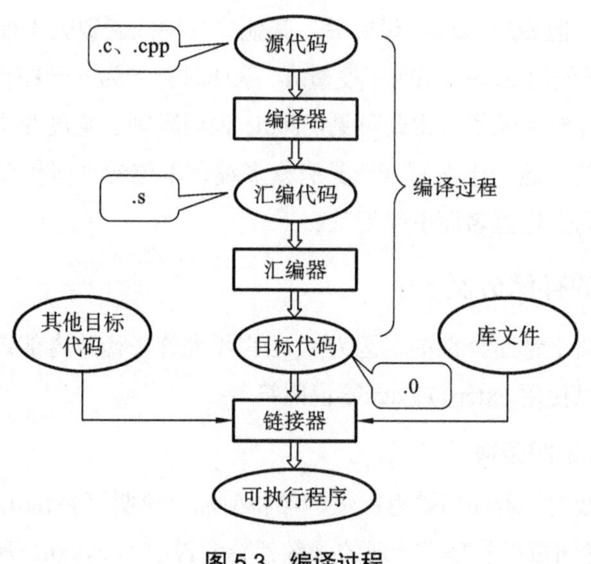

图 5.3 编译过程

从图 5.3 中可以看到，整个代码的编译过程可分为编译和链接两个过程，编译对应图中的大括号的部分，其余则为链接过程。

1. 编译

编译过程又可分为两个阶段：编译和汇编。编译是读取源程序（字符流），对其进行词法和语法的分析，将高级语言指令转换为功能等效的汇编代码，源文件的编译过程包含以下两个主要阶段。

1）编译预处理

编译预处理是读取 C 源程序，对其中的伪指令（以#开头的指令）和特殊符号进行处理。

伪指令主要包括以下四个方面。

（1）宏定义指令，如# define Name TokenString、# undef 等。

对于前一个伪指令，预编译所要做的是将程序中的所有 Name 用 TokenString 替换，但作为字符串常量的 Name 则不被替换。对于后者，将取消对某个宏的定义，使以后该串的出现不再被替换。

（2）条件编译指令，如# ifdef、# ifndef、# else、# elif、# endif 等。

这些伪指令的引入使得程序员可以通过定义不同的宏来决定编译程序对哪些代码进行处理。预编译程序会根据相关文件将那些不必要的代码过滤掉。

（3）头文件包含指令，如# include "FileName"或者# include < FileName> 等。

在头文件中，一般使用伪指令# define 定义大量的宏（最常见的是字符常量），同时包含各种外部符号的声明。

采用头文件的目的主要是使某些定义可以供多个不同的 C 源程序使用。因为在需要用到这些定义的 C 源程序中，只需加上一条# include 语句即可，而不必再在此文件中将这些定义重复一遍。预编译程序将把头文件中的定义统统都加入它所产生的输出文件中，以供编译程序对之进行处理。

包含到 C 源程序中的头文件可以是系统提供的，这些头文件一般被放在/usr/include 目录下。在程序中，# include 要使用尖括号（<>）。另外开发人员也可以定义自己的头文件，这些文件一般与 C 源程序放在同一个目录下，此时在# include 中要使用双引号（" "）。

（4）特殊符号，预编译程序可以识别一些特殊的符号。例如在源程序中出现的 LINE 标识将被解释为当前行号（十进制数），FILE 则被解释为当前被编译的 C 源程序的名称。预编译程序对于在源程序中出现的这些串将用合适的值进行替换。

预编译程序所完成的基本上是对源程序的“替代”工作。经过此种替代，生成一个没有宏定义、没有条件编译指令、没有特殊符号的输出文件。这个文件的含义同没有经过预处理的源文件是相同的，但内容有所不同。下一步，此输出文件将作为编译程序的输入而被翻译成为机器指令。

2）编译、优化阶段

经过预编译得到的输出文件中，只有常量，如数字、字符串、变量的定义，以及 C 语言的关键字，如 main、if、else、for、while、{、}、+、−、*、\等。

编译程序所要做的工作就是通过词法分析和语法分析，在确认所有的指令都符合语法规则之后，将其翻译成等价的中间代码表示或汇编代码。

优化处理是编译系统中一项比较艰深的技术。它涉及的问题不仅同编译技术本身有关，而且同机器的硬件环境也有很大的关系。优化一部分是对中间代码的优化。这种优化不依赖于具体的计算机。另一种优化则主要针对目标代码的生成而进行的。

对于前一种优化，主要的工作是删除公共表达式、循环优化（代码外提、强度削弱、变换循环控制条件、已知量的合并等）、复写传播，以及无用赋值的删除，等等。

后一种优化同机器的硬件结构密切相关，最主要的是考虑如何充分利用机器的各个硬件寄存器存放有关变量的值，以减少对内存的访问次数。另外，如何根据机器硬件执行指令的特点（如流水线、RISC、CISC、VLIW 等）而对指令进行一些调整，使目标代码较短，执行效率较高，也是一个重要的研究课题。

经过优化得到的汇编代码必须经过汇编程序的汇编转换成相应的机器指令，方可被机器执行。

2. 汇编

汇编过程实际上是指把汇编语言代码翻译成目标机器指令的过程。对于被翻译系统处理的每一个 C 语言源程序，都将最终经过这一处理而得到相应的目标文件。目标文件中所存放的也就是与源程序等效的目标机器语言代码。

目标文件由段组成。通常一个目标文件中至少有两个段。

（1）代码段：该段中所包含的主要是程序的指令。该段一般是可读的和可执行的，但一般不可写。

（2）数据段：主要存放程序中要用到的各种全局变量或静态的数据。一般数据段都是可读的、可写的、可执行的。

5.3.2 链接过程

由汇编程序生成的目标文件并不能立即被执行，其中可能还有许多没有解决的问题。例如，某个源文件中的函数可能引用了另一个源文件中定义的某个符号（如变量或者函数调用等）；在程序中可能调用了某个库文件中的函数，等等。所有这些问题，都需要经过链接程序的处理方能得以解决。

链接程序的主要工作就是将有关的目标文件彼此相连接，也就是将在一个文件中引用的符号同该符号在另外一个文件中的定义连接起来，使得所有这些目标文件成为一个能够被操作系统装入执行的统一整体。

根据开发人员指定的同库函数的链接方式的不同，链接处理可分为以下两种。

1. 静态链接

在此种链接方式下，函数的代码将从其所在的静态链接库中拷贝到最终的可执行程序中。这样，执行该程序时，这些代码将被装入该进程的虚拟地址空间中。静态链接库实际上是一个目标文件的集合，其中每个文件含有库中的一个或者一组相关函数的代码。

2. 动态链接

在此种链接方式下，函数的代码被放入称为动态链接库或共享对象的某个目标文件中。链接程序此时所做的只是在最终的可执行程序中记录下共享对象的名字以及其他少量的登记信息。当此可执行文件被执行时，动态链接库的全部内容将被映射到运行时相应进程的虚地址空间。动态链接程序将根据可执行程序中记录的信息找到相应的函数代码。

对于可执行文件中的函数调用，可分别采用动态链接或静态链接的方法。使用动态链接能够使最终的可执行文件比较小，并且当共享对象被多个进程使用时能节约一些内存，因为在内存中只需要保存一份此共享对象的代码即可。但并不是使用动态链接就一定比使用静态链接要优越。某些情况下，动态链接可能带来一些性能上的损害。

5.4　宏定义与宏替换

5.4.1　简单的宏

我们把没有参数的宏称为简单的宏。预编译器也支持带参数的宏。本节会先讨论简单的宏，然后讨论带参数的宏。在分别讨论它们之后，再研究二者的共同特性。

简单的宏定义有如下格式。

[#define 指令(简单的宏)]　#define 标识符 替换列表

替换列表是一系列的 C 语言记号，包括标识符、关键字、数、字符常量、字符串字面量、运算符和标点符号。当预处理器遇到一个宏定义时，会做“标识符”代表“替换列表”的记录。在文件后面的内容中，不管标识符在任何位置出现，预处理器都会用替换列表代替它。

简单的宏主要用来定义那些被 Kernighan 和 Ritchie 称为明示常量（manifest constant）的东西。使用宏，我们可以给数值、字符和字符串命名。

```
#define STE_LEN 80
#define TRUE    1
#define FALSE   0
#define PI      3.14159
#define CR      '\r'
#define EOS     '\0'
```

使用#define 为常量命名有许多明显的优点。

（1）程序更易读。一个认真选择的名字可以帮助读者理解常量的意义。否则，程序将包含大量的“魔法数”，使读者难以理解。

（2）程序更易于修改。我们仅需要改变一个宏定义，就可以改变整个程序中出现的所有该常量的值。“硬编码的”常量会更难于修改，特别是有时候当它们以稍微不同的形式出现时。（例如，如果程序包含一个长度为 100 的数组，它可能会包含一个从 0 到 99 的循环。如果我们只是试图找到所有程序中出现的 100，那么就会漏掉 99。）

（3）可以帮助避免前后不一致或键盘输入错误。假如数值常量 3.14159 在程序中大量出现，它可能会被意外地写成 3.1416 或 3.14195。

虽然简单的宏常用于定义常量名，但是它们还有其他应用。

（1）可以对 C 语言的语法做小的修改。实际上，我们可以通过定义宏的方式给 C 语言符号添加别名，从而改变 C 语言的语法。例如，对于习惯使用 Pascal 语言的 begin 和 end（而不是C语言的{和}）的程序员，可以定义下面的宏：

```
#define BEGIN {
#define END }
```

我们甚至可以发明自己的语言。例如，可以创建一条 LOOP“语句”来实现一个无限循环：

```
#define LOOP for (;;)
```

当然，改变 C 语言的语法通常不是一个好主意，因为它会使程序很难被其他程序员所理解。

（2）对类型重命名。在第 5.2 节中，我们通过重命名 int 创建了一个 Boolean 类型：

```
#define BOOL int
```

虽然有些程序员会使用宏定义的方式来实现此目的，但类型定义仍然是定义新类型的最佳方法。

（3）控制条件编译。宏在控制条件编译中起重要的作用。例如，在程序中出现的宏定义可能表明需要将程序在“调试模式”下进行编译来使用额外的语句输出调试信息：

```
#define DEBUG
```

这里顺便提一下，如上面的例子所示，宏定义中的替换列表为空是合法的。

当宏作为常量使用时，C 语言程序员习惯在名字中只使用大写字母。由于宏（特别是带参数的宏）可能是程序中错误的来源，所以一些程序员更喜欢使用大写字母来引起注意。其他人则倾向于小写，即遵循 Kernighan 和 Ritchie 编写的《The C Programming Language》一书中的样式。

5.4.2 带参数的宏

带参数的宏定义有如下格式：

```
[#define指令 带参数的宏] #define 标识符(x1,x2,…,xn)替换列表
```

其中，x1,x2,…,xn 是标识符（宏的参数）。这些参数可以在替换列表中根据需要出现任意次。

当预处理器遇到一个带参数的宏时，会将定义存储起来以便后面使用。在后面的程序中，如果任何地方出现了标识符（y1,y2,…,yn）格式的宏调用（其中 y1,y2,…,yn 是一系列标记），预处理器就会使用替换列表替代，并使用 y1 替换 x1，y2 替换 x2，依此类推。例如，假定我们定义了如下的宏：

```
#define MAX(x,y)              ((x)>(y) ? (x):(y))
#define IS_EVEN(n)            ((n)%2==0)
```

现在如果后面的程序中有如下语句：

```
i = MAX(j+k, m-n);
```

```
if (IS_EVEN(i)) i++;
```

则预处理器会将这些行替换为：

```
i = ((j+k)>(m-n)?(j+k):(m-n));
if (((i)%2==0)) i++;
```

如以上这个例子所显示的，带参数的宏经常用来作为一些简单的函数使用。MAX 类似一种从两个值中选取较大值的函数。IS_EVEN 则类似于另一种函数，该函数当参数为偶数时返回 1，否则返回 0。

下面的例子是一个更复杂的宏：

```
#define TOUPPER(c) ('a'<=(c)&&(c)<='z'?(c)-'a'+'A':(c))
```

这个宏用来检测一个字符 c 是否在'a'与'z'之间。如果 c 在这个范围，则这个宏会使用'c'减去'a'再加上'A'来计算出 c 所对应的大写字母。如果 c 不在这个范围，就保留原来的 c。像这样的字符处理的宏非常有用，所以 C 语言库在<ctype.h>中提供了大量的类似的宏。其中之一就是 toupper，与上面的 TOUPPER 例子作用一致（但会更高效，可移植性也更好）。

带参数的宏可以包含空的参数列表，如下例所示：

```
#define getchar() getc(stdin)
```

空的参数列表不是一定确实需要，但可以让 getchar 更像一个函数。（没错，这就是<stdio.h>中的 getchar，getchar 的确就是一个宏，不是一个函数——虽然它的功能像一个函数。）

使用带参数的宏替代实际的函数有以下两个优点。

（1）程序的运行速度可能会稍微快些。一个函数调用在执行时通常会有一些额外的开销——存储上下文信息、复制参数的值等。而一个宏的调用则没有这些运行开销。

（2）宏会更“通用”。与函数的参数不同，宏的参数没有类型。因此，只要预处理后的程序依然是合法的，宏就可以接受任何类型的参数。例如，我们可以使用 MAX 宏从两个数中选出较大的一个，数的类型可以是 int、long int、float、double 等。

但是带参数的宏也有以下缺点。

（1）编译后的代码通常会变多。每一处宏调用都会导致插入宏的替换列表，由此导致程序的源代码增加（因此编译后的代码变多）。宏使用得越频繁，这种效果就越明显。当宏调用嵌套时，这个问题会相互叠加从而使程序更加复杂。思考一下，如果我们使用 MAX 宏来找出 3 个数中最大的数会怎样？

```
n = MAX(i, MAX(j, k));
```

下面是预处理后的这条语句：

```
n=((i)>(((j)>(k)?(j):(k)))?(i):(((j)>(k)?(j):(k))));
```

（2）宏参数没有类型检查。当一个函数被调用时，编译器会检查每个参数来确认它们是否是正确的类型。如果不是，那么或者将参数转换成正确的类型，或者由编译器产生一个出错信息。预处理器不会检查宏参数的类型，也不会进行类型转换。

（3）无法用一个指针来指向一个宏。如将在第 7.7 节中看到的，C 语言允许指针指向函数。这一概念在特定的编程条件下非常有用。宏会在预处理过程中被删除，所以不存在类似的“指向宏的指针”。因此，宏不能用于处理这些情况。

（4）宏可能会不止一次地计算它的参数。函数对它的参数只会计算一次，而宏可能会计算两次甚至更多次。如果参数有副作用，多次计算参数的值可能会产生意外的结果。考虑下面的例子，其中 MAX 的一个参数有副作用：

```
n = MAX(i++,j);
```

下面是这条语句在预处理之后的结果：

```
n = ((i++)>(j)?(i++):(j));
```

如果 i 大于 j，那么 i 可能被（错误地）增加了两次，同时 n 可能被赋予了错误的值。

带参数的宏不仅适用于模拟函数调用，还特别作为模板来处理我们经常要重复书写的代码段。我们已经写烦了以下这条语句：

```
printf("%d"\n,x);
```

因为每次显示一个整数 x 都要使用它。我们可以定义下面的宏，使显示整数变得简单些：

```
#define PRINT_INT(x)                printf("%d\n",x)
```

一旦定义了 PRINT_INT，预处理器就会将这行：

```
PRINT_INT(i/j);
```

转换为：

```
printf("%d\n",i/j);
```

5.4.3 宏的通用属性

现在已经讨论了简单的宏和带参数的宏，下面来看看它们要遵守的规则。

（1）宏的替换列表可以包含对另一个宏的调用。例如，可以使用宏 PI 来定义宏 TWO_PI：

```
#define PI 3.14159
#define TWO_PI (2*PI)
```

当预处理器在后面的程序中遇到 TWO_PI 时，会将它替换成(2*PI)。接着，预处理器会重新检查替换列表，看它是否包含其他宏的调用（在这个例子中，调用了宏 PI）。预处理器会不断重新检查替换列表，直到所有的宏名字都替换掉为止。

（2）预处理器只会替换完整的记号，而不会替换记号的片断。因此，预处理器会忽略嵌套在标识符名、字符常量、字符串字面量之中的宏名。例如，假设程序含有如下代码行：

```
#define SIZE 256
int BUFFER_SIZE;
if(BUFFER_SIZE> SIZE)
```

```
puts("Error: SIZE exceeded");
```

预处理后，这些代码行会变为：

```
int BUFFER_SIZE;
if (BUFFER_SIZE> 256)
puts("Error: SIZE exceeded");
```

标识符 BUFFER_ZISE 和字符串"Error:SIZE exceeded"没有被预处理影响，虽然它们都包含 SIZE。

（3）一个宏定义的作用范围通常为到出现这个宏的文件末尾。由于宏是由预处理器处理的，所以它们不遵从通常的范围规则。一个定义在函数中的宏并不是仅在函数内起作用，而是作用到文件末尾。

（4）宏不可以被定义两遍，除非新的定义与旧的定义是一样的。小的间隔上的差异是允许的，但是宏的替换列表和参数中的记号都必须一致。

（5）宏可以使用#undef 指令“取消定义”。#undef 指令有如下形式：

```
[#undef 指令] #undef 标识符
```

其中，标识符是一个宏名。例如，指令

```
#undef N
```

会删除宏 N 当前的定义（如果 N 没有被定义成一个宏，则#undef 指令没有任何作用）。#undef 指令的一个用途是取消一个宏的现有定义，以便于重新给出新的定义。

第6章 指针

6.1 指针基础

6.1.1 变量的地址和指针

在前面章节介绍“变量”时曾提到：一个变量实质上是代表了“内存中的某个存储单元”。那么C语言程序是怎样存取这个存储单元中的内容的呢？

应该知道，计算机的内存是以字节为单位的一片连续的存储空间，每个字节都有一个编号，这个编号就称为内存地址。就像旅馆的每个房间都有一个房间号一样，如果没有房间号，旅馆的工作人员就无法进行管理；同理，如果没有内存字节的编号，系统就无法对内存进行管理。内存的存储空间是连续的，内存中的地址号也是连续的，并且用二进制数来表示，为了直观起见，这里我们将用十进制数进行描述。

若在程序中定义了一个变量，C 编译系统就会根据定义中变量的类型为其分配一定字节数的内存空间（如整型占 2 个字节、实型占 4 个字节、双精度型占 8 个字节、字符型占 1 个字节等），此后，这个变量的内存地址就确定了。例如，若有定义：

```
int a,b;
  float x;
```

这时将如图 6.1 所示：系统为 a 和 b 各分配 2 个字节的存储单元，为 x 分配 4 个字节的存储单元，图中的数字只是示意的字节地址。每个变量的地址是指该变量所占存储单元的第一个字节的地址，这里我们称 a 的地址为 1012，b 的地址为 1015，x 的地址为 1201。

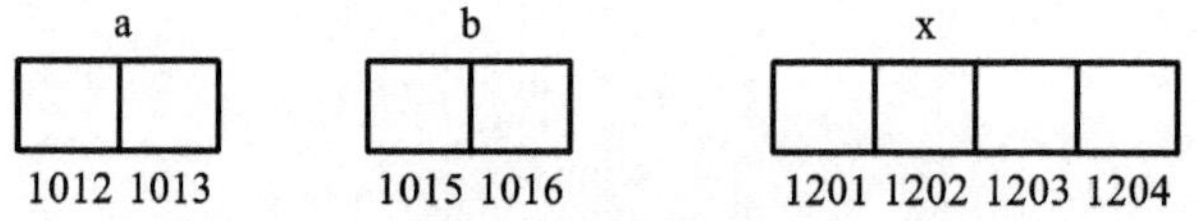

图 6.1 变量在内存中的存储示意图

一般情况下，我们在程序中只需指出变量名，无须知道每个变量在内存中的具体地址，每个变量与具体地址的联系由 C 编译系统来完成。程序中我们对变量进行存取操作，实际上，也就是对某个地址的存储单元进行操作。这种直接按变量的地址存取变量值的方式称为“直接存取”方式。

在 C 语言中，还可以定义一种特殊的变量，这种变量用来存放内存地址。如图 6.2 所示，假设我们定义了一个这样的变量 p，那么它也有自己的地址（2002）；若将变量 a 的内存地址（1012）存放到变量 p 中，这时要访问变量 a 所代表的存储单元，可以先找到变量 p 的地址（2002），从中取出 a 的地址（1012），然后去访问以 1012 为首地址的存储单元。这种通过变量 p 间接得到变量 a 的地址，然后存取变量 a 的值的方式称为“间接存取”方式。

在上述情况下，通常称变量 p 指向了变量 a，变量 a 是变量 p 所指向的对象；它们之间的关系可用图 6.2 表示。这种“指向”关系是通过地址建立的，图中的“→”只是一种示意，形似“指针”。用来存放指针地址的变量就称为“指针变量”。上述变量 p 就是一个指针变量。所以“变量 p 指向了变量 a”的含义就是指针变量 p 中存放了变量 a 的地址。

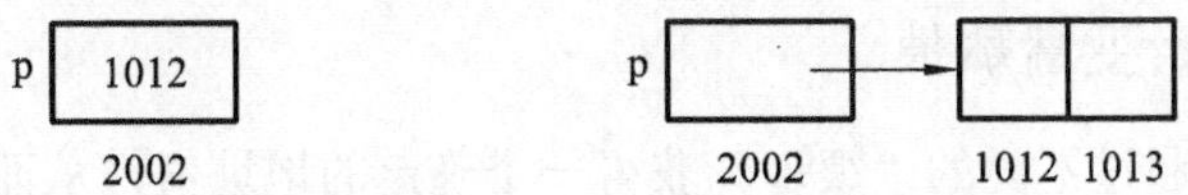

图 6.2 变量和指针在内存中的存储示意图

在 C 语言中，指针被广泛使用，它和数组、字符串、函数间数据的传递有着密不可分的联系。在某些场合，指针是使运算得以进行的唯一途径；同时指针的运用可以使得程序代码更简洁、效率更高。但是，若对指针的概念理解不清，以至滥用，将大大降低程序的可读性；使用不当，将使指针指向意料不到的地方，致使程序失控，严重的将导致系统崩溃。因此，正确掌握指针的概念、正确使用指针是十分重要的。

6.1.2 指针变量的定义和指针变量的基本类型

定义指针变量的一般形式如下：

```
类型名 * 指针变量名 1, *指针变量名 2, …;
```

例如：

```
int *pi,*pj;
```

以上定义语句中，pi 和 pj 都是用户标识符，每个变量前的星号（*）是一个说明符，用来说明该变量是指针变量。注意：变量前的星号不可省略，若省略星号说明符，就变成把 pi 和 pj 定义为整型变量；int 是类型名，这里说明 pi 和 pj 是两个指向整型（int 类型）变量的指针，也就是说，变量 pi 和 pj 中只能存放 int 类型变量的地址，这时我们称 int 是指针变量 pi 和 pj 的“基类型”。又如：

```
double      *pd;
char        *s1,*s2;
```

这里定义了三个指针变量 pd、s1、s2。其中 pd 的基类型为 double 类型，在指针变量 pd 中，只能存放 double 类型变量的地址；s1 和 s2 的基类型为 char 类型，在 s1 和 s2 中只能存放 char 类型变量的地址。

下面定义了 p 为一个指针的指针变量：

```
int **p,*s,k=20;
s=&k;
```

这里，指针变量 p 的基类型是基类型为 int 类型的指针类型。以上赋值语句使 p 指向

s，而 s 指向 k；*p 代表存储单元 s，*s 代表存储单元 k，因此**p 也代表存储单元 k。

为什么指针变量要有“基类型”呢？如第 8.1 中所述，指针变量中存放的是一个存储单元的地址值。这里“一个存储单元”中的“一”所代表的字节数是不同的：对整型而言，它代表 2 个字节。因此，对于基类型不同的指针变量，其内容（地址值）增 1、减 1 所“跨越”的字节数是不同的，故指针变量必须区分基类型，基类型不同的指针变量不能混合使用。

6.1.3 给指针变量赋值

指针变量可以通过不同的“渠道”获得一个确定的地址值，从而指向一个具体的对象。

1. 通过求地址运算（&）获得地址值

单目运算符&用来求出运算对象的地址，利用求地址运算可以把一个变量的地址赋给指针变量。所以，若有以下定义：

```
int k=1,*q,*p;
```

则赋值语句

```
q=&k;
```

把变量 k 的地址赋给了 q，这时可以说：q 指向了变量 k。求地址运算符&只能应用于变量和以后将要介绍的数组元素，不可以用于表达式、常量或者被说明为 register 的变量（关于 register 的说明将在第 12 章介绍）。因此，表达式 q=&(k+1)是错误的。另外，&必须放在运算对象的左边，而且运算对象的类型必须与指针变量的基类型相同。

读者还记得在前面调用 scanf 函数时，输入的各变量之前必须加符号&，这就是求地址运算；scanf 函数把从终端读入的数据依次放入这些地址所代表的存储单元中，也就是说，scanf 函数要求输入项是地址值。因此当有语句 q=&k;时，scanf(“%d”,&k)和 scanf(“%d”,q)是等价的。

2. 通过指针变量获得地址值

可以通过赋值运算把一个指针变量中的地址值赋给另一个指针变量，从而使这两个指针变量指向同一地址。例如，若有以上定义，则语句：

```
p=q;
```

使指针变量 p 中也放了变量 k 的地址，也就是说，指针变量 p 和 q 都指向了变量 k。注意：当进行赋值运算时，赋值号两边指针变量的基类型必须相同。

3. 通过标准函数获得地址值

可以通过调用库函数 malloc 和 calloc 在内存中开辟动态存储单元，并把所开辟的动态存储单元的地址赋给指针变量。有关这方面的内容将在第 13 章介绍。

4. 给指针变量赋“空”值

除了给指针变量赋地址值外，还可以给指针变量赋 NULL 值，例如：

```
p=NULL;
```

NULL 是在 stdio.h 头文件中定义的预定义符，因此使用 NULL 时，应该在程序中出现预定义行：

```
#include "stdio.h"
```

NULL 的代码值为 0,当执行了以上赋值语句后，称 p 为空指针。因为 NULL 的代码值为 0,所以以上语句等价于：

```
p='\0';
```

或者：

```
p=0;
```

这时，指针 p 并不是指向地址为 0 的存储单元，而是有一个确定的值——“空”。企图通过一个空指针去访问一个存储单元时，将会得到一个出错信息。

6.1.4　对指针变量的操作

1. 通过指针来引用一个存储单元

C 语言中提供了一个称为“间接访问运算符”（也称间接运算符）的单目运算符“*”。当指针变量中存放了一个确定的地址值时，就可以用“间接访问运算符”来引用相应的存储单元。

假定有以下定义和语句：

```
int *p,i=10,j;
p=&i;
```

则赋值语句：

```
j=*p;
```

是把 p 所指的存储单元（i)的内容（整数 10）赋给变量 j；这里*p 代表 p 指向的变量 i（注意：此处的*号既不是乘号，也不是说明语句中用来说明指针的说明符），以上语句等价于：

```
j=i
```

间接访问运算符必须出现在运算对象的左边，其运算对象或者是地址或者是存放地址的指针变量，即星号右边也可以是地址，如：

```
j=*(&i);
```

表达式&i 求出变量 i 的地址，以上赋值语句表示取地址&i 中的内容赋给 j。由于运算符*和&的优先级相同，且自右向左结合，因此表达式中的括号可以省略，可写成：

```
j=*&i;
```

以下语句取指针变量 p 所指向的存储单元中的内容加 1 后赋给变量 j。

```
j=*p+1;
```

由第 2 章中已知：赋值语句 x=x;中 x 出现在赋值号左边和右边所代表的含义是不同

的。当利用指针来引用一个存储单元时，也有同样的情况。假定有以下定义和语句：

```
int *p,k=0;
p=&k;
```

则以下语句将把整数 100 存放在变量 k 中：

```
*p=100;                              /*等价于 k=100;*/
```

此后若有语句：

```
*p=*p+1;
```

则取指针变量 p 所指向的存储单元中的值，加 1 后再放入 p 所指向的存储单元中，即使得变量 k 中的值增 1 而为 101。显然，当*p 出现在赋值号左边时，代表指针所指的存储单元；当*p 出现在赋值号右边时，代表指针所指的存储单元的内容。

以上语句可写成：

```
*p+=1;或++*p;或(*p)++;
```

注意：一对括号不可少，不可以写成*p++;。表达式*p++的值为 p 所指的存储单元中的内容（在此为 100）,然后使指针变量 p 本身增 1，而不是使 p 所指的存储单元中的值增 1。

【例 6.1】用指针指向两个变量，通过指针运算选出值小的那个数。

程序如下：

```
main()
{int a,b,min;
  int *pa,*pb,*pmin;
  pa=&a;pb=&b;pmin=&min;
  scanf("%d%d",pa,pb);                /*输入的值依次放入 pa、pb 所指存储单元中*/
  printf("a=%d b=%d\n",a,b);          /*通过输出，验证 a、b 中的值*/
  *pmin=*pa;                          /*假定 a 中的值最小，将其赋给 min*/
  if(*pa>*pb) *pmin=*pb;              /*若 b 中的值比 a 小，将其赋给 min*/
  printf("min=%d\n",min);             /*输出小值*/
}
```

当运行程序时输入：41 32<CR>（此处<CR>代表 Enter 键），程序输出如下：

```
a=41 b=32
min=32
```

以上程序运行的结果说明，当指针指向变量时，完全可以通过指针来对所指的存储单元进行存取。

2. 移动指针

移动指针就是对指针变量进行加上或减去一个整数或通过赋值运算，使指针变量指向相邻的存储单元。因此，只有当指针指向一串连续的存储单元时，指针的移动才有意义。

当指针指向一串连续的存储单元时，可以对指针变量进行加上或减去一个整数的运算，也可以对指向同一串连续存储单元的两个指针进行相减的运算；除此之外，不可以对指针进行任何其他的算术运算。

假定在内存中开辟了如图 6.3 所示的五个连续的、存放 int 类型整数的存储单元，并分别给它们取代号为 a[0]、a[1]、a[2]、a[3]、a[4]（这里，这些符号只是作为表示连续存储单元的一种记号，a[0]在低地址，a[4]在高地址，读者先不必去理解它们的其他含义），在这些代号所代表的存储单元中，分别有值为 11、22、33、44、55，同时还假定已定义了 p、q 是指向整型变量的指针，且 p 已如图 6.3（a）所示，指向存储单元 a[0]。现在我们来解释以下各条语句连续执行后的结果：

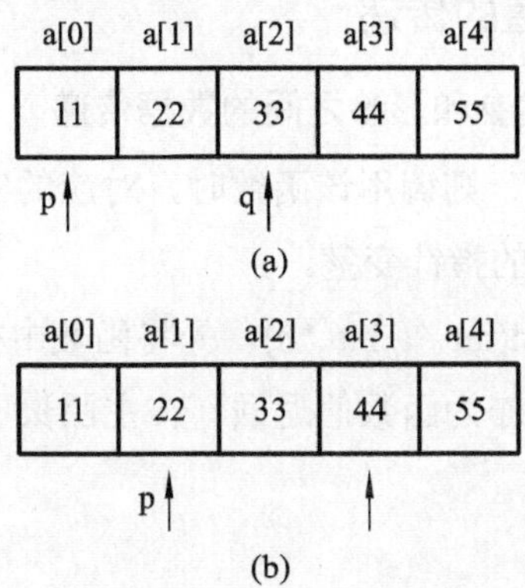

图 6.3　用于存放 int 类型整数的存储单元

```
q=p+2;          /*如图 6.3(a)所示，使指针变量 q 指向存储单元 a[2]*/
q++;            /*向高地址移动指针，使指针变量 q 指向存储单元 a[3]*/
q++;            /*向高地址移动指针，使指针变量 q 指向存储单元 a[4]*/
q--;            /*使指针向低地址移动，指针变量 q 指向存储单元 a[3]*/
p++;            /*当前指针变量 p 和 q 的指向如图 8.3(b)所示*/
```

现在若有语句 i=*p;j=*q;，则 i 中的值为 22，j 中的值为 44。若有语句 k=q-p;，则 k 中的值为 2。

在对指针进行加、减运算中，数字“1”不再代表十进制整数“1”,而是指 1 个存储单元长度。至于 1 个长度占多少存储空间，则视指针的基类型而定。如果 p 和 q 的基类型是 int，那么位移 1 个存储单元长度就是位移 2 个字节；如果 p 和 q 的基类型是字符型，则位移 1 个存储单元长度就是位移 1 个字节；若 p 和 q 的基类型是双精度型，则位移 1 个存储单元长度就是位移 8 个字节；其他依此类推。增 1 表示指针向地址值大（高地址）的方向移动 1 个存储单元，减 1 表示向地址值小（低地址）的方向移动 1 个存储单元。因此，当我们在程序中移动指针时，无论指针的类型是什么，只需简单地加、减 1 个整数而不必去管它移动的具体长度，系统将会根据指针的基类型自动来确定位移的字节数。

当移动指针时，基类型为 int 的指针只能用来指向 int 变量，不能用来指向其他类型的变量。如果用基类型为 int 的指针来指向一串 double 类型的变量，当移动指针时，对于整数 1,系统将按照基类型来确定移动 2 个字节而不是移动 8 个字节。

3. 指针比较

在关系表达式中，可以对两个指针进行比较。例如，p 和 q 是两个指针变量，以下语句是完全正确的：

```
if(p<q) printf("p points to lower memory than q \n");
if(p=='\0') printf("p point to Null \n");
```

通常两个或多个指针向同一目标（如一串连续的存储单元）比较才有意义。

6.1.5　函数之间地址值的传递

1. 形参为指针变量时，实参和形参之间的数据传递

若函数的形参为指针类型，则调用该函数时，对应的实参必须是基类型相同的地址值或者是已指向某个存储单元的指针变量。

【例 6.2】编写函数 myadd(int *a,int *b)，先将函数中指针变量 a 和 b 所指的存储单元里的两个值相加，然后将和作为函数值返回。在主函数中输入两个数给变量，将变量的地址作为实参并传送给形参。

程序如下：

```
  myadd(int *a,int *b)
  { int sum;
    sum=*a+*b;
    return sum;
  }
main()
{int x,y,z;
  printf("Enter x,y:  ");
  scanf("%d%d",&x,&y);
  z=myadd(&x,&y);
  printf("%d+%d=%d\n",x,y,z);
}
```

在以上程序中，当主函数调用 myadd 函数时，系统为 myadd 函数的形参 a 和 b 开辟两个基类型为 int 类型的临时指针变量，并通过实参&x、&y 把 x 和 y 的地址传送给它们，参数之间的关系如图 6.4 所示，这时，指针变量 a 指向变量 x，指针变量 b 指向变量 y。然后程序的流程转去执行 myadd 函数。

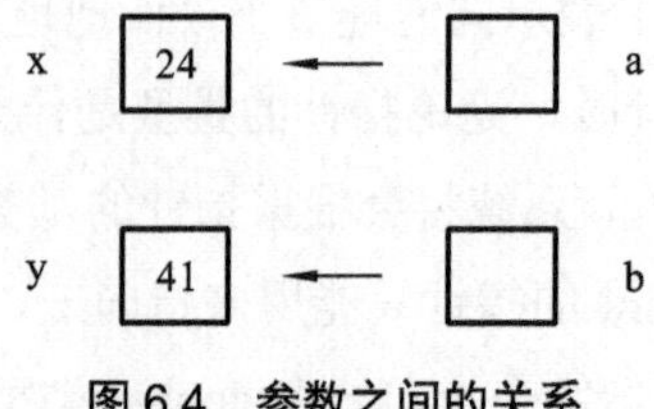

图 6.4　参数之间的关系

在 myadd 函数中，语句 sum=*a+*b;的含义是：分别取指针变量 a 和 b 所指的存储单元中的内容，相加后存入变量 sum 中，实际上就是把主函数中的 x 变量和 y 变量中的值相加存入变量 sum 中。所以，myadd 函数返回的是主函数中 x 变量和 y 变量中值的和。

由以上程序可见，通过传送地址值，可以在被调用函数中对调用函数的变量进行引用。

2. 通过传送地址值，在被调用函数中直接改变调用函数的变量的值

到目前为止，我们已经知道形参值的改变并不能对应实参的值，将数据从被调用函数返回到调用函数的唯一途径是通过 return 语句返回函数值，这就限定了只能返回一个数据。但是在例 6.2 中通过传送地址值，可以在被调用函数中对调用函数的变量进行引用，这也使得通过形参改变对应实参的值有了可能，利用此形式就可以把两个或两个以上的数据从被调用函数返回到调用函数。下面以传送地址的方式调用 swap 函数。

【例 6.3】调用 swap 函数，交换主函数中变量 x 和 y 中的数据。

程序如下：

```
main()
{ int x=30,y=20;
  printf(" (1)x=%d y=%d\n",x,y);
  swap(&x,&y);
  printf("(4)x=%d y=%d\n",x,y);
}
swap(int *a,int *b)
  { int t;
  printf("(2) a=%d b=%d\n",*a,*b);
  t=*a;*a=*b;*b=t;
  printf("(3)a=%d b=%d\n",*a,*b);
  }
```

程序运行结果如下：

```
(1) x=30  y=20
(2) a=30  b=20
(3) a=20  b=30
(4) x=20  y=30
```

由例 6.3 可见，C 程序中可以通过传送地址的方式在被调用函数中直接改变调用函数里的变量的值，从而达到函数之间数据的传递。

【例 6.4】编写函数 order(int *a,int *b),使调用函数中的第一个实参总是存放两个数中的最小数。第二个参数存放两个数中较大的数。

```
swap(int *x1,int *x2)
{int t;
 t=*x1;*x1=*x2;*x2=t;
}
order(int *a,int *b)
{if(*a>*b) swap(a,b);}
```

```
main()
{int x,y;
  printf("Enter x,y: ");scanf("%d%d",&x,&y);
  printf("x=%d y=%d  ",x,y);
  order(&x,&y);
  printf("x=%d y=%d\n",x,y);
}
```

请读者自己动手画出各函数中变量之间的关系。

在 order 函数中只有一条语句，此语句的功能是，如果 a 所指的存储单元中的数大于 b 所指的存储单元中的数，则交换这两个存储单元中的数，否则什么也不做。这里实际上是比较 main 函数中变量 x 和 y 中的值，若 x 中的值大于 y 中的值，则交换 x 和 y 中的数。

3. 函数返回地址值

函数值的类型不仅可以是简单的数据类型，而且可以是指针类型。

【例 6.5】以下函数把两个整数形参中较大的那个数的地址作为函数值返回。

程序如下：

```
int * fun(int *,int *);              /*函数说明*/
main()
{int *p,i,j;
  printf("Enter tow number:  ");scanf("%d%d",&i,&j);
  p=fun(&i,&j);                      /*相当于 p2=p1;*/
  printf("i=%d,j=%d,*p=%d\n",i,j,*p);
}
int *fun(int *a,int *b)
{if(*a>*b) return a;
  return b;
}
```

程序运行时若给 i 输入 99，给 j 输入 101，结果函数将返回变量 b 的地址，使 p 指向变量 b。从而输出：i=99,j=101,*p101。

6.2 指针与数组

6.2.1 数组元素的指针引用

1. 一维数组和数组元素的地址

C 语言中，在函数体或在函数外部定义的数组名可以是一个存放地址值的指针变量名，其中地址值是数组中第一个元素的地址，也就是数组所占一串连续存储单元的起始地址。定义数组时的类型就是此指针变量的类型。重要的是：这个指针变量中的地址值不可改变，也就是说，不可以给数组名重新赋值。因此，也可以认为数组名是一个地址常量。

若在函数中有以下定义：

```
int a[10],*p,x;
```

语句 a=&x;或 a++;都是非法的，因为不能给 a 重新赋地址值。一旦定义，a 永远指向 a 数组的首地址。

虽然不可以改变数组名 a 中的内容，但可以使用对数组名加一个整数的办法来依次表达该数组中不同元素的地址，例如（假定已定义 k 为 int 型变量）：

```
for(k=0;k<10;k++) p=a+k;
```

在循环中并没有改变 a 的值，但通过表达式 a+k 逐一给出了 a 数组中每个元素的地址，使 p 依次指向 a 数组中的每个元素。

由于 scanf 函数要求给出输入项的地址值，因此可以通过以下循环从终端读入数据并依次放入 a 数组中：

```
for(k=0,k<10;k++) scanf("%d",a+k);
```

语句 p=&a[0];和 p=a;都是合法的。这两条语句的功能相同，都是使指针变量 p 指向 a 数组的首地址。

以下循环中，由于在进入循环时使指针变量 p 指向了 a 数组的首地址，p++将使指针变量 p 依次指向 a 数组中的每个元素。

```
for(p=a,k=0;k<10;k++) {scanf("%d",p);p++;}
```

可以进一步简化成：

```
for(p=a,k=0;k<10;k++) scnaf("%d",p++);
```

还可以进一步简化成：

```
for(p=a;p-a<10;p++) scanf("%d",p);
```

2. 通过数组的首地址引用数组元素

由以上叙述可知：a 是 a 数组元素的首地址，a（即 a+0）的值即等于&a[0]，则 a+1 的值即等于&a[1]、a+2 的值即等于&a[2]、……、a+9 的值即等于&a[9]。

我们曾经讨论过：可以通过“间接访问运算符”——“*”来引用地址所在的存储单元。因此，对于数组元素 a[0]，可以用表达式*&a[0]来引用，也可以用*(a+0)来引用，对此也可写成*a;而对于数组元素 a[1]，可以用表达式*&a[1]来引用，也可以用*(a+1)来引用，因为 a+1 即是 a[1]的地址，使用“间接访问运算符”可以引用地址所代表的存储单元，因此，*(a+1)就是 a[1]……对于数组元素 a[9]，可以用表达式*&a[9]来引用，也可以用*(a+9)来引用。因此，可以通过以下语句逐个输出 a 数组元素中的值：

```
for(k=0;k<10;k++) printf("%4d",*(a+k));
```

此语句相当于：

```
for(k=0;k<10;k++) printf("%4d",a[k]);
```

3. 通过指针来引用一维数组元素

若有以下定义：

```
int a[10],*p;
```

```
int k;
```

执行语句 p=a;或 p=&a[0];后，p 指向了 a 数组的首地址，因此，也可以使用“间接访问运算符”通过指针变量 p 来引用 a 数组中的元素。对于数组元素 a[0],可以用表达式*(p+0)即*p 来引用。对于数组元素 a[1],可以用表达式*(p+1)来引用，这里，p+1 的值就是数组元素 a[1]的地址，对此地址使用“间接访问运算符”：*(p+1)就代表存储单元 a[1]（注意：一对圆括号不可少，不能写成*p+1）。同样，对于数组元素 a[2]，则可以用表达式*(p+2)来引用……对于数组元素 a[9]，可以用表达式*(p+9)来引用。因此，当指针变量 p 指向 a 数组的起始地址时，可以通过以下语句逐个输出 a 数组元素中的值。

```
for(p=a,k=0;k<10;k++) printf("%4d",*(p+k));
```

这里并没有移动指针 p，此语句相当于：

```
for(k=0;k<10;k++) printf("%4d",a[k]);
```

当然，指针变量 p 可以移动，因此，可以用以下方式逐步移动指针来引用 a 数组中的每个元素，并逐个输出 a 数组元素中的值：

```
for(p=a,k=0;k<10;k++) {printf("%4d",*p);p++;}
```

4. 用带下标的指针变量引用一维数组元素

若有以下定义和语句：

```
int *p,s[10],i;
p=s,
```

且 0≤i<10，我们知道，可以用&s[i]、s+i 和 p+i 三种表达式来表示 s[i]的地址，同时可以用 s[i]、*(s+i)和*(p+i)三种形式来表示数组元素 s[i]。很明显，s[i]可以用表达式*(s+i)来表示，同理，*(p+i)也应该可以用 p[i]的形式来表示。事实上，在 C 语言中，一对方括号并不是仅用作表示数组元素的记号，而是一种运算符。因此，当 p 指向 s 数组的首地址时，表示数组元素 s[i]的表达式应当有：

```
(1)s[i]                    (2)*(s+i) (3)*(p+i)    (4)p[i]
```

共四种形式。但在这里，s 和 p 有着明显区别，s 是不可变的，而 p 中的地址值却是可变的。因此，s++、s=p、p=&s 等运算都是非法的。而 p++、p=s、p=&s[i]则都是合法的表达式。

6.2.2 二维数组和指针

1. 二维数组和数组元素的地址

若有以下定义：

```
int *p,a[3][4];
```

表示二维数组 a 由若干个一维数组组成。

在 C 语言定义中，二维数组实际上是一个一维数组，这个一维数组的每个成员又是一个一维数组。如以上定义的 a 数组，可视 a 数组由 a[0]、a[1]、a[2]等三个元素组成，而 a[0]、a[1]、a[2]等每个元素又分别是由 4 个整型元素组成的一维数组。可用 a[0]、a[1]等来引用 a[0]中的每个元素，其他依此类推。

C 语言中，在函数体或在函数外部定义的一维数组名是一个地址常量，其值为数组第一个元素的地址，此地址的基类型就是数组元素的类型。在以上二维数组中，a[0]、a[1]、a[2]都是一维数组名，同样也代表一个不可变的地址常量，其值依次为二维数组每行第一个元素的地址，其基类型就是数组元素的类型。因此，对于二维数组，像 a[0]++这样的表达式是非法的。若有表达式 a[0]+1，表达式中 1 的单位应当是 2 个字节。

以上定义中，指针变量 p 的基类型与 a[i](0≤i＜3)相同，因此赋值语句 p=a[i];是合法的。已知 a[i]可写成*(a+i)，故以上赋值语句也可写成 p=*(a+i);。

2. 二维数组名也是一个地址常量

二维数组名同样也是一个存放地址常量的指针，其值为二维数组中第一个元素的地址。以上 a 数组，数组名 a 的值与 a[0]的值相同，只是其基类型为具有 4 个整型元素的数组类型。即 a+0 的值与 a[0]的值相同，a+1 的值与 a[1]的值相同，a+2 的值与 a[2]的值相同，它们分别表示 a 数组中第 0 行、第 1 行、第 2 行的首地址。二维数组名应理解为一个行指针。在表达式 a+1 中，数值 1 的单位应当是 4×2 个字节，而不是 2 个字节。赋值语句 p=a;是不合法的，因为 p 和 a 的基类型不同。同样，对于二维数组名 a,也不可以进行 a++,a=a+i 等运算。

3. 二维数组元素的地址

二维数组元素的地址可以由表达式&a[i][j]求得，也可以通过每行的首地址来表示。以上二维数组 a 中，每个元素的地址可以通过每行的首地址 a[0]、a[1]、a[2]等来表示。例如：地址&a[0][0]可以用 a[0]+0 来表示，地址&a[0][1]可以用 a[0]+1 来表示。若 0≤i＜3、0≤j＜4，则 a[i][j]的地址可用以下五种表达式来求得：

(1) &a[i][j]
(2) a[i]+j
(3) *(a+i)+j
(4) &a[0][0]+4*i+j　　　　　　/*在 i 行前尚有 4*i 个元素存在*/
(5) a[0]+4*i+j

在以上表达式中，a[i]、&a[0][0]、a[0]的基本类型，系统会自动据此来确定表达式中常量 1 的单位是 2 个字节。不可以把求 a[i][j]地址的表达式写成 a+4*i+j，因为 a 的基类型是 4 个整型元素的数组类型，系统将自动据此来确定常量 1 的单位是 8 个字节。

4. 通过地址来引用二维数组元素

若有以下定义：

```
int a[3][4],i,j;
```

且当 0≤i<3、0≤j<4 时，则 a 数组元素可用以下五种表达式来引用：

（1）`a[i][j]`

（2）`*(a[i]+j)`

（3）`*(*(a+i)+j)`

（4）`(*(a+i) )[j]`

（5）`*(&a[0][0]+4*i+j)`

在表达式*(a[i]+j)中，因为 a[i]的基类型为 int，所以 j 的位移量为 2×j 字节。

在表达式*(*(a+i)+j)中，a 的基类型为 4 个元素的数组，i 的位移量为 4×2×i 字节。因为*(a+i)的基类型为 int,所以 j 的位移量仍为 2×j 字节。

在（4）中，*(a+i)外的一对圆括号不可少，若写成*(a+i)[j],因为运算符［］的优先级高于*号，所以表达式可转换成*(*((a+i)+j))，即为*(*(a+i+j))，那么 i+j 会使得位移量为 4×2×(i+j）个字节，显然这已不是元素 a[i][j]的地址。*(*(a+i+j))等价于*(a[i+j])，也等价于 a[i+j][0]，引用的是数组元素 a[i+j][0]，而不是 a[i][j]，这已超出了数组定义的范围。

在（5）中，&a[0][0]+4*i+j 代表了数组元素 a[i][j]的地址，通过间接访问运算符“*”，表达式*(&a[0][0]+4*i+j)代表了数组元素 a[i][j]的存储单元。

5. 通过建立一个指针数组来引用二维数组元素

若有以下定义：

int *p[3],a[3][2],i,j;

在说明符*p[3]中，遵照运算符的优先级，［］的优先级高于*号，因此 p 首先与［］结合，构成 p[3]，说明 p 是一个数组名，系统将为它开辟 3 个连续的存储单元。它前面的*号则说明数组 p 是指针类型，它的每个元素都是基类型为 int 的指针。若满足条件 0≤i<3，则 p[i]和 a[i]的基类型相同，p[i]=a[i]是合法的赋值表达式。若有以下循环：

```
for(i=0;i<3;i++) p[i]=a[i];
```

这里，赋值号右边的 a[i]是常量，表示 a 数组每行的首地址，赋值号左边的 p[i]是指针变量，循环执行的结果使得 p[0]、p[1]、p[2]分别指向 a 数组每行的开头。这时，数组 p 和数组 a 之间的关系如图 6.5 所示。

如图 6.5 所示，当 p 数组的每个元素指向 a 数组每行的开头时，则 a 数组元素 a[i][j]引用形式*(a[i]+j)和*(p[i]+j)是完全等价的。由此可见，这时可以通过指针数组 p 来引用 a 数组元素，它们的等价形式如下：

```
(1)*(p[i]+j)                    /*与*a(a[i]+j)对应*/
(2)*(*(p+i)+j)                  /*与*(*(a+i)+j)对应*/
(3)(*(p+i))[j]                  /*与(*(a+i))[j]对应*/
(4)p[i][j]                      /*与 a[i][j]对应*/
```

不同的是：p[i]中的值是可变的，而 a[i]中的值是不可变的。

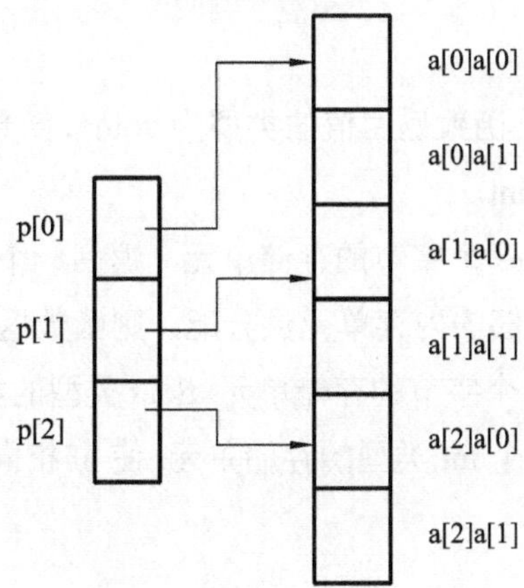

图 6.5　指针数组指向示意图

6. 通过建立一个行指针来引用二维数组元素

若有以下定义：

```
int a[3][2],(*prt)[2];
```

在说明符(*prt)[2]中，由于圆括号的存在，所以*号首先与 prt 结合，说明 prt 是一个指针变量；然后与说明符[2]结合，说明指针变量 prt 的基类型是一个包含有两个 int 元素的数组。这里，prt 的基类型与 a 的相同,因此 prt=a;是合法的赋值语句。prt+1 等价于 a+1，也等价于 a[1]。当 prt 指向 a 数组的开头时，可以通过以下形式来引用 a[i][j]：

```
(1)*(prt[i]+j)                    /*与*(a[i]+j)对应*/
(2)*(*(prt+i)+j)                  /*与*(*(a+i)+j)对应*/
(3)(*(prt+i))[j]                  /*与(*(a+i))[j]对应*/
(4)prt[i][j]                      /*与 a[i][j]对应*/
```

其中，prt 是一个指针变量，它的值可变，而 a 是一个常量。

6.2.3　动态存储分配

在此之前，用于存储数据的变量和数组必须在说明部分进行定义。C 编译程序通过定义语句来了解其所需存储空间的大小，并预先为其分配适当的内存空间。这些空间一经分配，在变量或数组的生存期内是固定不变的，故称这种分配方式为“静态存储分配”。

C 语言中还有一种称为“动态存储分配”的内存空间分配方式：在程序执行期间需要空间来存储数据时，通过“申请”分配指定的内存空间；当有闲置不用的空间时，可以随时将其释放，由系统另作它用。用户可通过调用 C 语言提供的标准库函数来实现动态分配，从而得到指定数目的内存空间或释放指定的内存空间。

ANSI C 标准为动态分配系统定义了四个函数，它们是 malloc、calloc、free 和 realloc。使用这些函数时，必须在程序开头包含头文件 stdio.h。本节只介绍 malloc、calloc 和 free 函数的使用。

1. malloc 函数

ANSI C 标准规定 malloc 函数返回值的类型为 void*，函数的调用形式为 malloc(size)。要求 size 的类型为 unsigned int。

malloc 函数用来分配 size 个字节的存储单元，返回一个指向存储单元首地址的基类型为 void 的地址。若没有足够的内存单元供分配，则函数返回空（NULL）。

假设 int 类型的数据占 2 个字节的存储单元，float 类型的数据占 4 个字节的存储单元，则以下程序段将使 pi 指向一个 int 类型的存储单元，使 pf 指向一个 float 类型的存储单元。

```
int *pi;
float *pf;
pi=(int *)malloc(2);
pf=(float *)malloc(4);
```

在 ANSI C 中，由于 malloc 函数返回的地址为 void *（无值型），故在调用函数时，必须利用强制类型转换将其转换成所需的类型。此处括号中的*号不可少，否则就转换成普通变量类型而不是指针类型了。

若有以下语句段：

```
if(pi!=NULL) *pi=6;
if(pf!=NULL) *pf=3.8;
```

则赋值后的数据存储情况如图 6.6 所示。

图 6.6　指针变量 pi 和 pf 的数据存储情况

由动态分配得到的存储单元没有名字，只能靠指针变量来引用它。一旦指针改变指向，原存储单元及所保存的数据都将无法再引用。通过调用 malloc 函数来分配动态存储单元中没有确定的初值。

若不能确定数据类型所占字节数，则可以使用 sizeof 运算符来求得。例如：

```
pi=(int *)malloc(sizeof(int));
pf=(float *)malloc(sizeof(float));
```

这是一种常用的形式，它由系统来计算指定类型的字节数。

2. free 函数

函数的调用形式为 free(p);。这里，指针变量 p 必须指向由动态分配函数 malloc 分配的地址。free 函数将指针 p 所指的存储空间释放，使这部分空间可以由系统重新支配。此函数没有返回值。

3. calloc 函数

ANSI C 标准规定 calloc 函数返回值的类型为 void *，函数的调用形式为：

```
alloc(n,size);
```

这里要求 n 和 size 的类型都为 unsigned int。

calloc 函数用来给 n 个、同一类型的数据项分配连续的存储空间。每个数据项的长度为 size 个字节。若分配成功，则函数返回存储空间的首地址；否则返回空。由调用 calloc 函数所分配的存储单元，系统自动置初值 0。例如：

```
char *ps;
ps=(char *)calloc(10,sizeof(char));
```

以上函数调用语句开辟了 10 个连续的 char 类型的存储单元，由 ps 指向存储单元的首地址。每个存储单元可以存放一个字符。

显然，calloc 函数动态开辟的存储单元相当于开辟了一个一维数据。函数的第一个参数决定了一维数组的大小；第二个参数决定了数组元素的类型。函数的返回值就是数组的首地址。

使用 calloc 函数开辟的动态存储单元，同样用 free 函数释放。

6.3 指针与函数

6.3.1 函数指针变量

在C语言中，一个函数总是占用一段连续的内存区，而函数名就是该函数所占内存区的首地址。我们可以把函数的这个首地址（或称入口地址）赋予一个指针变量，使该指针变量指向该函数。然后通过指针变量找到并调用这个函数。我们把这种指向函数的指针变量称为函数指针变量。

函数指针变量定义的一般形式如下：

```
类型说明符 (*指针变量名)();
```

其中：类型说明符表示被指函数的返回值的类型；(*指针变量名）表示“*”后面的变量是定义的指针变量；最后的空括号表示指针变量所指的是一个函数。例如：

```
int (*pf)();
```

表示 pf 是一个指向函数入口的指针变量，该函数的返回值（函数值）是整型。

【例 6.6】说明用指针形式实现对函数调用的方法。

程序如下：

```
int max(int a,int b){
  if(a>b)return a;
  else return b;
}
main(){
  int max(int a,int b);
  int(*pmax)();
  int x,y,z;
  pmax=max;
```

```
    printf("input two numbers:\n");
    scanf("%d%d",&x,&y);
    z=(*pmax)(x,y);
    printf("maxmum=%d",z);
}
```

从上述程序可以看出，函数指针变量形式调用函数的步骤如下。

（1）定义函数指针变量，如程序中第 7 行 int (*pmax)();定义 pmax 为函数指针变量。

（2）把被调用函数的入口地址（函数名）赋予该函数指针变量，如程序中第 9 行 pmax=max;。

（3）用函数指针变量形式调用函数，如程序中第 12 行 z=(*pmax)(x,y);。

调用函数的一般形式为：

(*指针变量名) (实参表)

使用函数指针变量还应注意以下两点。

（1）函数指针变量不能进行算术运算，这是与数组指针变量不同的。数组指针变量加减一个整数可使指针移动指向后面或前面的数组元素，而函数指针变量的移动是毫无意义的。

（2）函数调用中，(*指针变量名)的两边的括号不可少，其中*不应理解为求值运算，在此处它只是一种表示符号。

6.3.2 指针型函数

前面我们介绍过，函数类型是指函数返回值的类型。在C语言中允许一个函数的返回值是一个指针（即地址），这种返回指针值的函数称为指针型函数。

定义指针型函数的一般形式如下：

```
类型说明符 *函数名(形参表)
{
  ……        /*函数体*/
}
```

其中：函数名之前加了*号，表明这是一个指针型函数，即返回值是一个指针。类型说明符表示返回的指针值所指向的数据类型。如：

```
int *ap(int x,int y)
{
  ......     /*函数体*/
}
```

其中：ap 表示一个返回指针值的指针型函数，它返回的指针指向一个整型变量。

【例 6.7】通过指针函数，输入一个 1～7 之间的整数，并输出对应的星期名。

程序如下：

```
main(){
  int i;
```

```
    char *day_name(int n);
    printf("input Day No:\n");
    scanf("%d",&i);
    if(i<0) exit(1);
    printf("Day No:%2d-->%s\n",i,day_name(i));
}
char *day_name(int n){
    static char *name[]={ "Illegal day",
                          "Monday",
                          "Tuesday",
                          "Wednesday",
                          "Thursday",
                          "Friday",
                          "Saturday",
                          "Sunday"};
    return((n<1||n>7) ? name[0] : name[n]);
}
```

例 6.7 中定义了一个指针型函数 day_name，它的返回值指向一个字符串。该函数中定义了一个静态指针数组 name。name 数组初始化赋值为 8 个字符串，分别表示各个星期名及出错提示。形参 n 表示与星期名所对应的整数。在主函数中，把输入的整数 i 作为实参，在 printf 语句中调用 day_name 函数并把 i 值传送给形参 n。day_name 函数中的 return 语句包含一个条件表达式，n 值若大于 7 或小于 1，则将 name[0]指针返回主函数输出出错提示字符串“Illegal day”；否则返回主函数输出对应的星期名。主函数中的第 7 行是一个条件语句，其语义是如果输入为负数（i<0），则中止程序运行退出程序。exit 是一个库函数，exit(1)表示发生错误后退出程序，exit(0)表示正常退出。

应该特别注意的是函数指针变量和指针型函数这两者在写法和意义上的区别，如 int(*p)()和 int *p()是两个完全不同的量。

int (*p)是一个变量说明，说明 p 是一个指向函数入口的指针变量，该函数的返回值是整型量，(*p)的两边的括号不能少。

int *p()则不是变量说明而是函数说明，说明 p 是一个指针型函数，其返回值是一个指向整型量的指针，*p 两边没有括号。作为函数说明，在括号内最好写入形式参数，这样便于区分变量说明。

对于指针型函数定义，int *p()只是函数头部分，一般还应该有函数体部分。

6.3.3　main 函数的参数

前面介绍的 main 函数都是不带参数的。因此 main 后的括号都是空括号。实际上，main 函数可以带参数，这个参数可以认为是 main 函数的形式参数。C 语言规定 main 函数的参数只能有两个，即 argc 和 argv。因此，main 函数的函数头可写为：

main (argc,argv)

C 语言还规定 argc（第一个形参）必须是整型变量,argv（第二个形参）必须是指向字符串的指针数组。加上形参说明后，main 函数的函数头应写为：

main (int argc,char *argv[])

由于 main 函数不能被其他函数调用，因此不可能在程序内部取得实际值。那么，在何处把实参值赋给 main 函数的形参呢?实际上,main 函数的参数值是从操作系统命令行上获得的。当我们要运行一个可执行文件时，在 DOS 提示符下键入文件名，再输入实际参数即可把这些实参传送到 main 的形参中去。

DOS 提示符下命令行的一般形式为：

```
C:\>可执行文件名 参数 参数……;
```

应特别注意的是，main 的两个形参和命令行中的参数在位置上不是一一对应的。因为 main 的形参只有两个，而命令行中的参数个数原则上未加限制。argc 参数表示了命令行中参数的个数（注意：文件名本身也算一个参数），argc 的值是在输入命令行时由系统按实际参数的个数自动赋予的。例如有命令行为：

```
C:\>E24 BASIC foxpro FORTRAN
```

由于文件名 E24 本身也算一个参数，所以共有 4 个参数，因此 argc 取得的值为 4。argv 参数是字符串指针数组，其各元素值为命令行中各字符串（参数均按字符串处理）的首地址。指针数组的长度即为参数个数。数组元素初值由系统自动赋予，其示意图如图 6.7 所示。

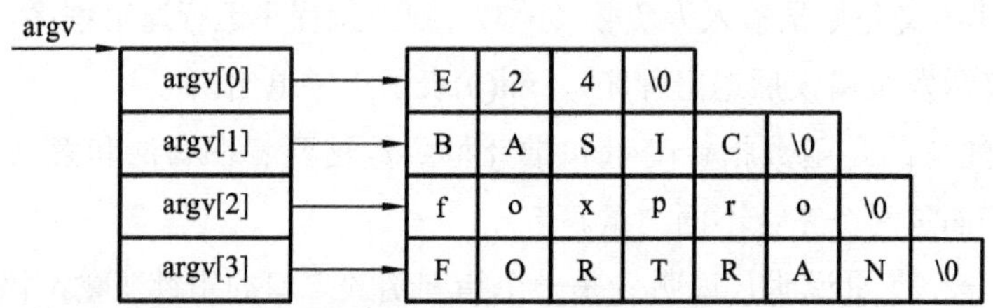

图 6.7　指针数组 argv 元素的初值指向示意图

【例 6.8】显示命令行中输入的参数。

```
main(int argc,char *argv){
  while(argc-->1)
    printf("%s\n",*++argv);
}
```

如果本例的可执行文件名为 e24.exe，输入的命令行为：

```
C:\>e24 BASIC foxpro FORTRAN
```

则运行结果为：

```
BASIC
foxpro
FORTRAN
```

命令行中共有 4 个参数，执行 main 语句时，argc 的初值即为 4。argv 的 4 个元素分别为 4 个字符串的首地址。执行 while 语句时，每循环一次 argv 值就减 1，当 argv 等于 1 时停止循环，共循环 3 次，因此可输出 3 个参数。执行 printf 时，由于打印项*++argv 是先加 1 再打印，故第一次打印的是 argv[1]所指的字符串 BASIC。第二次、第三次循环分别打印后两个字符串。而参数 e24 是文件名，不必输出。

第 7 章　结构体和共用体

本章首先介绍结构体类型和结构体类型变量的基本概念和定义，重点介绍结构体数组、指向结构体类型数据的指针；然后介绍共用体、枚举类型和用户自定义类型等几种构造类型数据的定义及其使用方式，以及内存的动态分配。对于结构体和共用体，两者有许多相似之处，使用时一定要注意定义和变量的引用、内存的动态分配与单链表。

7.1　结构体类型和结构体类型变量

前面学习了简单的数据类型（整型、实型、字符型）和数组的定义与应用。这些数据类型的特点是在定义某一数据类型时就限定了该类型变量的存储特性和取值范围。对简单数据类型来说，既可以定义单个的变量，也可以定义数组。而数组的全部元素都具有相同的数据类型。在实际应用中，常常会遇到对某一客观事物及其属性的描述，例如，学生信息中的学号、姓名、年龄、所在单位等属性。这些属性不属于同一个数据类型，很显然，不能用一个数组来存放。C 语言提供了一种数据构造类型来方便用户建立相关联的一些数据。该种数据构造类型称为结构体。它由若干“成员”组成，每个成员可以是一个基本数据类型或者是一个结构体。

7.1.1　结构体类型及其定义

结构体类型的一般定义形式如下：

```
Struct  结构体名
{
数据类型  成员 1;
数据类型  成员 2;
数据类型  成员 3;
…
数据类型  成员 n;
};
```

成员 1、成员 2、成员 3、……、成员 n 称为成员列表，每个成员都是该结构体名的一个组成部分。对每个成员必须进行数据类型说明，成员的命名按合法标识符的规定书写，例如：

```
struct student                    //定义学生的结构体类型
{
Char name[30];                    //学生姓名
Char sex;                         //性别
Int num;                          //学号
Float score[5];                   //五科考试成绩
```

```
}
```

在这个结构体定义中，结构名为 student，共由四个成员组成。第一个成员是 name，为字符数组；第二个成员是 sex，为字符型变量；第三个成员是 num，为整型变量；第四个成员是 score，为浮点型数组。大括号后面的分号不能省略。

注意：此定义只是结构体类型的定义，用来说明结构体类型的构成情况，C 语言并没有为成员分配存储空间。结构体中的每个数据成员不等于变量，不能直接赋值使用，需通过定义的变量访问结构体中的成员。

结构体类型的定义可以在函数内，也可以在函数外。在函数内定义时，只在函数内部可见。在函数外定义时，则从定义开始到文件结束都可见。

结构体类型的成员可以属于另外一个结构体类型，例如：

```
struct date
{
  Int mouth;
  Int day;
  Int year;
};
  struct product
  {
  Int num;
  char address[20];
  Struct date produce;
  };
```

在此定义中，先声明了一个结构体类型 struct date，其中包括 mouth、day、year 三个成员。然后声明结构体类型 struct product 时，将成员 produce 指定为 struct product 类型。struct product 类型的存储结构如图 7.1 所示。

图 7.1　struct product 类型的存储结构

7.1.2　结构体类型变量的定义

结构体类型变量的定义与其他类型变量的定义方法基本一致，采用先定义后使用的原则。为了增加结构体使用的灵活性，定义结构体变量一共有三种定义方法：结构体类型和结构体变量分开定义、结构体类型和结构体变量同时定义及不指定结构体类型名而直接定义结构体变量。

1. 结构体类型和结构体变量分开定义

结构体类型和结构体变量分开定义的一般形式如下：

```
struct  结构体类型名
```

```
{
成员说明列表;
};
结构体变量表;
```

示例如下：

```
struct student
{
int num;
char name[20];
char sex;
float score;
};
struct student boy1,boy2;
```

也可以使用宏定义让符号常量表示一个结构类型，例如：

```
#define STU struct student
STU
{
int num;
char name[20];
char sex;
float score;
};
STU boy1，boy2;
```

此类方法将声明类型和定义变量分开，形式灵活。定义结构体变量之后，系统会自动为结构体变量的所有成员分配相应的内存空间，结构体变量所占的存储空间是结构体类型各成员所占空间之和。

2. 结构体类型和结构体变量同时定义

结构体类型和结构体变量同时定义的一般形式如下：

```
Struct 结构体类型名
{
成员说明列表;
}变量名列表;
```

示例如下：

```
struct data
{
int day;
int mouth;
int year;
} time1,time2;
```

也可以再定义如下变量：

```
struct data time3,time4;
```

使用该结构体类型，同样可以定义更多的此种结构体类型变量，定义变量的效果与第一种方法的相同。

3. 不指定结构体类型名而直接定义结构体变量

使用这种方法定义结构体类型变量的形式如下：

```
struct
{
成员说明列表;
}变量名列表;
```

例如，人手拿物品信息的程序如下：

```
struct
{
int number;
char name[50];
int on_hand;
}part1,part2;
```

雇员信息登记的程序如下：

```
struct
{
char name[50];
int number;
char sex;
} employee1,employ2;
```

学生考试成绩的程序如下：

```
struct
{
int num;
char name[20];
char sex;
int age;
float score;
char addr[40];
} student1,student2;
```

这种方法是在定义结构体时，没有定义结构体名，因此，在程序的其他位置无法再次定义该结构体类型的其他变量。

7.1.3 结构体类型变量的使用

在 C 语言中，在使用变量之前，需要对变量进行定义并初始化。初始化是在定义变量时或使用变量之前对其进行的赋值操作。结构体变量由于有一个或多个成员，所以需分别给结构体成员变量赋初始值。

初始化的一般形式如下：

```
struct 结构体名
{
成员变量列表;
};
struct 结构体名 变量名={初始化值 1,初始化值 2,…,初始化值 n};
```

示例如下：

```
struct product
{
char name[50];
double price;
int number;
} sp1={"C programming language",36.0,50},
sp2={"Java programming language",45.0,85},
```

初始化列表项的个数可以少于它初始化的结构体，像数组一样，剩余数据项的初始化值默认为 0，例如：

```
sp3={"C++ programming language"};
```

结构体变量 sp3 的成员 price 和 number 的初始值分别是 0.0 和 0。

7.2 结构体数组定义及其初始化

单个结构体类型变量在解决实际问题时作用不大，一般是以结构体类型数组的形式出现的。在实际应用中，经常使用结构体数组来表示具有相同数据结构的一个群体，例如一个班级的学生信息、一个公司的职工信息等。

7.2.1 结构体数组定义

结构体类型数组的定义形式如下：

```
struct 结构体名
{
成员变量列表;
}数组名[数组长度];
```

也可以先声明一个结构体类型，然后使用此类型定义结构体数组，定义形式如下：

```
struct 结构体名
{
成员变量列表;
};
struct 结构体名 数组名[数组长度];
```

示例如下：

```
struct stu                          //定义学生为结构体类型
{
char name[20];                      //学生姓名
char sex;                           //性别
long num;                           //学号
float score[3];                     //三科考试成绩
};
struct stu stud[20];                //定义结构体类型数组 stud
```

7.2.2　结构体数组的初始化

结构体数组也可以像标准数组类型一样，在定义时进行初始化，在初始化时将每个元素的数据分别用“{}”括起来。

【例 7.1】分析下面程序的执行过程。

```
struct student
{
int num;
char name[20];
char sex;
int age;
float score;
char addr[40];
}stu[5]={{1001,"Li Lin",'M',20,99,"Baoding"},
{1002,"Zhao Hai" 'M',19,90,"Zhengzhou"},
{1003,"Liu Mei",'F',19,95,"Beijing"},
{1004,"Wang Jing",'F',20,80,"Shanghai"},
{1005,"Sun Hong",'M',19,70,"Tianjing"}
};
```

【例 7.2】分析下面程序的执行过程。

```
struct stu
{
int num;
char * name;
char sex;
float score;
} student[5]={{101,"Li Ping",'M',45}, //给变量为 student 的 5 个人赋初值
{102,"Zhang Fang",'M',62.5},
{103,"Yang Fan",'F',98},
{104,"Chen Chong",'M',78},
{105,"Kuang Lei",'F',89},
};
```

当对全部元素进行初始化时，也可以不给出数组长度。

7.2.3　结构体数组的应用

【例 7.3】统计候选人选票。

程序如下：

```
#include <stdio.h>
#include <string.h>
struct person
  { char name[20];
    int count;
  }leader[3]={"Li",0,"Zhang",0,"Wang",0};
void main()
{int i,j;char leader_name[20];
  for(i=1;i<=10;i++)
```

```
    {scanf("%s",leader_name);
      for(j=0;j<3;j++)
        if(strcmp(leader_name,leader[j].name)==0)
    leader[j].count++;
    }
  printf("\n");
  for(i=0;i<3;i++)
    printf("%5s:%d\n",leader[i].name,leader[i].count);}
```

注意：“.”成员运算符优先于“++”运算符，所以 Leader[j].count++相当于(learer[j].count)++。

【例 7.4】建立同学通讯录。

程序如下：

```
#include <stdio.h>
#define NUM 3                        //宏定义使用 NUM 代替 3
struct mem
{
char name[20];
char phone[10];
};
void main()
{
struct mem man[NUM];
int i;
for(i=0;i<NUM;i++)
{
printf("input name :\n");
gets(man[i].name);
printf("input phone :\n");
gets(man[i]. phone);
}
printf("name \t\t\tphone\n\n");
for(i=0;i<NUM;i++)
printf("%s\t\t\t%s\n",man[i].name,man[i].phone);
}
```

程序说明如下：程序中定义了一个结构 men，它由两个成员 name 和 phone 来表示姓名和电话号码。在主函数中，定义 man 为具有 men 类型的结构数组。在 for 语句中，使用 gets 函数输入各个元素中两个成员的值，然后又在 for 语句中使用 printf 语句输出结果。

7.3 结构体指针

结构体变量在内存中的起始地址称为结构体变量的指针。结构体变量的首地址就是这个结构体变量的指针。指针变量十分灵活，可以指向任何类型的变量。对于结构体类型，若定义的指针变量指向结构体类型变量，则可以通过指针来引用结构体类型变量。

7.3.1　指向结构体变量的指针

结构体指针变量说明的一般格式如下：

```
struct 结构名 *结构体指针变量名
```

示例如下：

```
struct stu *student;
```

指针在定义后应该给其赋予具体的地址值，使其有所指向。因此，应定义一个与student 指针变量同类型的变量，并将变量地址赋给 student。

示例如下：

```
struct stu stul;
student=&stul;
```

经过这样的操作后，使结构体指针 student 指向结构体变量 stul。

有了结构体指针变量，就能方便访问结构体变量的各个成员。访问的一般格式如下：

```
(*结构体指针变量).成员名
```

或者：

```
结构体指针变量→成员名
```

“→”称为指向运算符，它与成员运算符“.”的作用都是用于引用结构体变量的某个成员，但它们的应用环境完全不同，前者是与指向结构体变量的指针连用，而后者是用在一般的结构体变量中。两者都具有最高优先级，按自左向右的方向结合。

【例 7.5】通过结构体指针对结构体变量进行输入和输出操作。

程序如下：

```
#include<stdio.h>
struct date
{
int day;
int month;
int year;
};
struct stu
{
char name[20];
long num;
struct date birthday;
};
void main()
{
struct stu stul;                    //定义结构体变量
struct stu *student;                //定义结构体指针
student=&stul;                      //使 student 指向 stul
printf("Input name,number,year,mouth,day:\n");
scanf("%s",student→name);
scanf("%ld",&student→num);
scanf("%d%d%d",&student→birthday.year,&student→birthday.month,
```

```
&student→birthday.day);
printf("\nOutput name,number,Year,month,day\n");
printf("%20s%10ld%10d/%d/%d\n",student→name,student→num,student→
birthday.year,student→birthday.month,student→birthday.day);
}
```

7.3.2 指向结构体数组的指针

指针变量可以指向一个结构体数组，这时结构体指针变量的值是整个结构体数组的首地址。结构体指针变量也可以指向结构体数组的一个元素，这时结构体指针变量的值是该结构体数组元素的首地址。

示例如下：

```
struct                                  //定义无名结构体数据类型
{
char ch[2];
int x;
}a[2];                                  //定义结构体数组
```

上面的代码定义了结构体数据类型和结构体数组 a 共两个元素。数组名称 a 表示数组的首地址，也是结构体数组 a 中第一个元素的地址&a[0]。结构体数组 a 中第二个元素的地址为&a[1]或者 a+1。

【例 7.6】指向结构体数组指针的应用。

程序如下：

```
#include <stdio.h>
struct student
{
char num[10];
char name[20];
char sex;
int age;
};                                      //定义一个全局的结构体
struct student stu[4]={
{"20180206","wangxin",'m',19},
{"20180207","lilei",'m',18},
{"20180208","wang xiaobo",'m',21},
{"20180209","gao weiwei",'m',18},
};                                      //声明结构体数组并赋初值
void main()
{
struct student *p;                      //定义一个结构体指针变量
printf("学号 姓名 性别 年龄\n");
for(p=stu;p<stu+4;p++)
printf("%-10s%-14s%-10c%-3d\n",p→num,p→name,p→sex,p→age);
}
```

以上程序使用 struct student 结构体类型定义了一个包含四个元素的结构体数组 stu 和

一个结构体指针变量 p，在 for 循环语句的初始化部分将数组名 stu 赋给了指针变量 p，因此指针变量 p 就指向该结构体数组的首地址，即指向第一个数组的是 stu[0]。第一次循环输出了 stu[0]中各个成员的值，并通过 p++（注意，p 只自增 1，但它移动的字节数为 10+20+1+2=33）将指针移动到数组的下一个元素 stu[1]的首地址，第二次循环输出了 stu[1]各个成员的值。

7.3.3　结构体变量和指向结构体变量的指针作为函数参数

结构体作为一种数据类型，可以定义变量、数组、指针变量等。实际应用中，常常需要在函数调用时传递函数的参数。

C 语言中允许使用结构体变量作为函数参数进行整体传送。将一个结构变量的值传递给另一个函数，有三种方法。

1. 结构体成员作为函数的参数

调用方法与普通变量作为函数参数的用法相同。它是“值传递”方式，函数的调用不能改变实参的值。

【例 7.7】分析下面程序的执行过程。

```
#include<stdio.h>
struct STU                                  //声明定义结构体
{
  int n;
  int a[30];
};
  void function(int *a,int n)               //定义函数
{
  int i;
  for(i=0;i<n-1;i++)
  a[i]=a[i]+i;
}
void main()                                 //主函数
{
  int i;
  struct STU s={10,{1,2,5,3,6,24,32,15,21,21}};
  function(s.a,s.n);//实参传给函数 function，其中 s.a 是一维数组的首地址
  for(i=0;i<s.n;i++)
  printf("%d,",s.a[i]);
}
```

2. 结构体指针作为函数参数

将函数体变量或数组元素的地址传递给被调用函数的形参，因为无需传递各个成员值，只需传递一个地址，且函数中的结构体成员并不占用新的内存单元，而与主函数中的成员共享存储单元，所以这种方法比用结构体变量作为函数参数的传递效率高。特别

当结构体规模很大时，能有效节省系统开支。这种方法还可以通过修改形参所指向的成员来影响实参对应成员的值。

【例 7.8】分析下面程序的执行过程。

```
#include<stdio.h>
struct student
{
char number[10];
char name[10];
float score;
}stu;
void output(struct student *p)
{
printf("学号: %-8s",p→number);
printf("姓名: %-8s",p→name);
printf("分数: %4.1f\n",p→score);
p→score=0;
}
void main()
{
printf("学号: ");
scanf("%s",stu.number);
printf("姓名: ");
scanf("%s",stu.name);
printf("分数: ");
scanf("%f",&stu.score);
printf("\n");
output(&stu);
printf("学号: %-8s",stu.number);
printf("姓名: %-8s",stu.name);
printf("分数: %4.1f\n",stu.score);
}
```

3. 结构体变量作为函数参数

此方法采取的是“值传递”的方式，将结构体变量的全部成员按顺序传递给被调用的形参。这种传递方式效率低，也不能改变实参的值。

【例 7.9】分析下面程序的执行过程。

```
#include<stdio.h>
typedef struct
{
int num;
double s;
}REC;
void fun1(REC x)
{
x.num=23;
x.s=88.5;
```

```
}
void main()
{
REC a={21,56.1};
fun1(a);          //函数调用将结构体变量 a 整体传递给形参 x，并对 x 各个成员重新赋值
printf("%d\n",a.num);
}
```

7.4　共用体

共用体也称公用体。共用体与结构体相似，是一种用户自定义的数据类型，它是若干个不同类型的变量共用一段内存单元的结构类型，共用体内的成员是共享内存空间的，利用共用体可以节省内存开销。

7.4.1　共用体类型的定义

共用体类型使用关键字 union 来定义。共用体声明及变量定义与结构体的十分相似。其一般定义格式如下：

```
union  共用体名
{
数据类型  成员 1;
数据类型  成员 2;
数据类型  成员 3;
…
数据类型  成员 n;
}变量名;
```

共用体表示几个变量共用一个内存空间。在 union 中，所有的共用体成员共享一个存储空间，并且只能存储其中一个成员的变量值。

示例如下：

```
union farm
{
char a;
int x;
float y;
}shanyang;
```

farm 即为定义的共用体类型，其成员变量为 a、x、y。

7.4.2　共用体成员的引用

共用体成员引用的格式如下：

```
共用体名.成员名
```

当使用共用体类型的数据时，请注意以下几点。

（1）同一段内存中可以集中存放不同数据类型的数据，但在每一时刻只能存放一种

类型的数据，不能同时存放几种类型的数据。

（2）共用体类型中起作用的是最后一次存放的成员，当存入一个新的成员时，原有的成员失去作用。

（3）共用体变量的地址和它的各个成员的地址都是同一个地址。

（4）不能对共用体变量赋值，不能在定义共用体变量时对其进行初始化。

（5）不能把共用体变量作为函数参数，不能将共用体变量作为一个参数或返回值在函数中传递。

（6）共用体类型可以定义结构类型，也可以定义共用体数组。反之，结构体也可以出现在共用体类型定义中，数组也可以作为共用体成员。

【例 7.10】使用共用体处理一组学生信息。学生信息包括年级、姓名、三门课程的分数、总分和平均分（本例只列举了两个学生的信息）。

程序如下：

```
#include<stdio.h>
struct student
{
int grade;
char name[10] ;
int score[3];
union data
{
int sum;
float average;
}d;
}stu[2];
void main()
{
int i,j;
int s1=0,s2=0;
for (i=0;i<2;i++)
{printf("请输入第%d个学生信息\n",i+1);
printf("年级: ");
scanf("%d",&stu[i].grade);
printf("姓名: ");
scanf("%s",stu[i].name);
for(j=0;j<3;j++)
{printf("分数%d:",j+1);
scanf("%d",&stu[i].score[j]);
}
if (stu[i].grade==1)
{for (j=0;j<3;j++)
{s1+=stu[i].score[j];}
stu[i].d.sum=s1;
}
```

```
if(stu[i].grade==2)
 {for (j=0;j<3;j++)
{s2+=stu[i].score[j];}
stu[i].d.average=(float)s2/3;
}
}
printf("\n");
for(i=0;i<2;i++)
{
if (stu[i].grade==1)
{
printf("年级: %-5d",stu[i].grade);
printf("姓名: %-8s",stu[i].name);
printf("总分: %-5d\n",stu[i].d.sum);
}
else if(stu[i].grade==2)
{
printf("年级: %-5d",stu[i].grade);
printf("姓名: %-8s",stu[i].name);
printf("平均分: %-5.1f\n",stu[i].d.average);
}
}
}
```

程序运行情况如下：

```
请输入第 1 个学生信息
年级: 1↙
姓名: yangmei↙
分数 1: 78↙
分数 2: 86↙
分数 3: 87↙
请输入第 2 个学生信息
年级: 2↙
姓名: liyugang↙
分数 1: 79↙
分数 2: 81↙
分数 3: 91↙
年级: 1  姓名: yangmei  总分 251
年级: 2  姓名: liyugang  总分 83.6
```

7.5 枚举

枚举就是把可能的值一一列举出来，变量的值只限于列举的范围。枚举值称为枚举常量或枚举元素，定义枚举类型的关键字为 enum。其类型的定义和变量的声明与结构体及共用体类型的一致：若有一个变量含有几种可能的取值，就可以定义为枚举类型。例如，一周内的星期一到星期日的七个数据元素组成的集合，由三种颜色红、黄、蓝组成的集合等。

枚举类型定义的一般格式如下：

```
enum  枚举类型名
{
枚举常量列表
}枚举变量名列表;
```

示例如下：

```
enum workday{mon,tue,wed,thr,fri}d1,d2;
```

或者：

```
enum workday{mon,tue,wed,thr,fri};
enum workday d1,d2;
```

枚举常量列表中列举了该枚举类型变量所有可能的取值。

注意：定义枚举类型时，各枚举常量之间用逗号隔开，且最后一个枚举常量后无分号。枚举变量的取值必须来自枚举常量列表，不能将列表以外的值赋给枚举变量。枚举常量实际上是一个标识符，其值是一个整型常数，默认情况下，各枚举常量按定义时的顺序从 0 开始取值，依次增 1。

枚举类型通常使用 switch 语句或者 if 语句输出枚举变量的值，例如：

```
enum workday
{mon,tue,wed,thr,fri};
enum workday d=mon;
switch(d)
{
case mon:printf("%-6s","mon");break;
case tue:printf("%-6s","tue");break;
case wed:printf("%-6s","wed");break;
case thr:printf("%-6s","thr");break;
case fri:printf("%-6s","fri");break;
default:printf("%-6s","error!");break;
}
```

注意：枚举常量不是字符串常量，不能用“%s”的格式输出，以下操作是错误的。

```
enum {mon,tue,wed,thr,fri}d=mon;
printf("%s",d);
```

定义枚举类型变量有三种方法，即先定义类型后定义变量、定义类型的同时定义变量、直接定义枚举变量。

（1）先定义类型后定义变量，例如：

```
enum color
{
red=5;blue=1;green;black;white;yellow
};
color c1,c2;
```

（2）定义类型的同时定义变量，例如：

```
enum color
{
red=5;blue=1;green;black;white;yellow
}c1,c2;
```

（3）直接定义枚举变量，例如：

```
enum color
{
red=5;blue=1;green;black;white;yellow
}c1=red,c2=blue;
```

定义枚举类型时，可以对变量进行初始化赋值，c1 的初始值为 red，c2 的初始值为 blue。

使用枚举类型时，需要注意以下几点。

①不能用键盘通过 scanf 向枚举变量输入元素值，如“scanf("%d",&a)”是错误的。因此，枚举类型变量的值只能通过初始化或赋值运算符输入。

②可用 printf 输出枚举变量，但输出的是元素对应的序号值，而不是元素值。

③枚举类型数据之间以及枚举类型数据与整型数据之间可以进行比较运算或算数运算。对于枚举类型数据来说，参与运算的实际是枚举常量的值，且运算结果为整型数据。因此，将运算结果赋给一个枚举变量之前，要进行强制类型转换。

【例 7.11】口袋里有红、黄、蓝、白、黑等五种颜色的球若干。每次从口袋里取出三个球，问三个球不同颜色的取法共有多少种？

程序如下：

```
#include<stdio.h>
void main()
{/*经过下面的定义后，默认有 blue=0，red=1，…，black=4*/
enum color {blue,red,yellow,white,black};
enum color i,j,k,pri;
int n,loop;
n=0;
for(i=blue;i<=black;i++)                //i 代表第一次所取球的颜色
for(j=blue;j<=black;j++)                //j 代表第二次所取球的颜色
if(i!=j)                                //第一次和第二次所取球的颜色不同
{for(k=blue;k<=black;k++)               //k 代表第三次所取球的颜色
if(k!=i)&&(k!=j)                        //三次所取球的颜色各不相同
{n++;                                   //能取到三种不同颜色球的可能取法数加 1
printf("% -6d",n);
for(loop=1;loop<=3;loop++)              //将当前 i、j、k 所对应的颜色依次输出
{switch(loop)
  {case 1:pri=i;break;
  case 2:pri=j;break;
  case 3:pri=k;break;
default :break;
}
switch(pri)
```

```
{ case blue:                        printf("% -10s","blue");break;
case red:                           printf("% -10s","red");break;
case yellow:                        printf("% -10s","yellow");break;
case white:                         printf("% -10s","white");break;
case black:                         printf("% -10s","black");break;
default;
break;
}
}
printf("\n");
}
  }
printf("total:%5d\n",n);
}
```

7.6 使用 typedef 定义类型别名

C 语言中，使用关键字 typedef 定义类型的别名，相当于给已有的数据类型（标准型和自定义型，如结构、共用、枚举）起一个别名，该别名用来表示已有的数据类型。其作用是简化程序，增强程序的可读性。typedef 定义的一般格式如下：

```
typedef 原类型名 新类型名;
```

例如：

```
typedef int INTEGER;                //定义 INTEGER 为 int 的类型别名
typedef float REAL;                 //定义 REAL 为 float 的类型别名
```

将 int 和 float 分别用 INTEGER 和 REAL 代替，则 INTEGER 和 REAL 分别是 int 和 float 的别名。因此，“INTEGER i;”等价于“int i;”，“REAL f;”等价于“float f;”。

除上面的例子外，typedef 还可以在程序中定义以下的别名类型。

（1）定义数组类型别名，例如：

```
typedef int NUM[10];
NUM number;
```

等价于：

```
int number[10];
```

（2）定义指针类型别名，例如：

```
typedef char *STRING;
STRING p;
```

等价于：

```
char *p;
```

（3）定义结构体类型别名，例如：

```
typedef struct stu
{
char name[20];
```

```
int age;
char sex;
}ST;
```

（4）定义 ST 表示 struct student 的结构体类型，然后用 ST 来说明结构体变量，例如：

```
ST a,b;
```

等价于：

```
struct stu a,b;
```

（5）定义函数指针类型别名，例如：

```
typedef int(*FUNCTION)();
FUNCTION f;
```

等价于：

```
int (*f)();
```

第 8 章　文件

程序运行时，程序本身和数据一般都存储在内存中。当程序运行结束时，存储在内存中的数据就会被释放。如果需要长期保存程序运行所需的原始数据，或者程序运行产生的结果，就必须以文件形式存储到外部存储介质上。文件在程序设计中是一个很重要的概念，要实现数据处理的功能，往往要通过文件的形式来完成。通过本章的学习来了解计算机中的数据是如何通过文件的形式进行存储的。

8.1　C 语言文件概述

文件是指一组相关数据的有序集合。这个数据集有一个名称叫文件名。实际上，前面我们已经多次使用了文件，例如源程序文件、目标文件、可执行程序、库文件(头文件）等。

C 语言系统把文件当成一个“流”，按字节进行处理。C 语言中，使用文件指针标识文件，当一个文件被打开时，可取得该文件指针。文件可按只读、只写、读/写、追加四种操作方式打开，同时还必须指定文件的类型是二进制文件还是文本文件。文件可以字节、字符串、数据块为单位进行读/写，也可以指定的格式进行读/写。文件内部的位置指针可用于指示当前的读/写位置，移动该位置指针，可以对文件实现随机读/写功能。

8.1.1　文件类型

文件通常驻留在外部介质（如磁盘等）上，使用时才会调入内存中来。从不同的角度可对文件进行不同的分类。

1. 从用户的角度看，文件可分为普通文件和设备文件两种

1）普通文件

普通文件是指驻留在磁盘或其他外部介质上的一个有序数据集，可以是源文件、目标文件、可执行程序；也可以是一组待输入处理的原始数据，或者是一组输出的结果。源文件、目标文件、可执行程序可以称为程序文件；输入/输出数据可称为数据文件。

2）设备文件

设备文件是指与主机相连的各种外部设备。在操作系统中，为了统一操作各种硬件设备，简化接口，可将不同的硬件设备看成是一个文件来进行管理。对这些文件的操作，等同于对磁盘上普通文件的操作。例如：通常把显示器定义为标准输出文件，在屏幕上显示的信息就是向标准输出文件输出信息，printf 函数、putchar 函数就是向这个文件输出数据；把键盘定义为标准输入文件，scanf 函数、getchar 函数就是从这个文件获取数据。

在程序中，使用文件获取数据时，可以通过编辑工具与文件建立联系，让程序通过文件实现数据的一次输入多次使用。同样，当程序对数据进行输出时，也可以通过文件建立联系，将这些数据输出保存到指定的文件中，让用户能够随时查看运行的结果。

2. 从文件编码的方式看，文件可分为 ASCII 码文件和二进制文件两种

1）ASCII 码文件

ASCII 码文件的每个字节存储一个字符，这样虽然便于对字符进行逐个处理，但一般占用存储空间较多，而且要花费转换时间（二进制与 ASCII 码之间的转换）。ASCII 码文件也称文本文件，在磁盘中存放这种文件时，每个字符对应一个字节。例如，数 1234 的存储形式如下。

ASCII 码：00110001　00110010　00110011　00110100

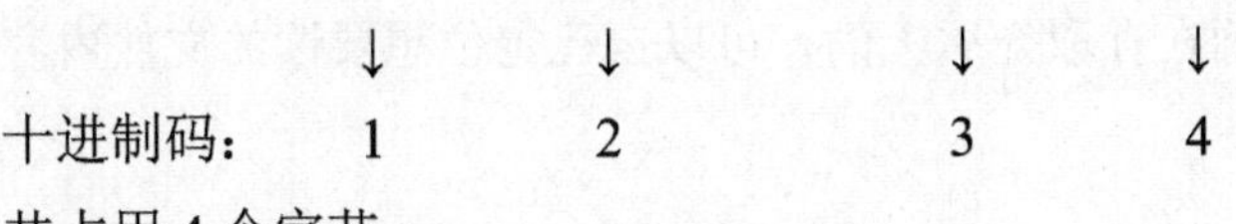

十进制码：　1　　2　　3　　4

共占用 4 个字节。

ASCII 码文件可在屏幕上按字符显示出来，例如源程序文件就是 ASCII 码文件，由于是按字符显示的，因此能读懂文件的内容。

2）二进制文件

二进制文件是把内存中的数据按二进制编码的方式来存放，把内存中的数据原样输出到磁盘文件中。二进制文件虽然可以节省存储空间和转换时间，但一个字节并不对应一个字符，不能直接输出字符形式。在内存中存储数据时，并不需要进行数据间的转换，存储器中的数据将采用与内存数据相同的形式进行存储。

例如，数 1234 的存储形式为：

00000100 11010010

只占 2 个字节。二进制文件虽然也可在屏幕上显示出来，但无法读懂其内容。C 语言系统在处理这些文件时，都将文件看成是字符流，按字节进行处理。

输入/输出字符流的开始和结束只受程序控制而不受物理符号（如回车符）的控制。因此，这种文件也称流式文件。

ASCII 码文件与二进制文件的区别如下。

（1）ASCII 码文件可对字符进行单个处理，便于输出字符，但是，由于是对每个字符进行处理，所以占用的内存空间比较大，转换时花费的时间也比较长。

（2）二进制文件可以节省外存空间以及转化时间，但是一个字节并不对应一个字符，所以它不能直接输出字符。

3. 根据文件的内容，可分为程序文件和数据文件

1）程序文件

程序文件又分为源程序文件（后缀为.c）、目标文件（后缀为.obj）和可执行文件（后缀为.exe）等。这种文件的内容是程序代码。

2）数据文件

数据文件的内容不是程序，而是供程序运行时读/写的数据，如程序运行过程中输出到磁盘（或其他外部设备）的数据或程序运行过程中供读取的数据。

4. 根据文件的组织形式，可分为顺序存取文件和随机存取文件

（1）顺序存取文件。

顺序存取文件是按其在文件中的逻辑顺序依次存取的，只能从头往下读。

（2）随机存取文件。

随机存取文件是将记录散列在存取介质上的，可以自己定位想要读的文件内容的指针位置。

8.1.2 文件缓冲区

缓冲区是指在程序执行时所提供的额外内存，可用来暂时存放准备运行的数据。它的设置是为了提高存取效率，因为内存的存取速度比磁盘驱动器的快得多。

ANSI C 标准采用缓冲文件系统处理数据文件。缓冲文件系统是指系统自动地在内存区为程序中的每个正在使用的文件开辟一个文件缓冲区。从内存向磁盘输出数据，必须先送到内存中的缓冲区，缓冲区装满后才能送到磁盘中。如果从磁盘向计算机读取数据，则一次从磁盘中将一批数据输入缓冲区（充满缓冲区），然后从缓冲区逐个地将数据送到程序数据区（给程序变量）。缓冲区的大小由各具体的 C 编译系统确定。使用缓冲文件系统进行的输入/输出又称高级磁盘输入/输出系统。

当程序使用标准 I/O 函数（包含在头文件 stdio.h 中）时，系统会自动设置缓冲区，并通过数据流来读/写文件。当进行文件读取时，不会直接对磁盘进行读取，而是先打开数据流，将磁盘上的文件信息复制到缓冲区内，然后程序再从缓冲区中读取所需数据，如图 8.1 所示。

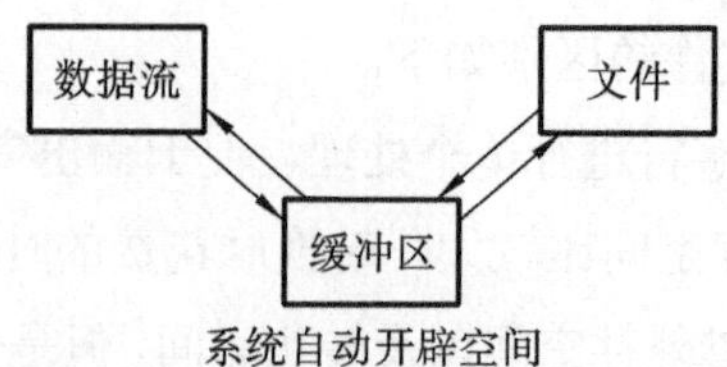

图 8.1 缓冲文件系统的工作原理

除缓冲文件系统外，还有非缓冲文件系统。非缓冲文件系统不自动开辟缓冲区，而由程序为每个文件设定缓冲区。使用非缓冲文件系统进行的输入/输出又称低级输入/输出系统。非缓冲文件系统的工作原理如图 8.2 所示。

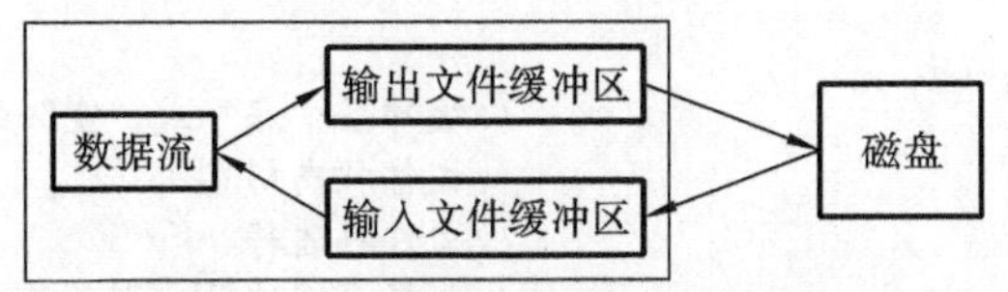

图 8.2　非缓冲文件系统的工作原理

说明：在 UNIX 系统下，使用缓冲文件系统来处理文本文件，使用非缓冲文件系统来处理二进制文件。ANSI C 标准只采用缓冲文件系统来处理文本文件和二进制文件。C 语言中，文件的读/写都是使用库函数来实现的。

本章讨论流式文件的打开、关闭、读、写、定位等各种操作。

提示：一个程序的运行结果在输出保存到文件后，可以将这些数据作为另一个程序的输入数据，再次进行处理。

8.1.3　文件指针

缓冲文件系统中的关键概念是文件类型指针，简称文件指针。系统在内存中给每个被使用的文件开辟一个区域，用于存放文件的相关信息（如文件名、文件状态和文件当前位置等）。这些信息保存在一个结构类型变量中，该结构类型由系统定义，取名为 FILE。

在 C 语言中，使用一个指针变量指向一个文件，这个指针称为文件指针。通过文件指针就可对它所指的文件结构进行各种操作。文件指针、程序和文件结构的关系如图 8.3 所示。

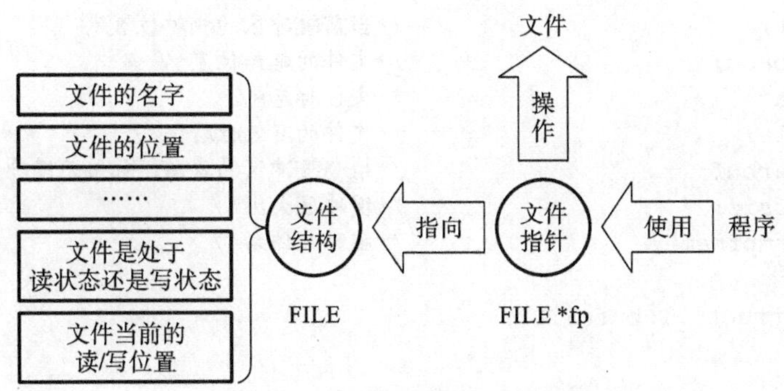

图 8.3　文件指针、程序和文件结构的关系

定义文件指针的一般形式如下：

```
FILE *指针变量标识符;
```

其中：FILE 应为大写，因为它实际上是由系统定义的一个结构，所以在编写源程序时不必关心 FILE 结构的细节。

FILE 文件结构在“stdio.h”头文件中的文件类型声明如下：

```
typedef struct
{
short level;                              //缓冲区“满”或“空”的程度
unsigned flags;                           //文件状态标志
char fd;                                  //文件描述符
unsigned char hold;                       //如果无缓冲区，则不读取字符
short bsize;                              //缓冲区的大小
unsigned char *buffer;                    //数据缓冲区的位置
unsigned char *curp;                      //指针，当前的指向
unsigned istemp;                          //临时文件，指示器
short token;                              //有效性检查
}FILE;
```

从上面的结构中可以发现，使用 typedef 定义了一个以 FILE 为结构体的类型，编写程序时可直接使用 FILE 类型来定义变量。例如，

```
FILE *fp;
```

表示 fp 是指向 FILE 结构的指针变量，通过 fp 即可查找存放某个文件信息的结构变量，然后按结构变量提供的信息找到该文件，以便实施对文件的操作。习惯上，也笼统地把 fp 称为指向一个文件的指针，例如，

```
FILE f[5];
```

定义了一个结构体数组 f，它有 5 个元素，可以用来存放 5 个文件的信息。

说明：不同的编译系统对 FILE 类型的定义略有不同，VC++ 6.0 对 FILE 类型的定义如下：

```
struct _iobuf
{
  char *_ptr;                             /*文件输入的下一个位置*/
  int _cnt;                               /*当前缓冲区的相对位置*/
  char *_base;                            /*文件的起始位置*/
  int _flag;                              /*文件标志*/
  int _file;                              /*文件的有效性验证*/
  int _charbuf;                           /*检查缓冲区的状态，如果无缓冲区，则不读取*/
  int _bufsiz;                            /*缓冲区大小*/
  char *_tmpfname;                        /*临时文件名*/
};
typedef struct _iobuf FILE;
```

8.2 文件的打开与关闭

文件在进行读/写操作之前要先打开，使用完毕后要关闭。所谓打开文件，实际上是建立文件的各种相关信息，并使文件指针指向该文件，以便进行其他操作。关闭文件是

指断开指针与文件之间的联系，即禁止再对该文件进行操作。

C 语言中，文件的操作主要由 C 语言库函数实现，文件操作的函数属于标准输入/输出库中的函数，需在程序中包含预处理命令#include <stdio.h>。

8.2.1　文件打开函数 fopen

在使用文件前必须打开文件，建立系统与要操作的某个文件之间的关联，指定这个文件名并请求系统分配相应的文件缓冲区内存单元。打开文件由标准函数 fopen 实现，其一般调用形式为：

```
FILE *fopen("文件名","文件打开方式");
```

示例如下：

```
FILE *fp                              //定义文件指针
fp=fopen("file1","r");                //打开文件
```

其中：file1 为将要打开的文件名，打开文件方式为“读取”，fopen 函数返回指向 file1 文件的指针并赋给指针变量 fp，这样 fp 就与 file1 相关了。或者说，fp 指向 file1 文件。

文件的打开方式共有 12 种，表 8-1 给出了它们的符号及其意义。

表 8-1　文件的打开方式

文件的打开方式	意义
“rt”	只读打开一个文本文件，只允许读数据
“wt”	只写打开或建立一个文本文件，只允许写数据
“at”	追加打开一个文本文件，并在文件末尾写数据
“rb”	只读打开一个二进制文件，只允许读数据
“wb”	只写打开或建立一个二进制文件，只允许写数据
“ab”	追加打开一个二进制文件，并在文件末尾写数据
“rt+”	读/写打开一个文本文件，允许读和写
“wt+”	读/写打开或建立一个文本文件，允许读/写
“at+”	读/写打开一个文本文件，允许读或在文件末尾追加数据
“rb+”	读/写打开一个二进制文件，允许读和写
“wb+”	读/写打开或建立一个二进制文件，允许读和写
“ab+”	读/写打开一个二进制文件，允许读或在文件末尾追加数据

有几点说明如下。

（1）如果不能执行打开指定文件的操作，则 fopen 函数返回一个空指针 NULL（其值在头文件 stdio.h 中被定义为 0）。

为了增强程序的可靠性，常使用下面的方法打开一个文件：

```
if((fp=fopen("文件名","操作方式"))==NULL)
  { printf("can not open this file\n");
```

```
    exit(0);
  }
```

exit 函数有以下用法和功能。

①用法：void exit([程序状态值]);

②功能：关闭已打开的所有文件，结束运行的程序，返回操作系统，并将“程序状态值”返回给操作系统。当“程序状态值”为零时，表示程序正常退出；当“程序状态值”为非零时，表示程序出错退出。

（2）“rb+”与“ab+”的区别：使用前者打开文件时，读/写位置指针指向文件头；使用后者打开文件时，读/写指针指向文件尾。

（3）使用文本文件向计算机系统输入数据时，系统自动将回车换行符转换成一个换行符；输出时，将换行符转换成回车和换行两个字符。

（4）使用二进制文件时，内存中的数据形式与数据文件中的形式完全一样，不再进行转换。

（5）程序开始运行时，系统会自动打开三个标准文件，并分别定义文件指针。

①标准输入文件 stdin：指向终端输入（一般为键盘）。如果程序中指定要从 stdin 所指的文件输入数据，就从终端键盘上输入数据。

②标准输出文件 stdout：指向终端输出（一般为显示器）。

③标准错误文件 stderr：指向终端标准错误输出（一般为显示器）。

注意：文件操作的库函数，其函数原型均在头文件 stdio.h 中。

8.2.2 文件关闭函数 fclose

文件一旦使用完毕，可应用文件关闭函数把文件关闭，以避免文件数据丢失。

fclose 函数调用的一般形式如下：

```
fclose(文件指针);
```

示例如下：

```
FILE *fp                                //定义文件指针
fp=fopen("d:\\test\\test.txt";"r");    //打开文件
fclose(fp);                             //关闭文件
```

其中：fp 为使用 fopen 函数打开文件时的指针变量。现在通过 fclose 函数将 fp 指针指向的文件关闭，此时文件指针变量不再指向该文件，也就是说，文件指针变量与该文件“脱钩”。

正常执行完“关闭文件”操作后，fclose 函数返回值为 0。如果返回非零值，则表示有错误发生。

在执行完文件的操作后，要进行“关闭文件”操作。虽然程序在结束前会自动关闭所有的打开文件，但文件打开过多会导致系统运行速度缓慢，这时就要自行手动关闭不再使用的文件，以提高系统整体的运行效率。

【例 8.1】使用 fopen 函数与 fclose 函数演示打开文件，并判断和关闭文件的操作。

程序如下：

```
#include <stdio.h>
int main()
{
FILE *fp;                                          //定义文件指针变量 fp
fp=fopen("d:\\c 源程序\\ch8\\test_8-1.txt","r"); //以只读方式打开一个文本文件
if(fp==NULL)
{
printf("无法打开文件!\n");
}
else
{
printf("文件打开成功!\n");
fclose(fp);                           //关闭文件
}
return 0;
}
```

以上程序用于演示如何通过 fopen 函数与 fclose 函数执行文件的打开与关闭操作。首先在代码中定义文件指针变量 fp，并通过 fp 采用只读方式打开一个文本文件；再打开文件"d:\\c 源程序\\ch8\\test_8-1.txt"；最后通过 if 语句进行判断，如果文件存在，则输出字符串"文件打开成功!"，否则输出"无法打开文件!"。

运行以上程序，结果如图 8.4 所示。

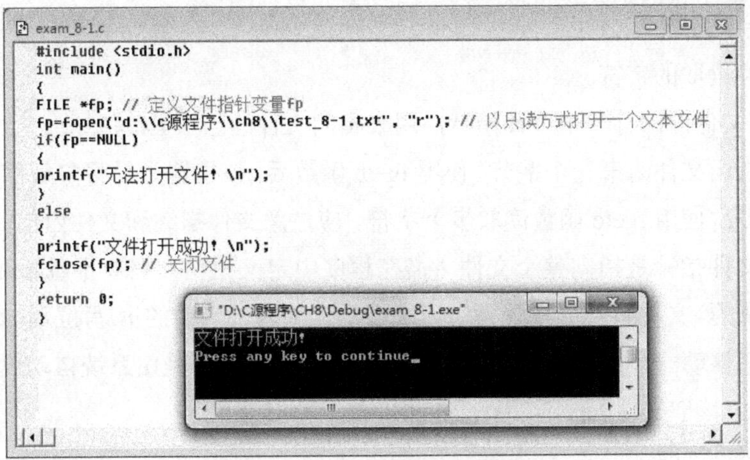

图 8.4　文件的打开与关闭程序

8.3　文件的读/写

打开文件后就可以对文件进行读/写操作。C 语言中提供了多种文件读/写的函数，包

括字符读/写函数 fgetc 和 fputc、字符串读/写函数 fgets 和 fputs、数据块读/写函数 fread 和 fwrite、格式化读/写函数 fscanf 和 fprinf 等。注意，使用以上函数都要求包含头文件 stdio.h。

8.3.1 字符读/写函数 fgetc 和 fputc

字符读/写函数是以字符（字节）为单位的读/写函数。每次可从文件读取或向文件写入一个字符。

1. 读取文件字符函数 fgetc

标准函数 fgetc 或 getc 返回文件指针所指向的文件的下一个字符,即从指定的文件中读取一个字符。若遇到文件结束符，则函数返回 EOF。fgetc 函数的原型为：

```
int fgetc(FILE * fp);
```

fgetc 函数调用的形式为：

```
字符变量=fgetc(文件指针);
```

例如：

```
char ch;
ch=fgetc(fp);                          //读取文件中的一个字符并赋给字符变量 ch
```

其意义是从打开的文件 fp 中读取一个字符并送入变量 ch 中。

fgetc 函数的使用有以下几点说明。

（1）在 fgetc 函数调用中，读取的文件必须以读或读/写方式打开。

（2）读取字符的结果也可以不向字符变量赋值，例如：

```
fgetc(fp);
```

不能保存读取的字符。

（3）在文件内部有一个位置指针，用来指向文件的当前读/写字节。当文件打开时，该指针总是指向文件的第一个字节。使用 fgetc 函数后，该位置指针将向后移动一个字节，因此可连续多次使用 fgetc 函数读取多个字符。应注意文件指针和文件内部的位置指针不是一回事。文件指针是指向整个文件，需在程序中定义说明，只要不重新赋值，文件指针的值是不变的。文件内部的位置指针用来指示文件内部当前的读/写位置，每读/写一次，该指针均向后移动一个字符，它无需在程序中定义说明，而是由系统自动设置。

【例 8.2】读取文件 test_8-2.txt，并在屏幕上输出结果。

程序如下：

```
#include<stdio.h>
main()
{
  FILE *fp;
  char ch;
  if((fp=fopen("d:\\c 源程序\\ch8\\test_8-2.txt","rt"))==NULL)
    {
```

```
    printf("\n Cannot open file strike any key exit!");
    getch();
    exit(1);
    }
  ch=fgetc(fp);
  while(ch!=EOF)
   {
    putchar(ch);
    ch=fgetc(fp);
   }
 putchar('\n');
 fclose(fp);
 }
```

运行以上程序，结果如图 8.5 所示。

图 8.5　读取文件字符函数程序

以上程序的功能是从文件中逐个读取字符，并显示在屏幕上。程序定义了文件指针 fp,以读文本文件的方式打开文件"d:\\c 源程序\\ch8\\test_8-2.txt"，并使 fp 指向该文件。如果打开文件出错，则会给出提示并退出程序。程序中的第 12 行是先读取一个字符，然后进入循环，只要读取的字符不是文件结束标志（每个文件末尾有一结束标志 EOF)，就把该字符显示在屏幕上，再读取下一个字符。每读一次，文件内部的位置指针向后移动一个字符，文件结束时，该指针指向 EOF。执行该程序将显示整个文件。

2. 写入字符函数 fputc

标准函数 fputc 或 putc 返回文件指针 fp 所指向的输入流中的下一个字符,即 fputc 函数的功能是把一个字符写入指定的文件中。若到达文件末尾或出现错误，则返回 EOF。

函数调用的形式为：

```
fputc(字符量, 文件指针);
```

其中，待写入的字符量可以是字符常量或变量，例如：

```
fputc('x',fp);                    //写入字符常量 x
char c='y';                       //定义一个字符变量 c，赋值为 y
fputc(c,fp);                      //写入字符变量 c
```

其中：fputc('x',fp);是将字符 x 的 ASCII 码值写入指针变量 fp 所指向的磁盘文件中；fputc(c,fp);则是将变量 c 中存放的字符 y 的 ASCII 码值写入指针变量 fp 所指向的文件中。

fputc 函数的使用也有以下几点说明。

（1）被写入的文件可以使用写、读/写、追加方式打开。使用写或读/写方式打开一个已存在的文件，将清除原有的文件内容，写入字符从文件首部开始。如果要保留原有文件内容，希望写入的字符从文件末尾开始存放，则必须以追加方式打开文件。被写入的文件若不存在，则创建该文件。

（2）每写入一个字符，文件内部的位置指针向后移动一个字节。

（3）fputc 函数有一个返回值，如果写入成功，则返回写入的字符，否则返回一个 EOF（其值在头文件 stdio.h 中，被定义为-1）。可用此来判断写入是否成功。

【例 8.3】从键盘上输入一个字符串（以“@”作为结束字符），并以 ASCII 码形式存储到一个磁盘文件中。

程序如下：

```
#include "stdio.h"
main(int argc, char *argv[])
{ FILE *fp;
  char ch;
  if(argc!=2)                          /*参数个数不对*/
  { printf("the number of arguments not correct\n\n");
    printf("Usage:可执行文件名 filename\n");
    exit(0);
  }
  if((fp=fopen(argv[1],"w"))==NULL)    /*打开文件失败*/
  { printf("can not open this file\n");
    exit(0);
  }
  /*输入字符，并存储到指定文件中*/
  for(;(ch=getchar())!='@';)
    fputc(ch,fp);                      /*输入字符并存储到文件中*/
  fclose(fp);                                  /*关闭文件*/
}
```

由于 main 函数需要我们提供命令参数，所以在 VC 6.0 中应按如下步骤执行。

（1）编译、链接程序。

（2）在“工程”菜单中选“设置”选项，在“设置”窗口中选择“调试”选项，然后在“程序变量”中输入参数，如图 8.6 所示。

注意：首先应编译、链接程序，然后输入参数，最后点击运行。

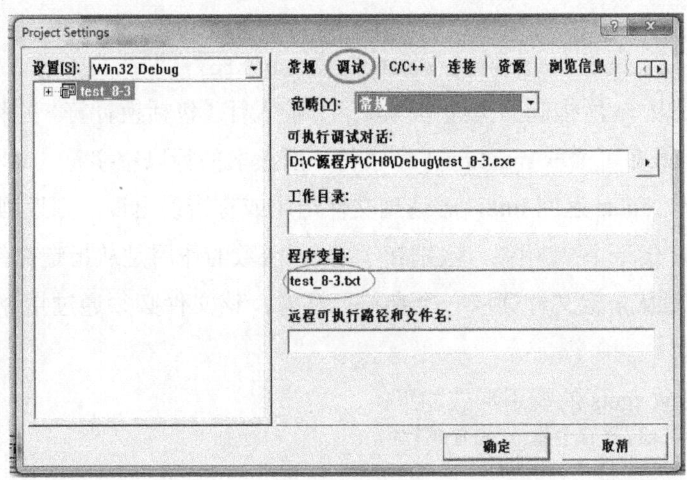

图 8.6　输入参数

程序运行时输入：hello world!@↙。运行后的结果如图 8.7 所示。

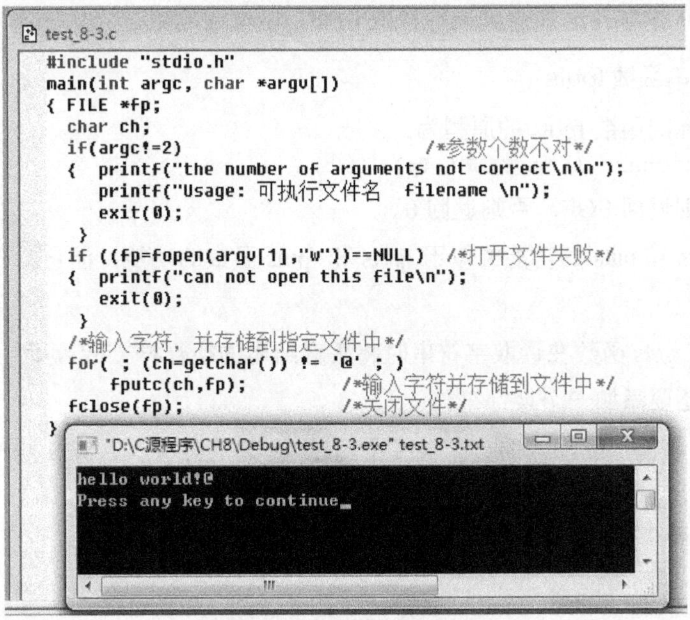

test_8-3.c

```
#include "stdio.h"
main(int argc, char *argv[])
{ FILE *fp;
  char ch;
  if(argc!=2)                          /*参数个数不对*/
  {  printf("the number of arguments not correct\n\n");
     printf("Usage: 可执行文件名  filename \n");
     exit(0);
   }
  if ((fp=fopen(argv[1],"w"))==NULL)  /*打开文件失败*/
  {  printf("can not open this file\n");
     exit(0);
   }
  /*输入字符，并存储到指定文件中*/
  for( ; (ch=getchar()) != '@' ; )
      fputc(ch,fp);                /*输入字符并存储到文件中*/
  fclose(fp);                      /*关闭文件*/
}
```

"D:\C源程序\CH8\Debug\test_8-3.exe" test_8-3.txt

```
hello world!@
Press any key to continue_
```

图 8.7　程序运行情况

8.3.2 字符串读/写函数 fgets 和 fputs

fgetc 函数和 fputc 函数每次只能读/写一个字符，速度较慢；实际开发中往往是每次读/写一个字符串或者一个数据块，这样能明显提高效率。所以，对文本文件中的字符串进行输入/输出操作时，可以使用 fgets 函数与 fputs 函数。

1. 读字符串函数 fgets

行输入的标准函数 fgets 的原型为：

```
char *fgets(char *line,int maxline,FILE *fp);
```

fgets 函数是从 fp 所指向的文件中读取下一输入行（包括换行符）并将它存放于字符数组 line 中，它最多可读取 maxline-1 个字符。所读取的行以空字符（'\0'）结尾。

通常情况下，fgets 返回 line，若遇到文件结尾或有错误出现，则返回 NULL。

fgets 函数与 fgetc 函数相似，区别在于 fgets 函数的作用是从指定文件读取一个字符串，fgetc 函数是从指定文件读取一个字符。注意：该文件必须通过指令“读”或“读/写”的方式打开。

读字符串函数 fgets 的调用形式如下：

```
fgets(字符数组,字符个数 n,文件指针);
```

示例如下：

```
fgets(str,n,fp);
```

该语句表示参数 n 虽为要求得到的字符个数，但只从 fp 指向的文件输入 n−1 个字符，然后在最后添加一个'\0'字符，因此得到的字符串共有 n 个并将它们放在字符数组 str 中。如果在读完 n−1 个字符之前遇到换行符或 EOF，则读入结束。

2. 写字符串函数 fputs

行输出的标准函数 fputs 的原型为：

```
int fputs(char* line,FILE* fp);
```

若出错，则返回 EOF，否则返回 0。

库函数 gets 和 puts 的功能类似于 fgets 和 fputs 函数的功能，但它们在 stdin 和 stdout 上进行操作。

不同的是，gets 函数在读取字符串时将丢弃结尾的换行符（'\n'），而 puts 函数在所写入的字符串后还要添加一个换行符。

【例 8.4】将键盘上输入的一个长度不超过 80 的字符串以 ASCII 码的形式存储到一个磁盘文件中，然后输出到屏幕上。

```
/*参数：可执行文件名 要创建的磁盘文件名*/
#include "stdio.h"
main(int argc,char *argv[])
{ FILE *fp;
  char string[81];                    /*字符数组用于暂存输入/输出的字符串*/
```

```
    if(argc>2)                          /*参数太多，提示出错*/
      { printf("Too many parameters … \n\n");
        printf("Usage:可执行文件名 filename\n");
        exit(0);
      }
    if(argc==1)                         /*缺磁盘文件名，提示输入*/
      { printf("Input the filename: ");
        gets(string);                   /*借用 string 暂存输入的文件名*/
        argv[1]=(char *)malloc(strlen(string)+1); /*给文件名参数申请内存空间*/
          strcpy(argv[1],string);       /*复制文件名到形参中*/
        }
    if ((fp=fopen(argv[1],"w"))==NULL)   /*打开文件失败*/
        {printf("can not open this file\n");
      exit(0);
        }
    /*从键盘上输入字符串，并存储到指定文件中*/
    printf("Input a string: ");gets(string); /*从键盘上输入字符串*/
    fputs(string, fp);                  /*存储到指定文件*/
    fclose(fp);
    /*重新打开文件，读取其中的字符串，并输出到屏幕上*/
    if((fp=fopen(argv[1],"r"))==NULL)    /*打开文件失败*/
      {printf("can not open this file\n");
        exit(0);
      }
      fgets(string, strlen(string)+1,fp);     /*从文件中读一个字符串*/
      printf("Output the string: ");
  puts(string);                         /*将字符串输出到屏幕上*/
      fclose(fp);
    }
```

程序运行时输入：hello world! ↙。

程序进行编译、链接后，在“工程”→“设置”→“调试”→“程序变量”中输入参数“test_8-4.txt”，最后点击运行。在程序运行时输入“hello world!”，运行结果如图 8.8 所示，运行后打开“test_8-4.txt”文件，可以看到字符串“hello world!”已写入文件中。

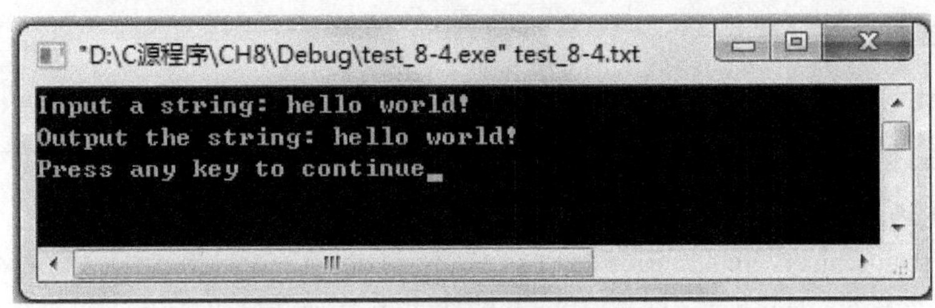

图 8.8　要创建的磁盘文件名

为了增强程序的可靠性，对参数过多的情况，可提示出错并终止程序运行；遗漏文件名时，可提示用户输入。同时，为了增强程序的人机交互性，凡是需要用户输入数据的地方，可设置提示输入的信息；凡是输出数据的地方，可设置输出说明信息。

8.3.3 数据块读/写函数 fread 和 fwtrite

C 语言提供了用于整块数据读/写的函数，可用来读/写一组数据，如一个数组元素、一个结构变量的值等。读数据块函数与写数据块函数分别为 fread 和 fwrite。

1. 读数据块函数 fread

fread 函数用来从指定文件中读取数据块。所谓数据块，就是若干个字节的数据，可以是一个字符，可以是一个字符串，可以是多行数据，没有限制。

读数据块函数 fread 的原型为：

```
int fread(void *buffer,size_t size,size_t count num,FILE *fp);
```

fread 函数的语法格式如下：

```
fread(buffer,size,count,文件指针);
```

各参数说明如下。

buffer：指针，在 fread 函数中，它表示用于存放输入数据的首地址。

size：表示要读取的每个数据项的相应字节数。

count：表示要读取的数据项的个数，每个数据项占用 size 个字节。

fread 函数：表示从一个文件流中读取数据，并最多读取 count 个元素，每个元素为 size 个字节。若函数调用成功，则返回实际读取到的元素的个数；若函数调用失败或读取到文件末尾，则返回 0。每次进行读/写操作后一定要关闭文件，否则每次读或者写数据以后，文件指针都会指向下一个待写或者读数据位置的指针。

fp：是指向读/写文件的指针变量。

例如：

```
fread(fa,4,5,fp);
```

其意义是从 fp 所指的文件中每次读 4 个字节（一个实数）送入实数组 fa 中，连续读 5 次，即读 5 个实数到 fa 中。

2. 写数据块函数 fwrite

函数 fwrite 的功能是向指定的文件中写入若干数据块，若成功执行，则返回实际写入的数据块数目。该函数以二进制形式对文件进行操作，不局限于文本文件。

写数据块函数 fwrite 的原型为：

```
int fwrite(const void *buffer,size_t size,size_t count,FILE *fp);
```

其中：buffer 是指针，在 fread 函数中，表示用于存放输入数据的首地址；在 fwrite 函数中，表示用于存放输出数据的首地址。size 表示数据块的字节数。count 表示要读/写的数据块块数。fp 是指向读/写文件的指针变量。

例如：

```
fwrite(&p,sizeof(p),1,fp);
```

表示向文件指针 fp 指向的文件中写入一个字节数为“sizeof(p)”的数据块，将要写入的数据首地址为 p。

【例 8.5】从键盘输入两个学生的数据到一个文件中，再读出这两个学生的数据并显示在屏幕上。

程序如下：

```
#include<stdio.h>
struct stu
{
  char name[10];
  int num;
  int age;
  char addr[15];
} boya[2],boyb[2],*pp,*qq;
main()
{
  FILE *fp;
  char ch;
  int i;
  pp=boya;
  qq=boyb;
  if((fp=fopen("d:\\c 源程序\\ch8\\test_8-5.txt","wb+"))==NULL)
   {
    printf("Cannot open file strike any key exit!");
    getch();
    exit(1);
  }
  printf("\ninput data\n");
  for(i=0;i<2;i++,pp++)
  scanf("%s%d%d%s",pp->name,&pp->num,&pp->age,pp->addr);
  pp=boya;
  fwrite(pp,sizeof(struct stu),2,fp);
  rewind(fp);
  fread(qq,sizeof(struct stu),2,fp);
  printf("\n\nname\tnumber age addr\n");
  for(i=0;i<2;i++,qq++)
  printf("%s\t%5d%7d %s\n",qq->name,qq->num,qq->age,qq->addr);
  fclose(fp);
}
```

程序运行时输入：

```
Dingyi 201801 18 TianxingRoad↙
Wangxiaoer 201802 19 ShalongRoad↙
```

程序运行情况如图 8.9 所示。

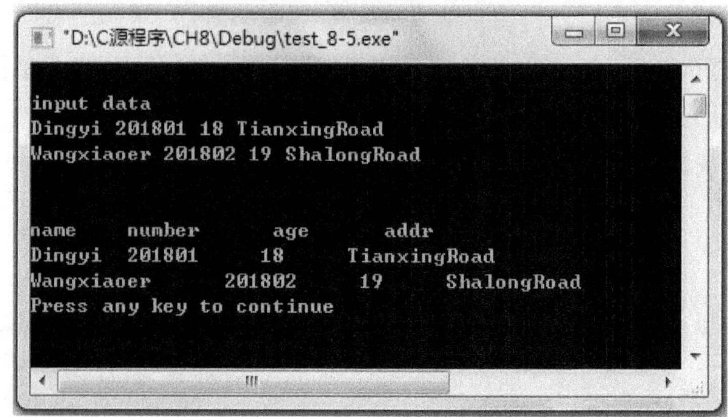

图 8.9　从键盘输入两个学生的数据到一个文件中

例 8.5 定义了一个结构 stu,说明了两个结构数组 boya 和 boyb 以及两个结构指针变量 pp 和 qq。pp 指向 boya,qq 指向 boyb。以上程序中第 16 行以读/写方式打开二进制文件“stu_list”，输入两个学生的数据并写入该文件中，然后把文件内部的位置指针移到文件首部，读出两个学生的数据后并显示在屏幕上。

8.3.4　格式化读/写函数 fscanf 和 fprintf

fscanf 函数和 fprintf 函数与前面使用的 scanf 函数和 printf 函数的功能相似，都是格式化读/写函数。两者的区别在于 fscanf 函数和 fprintf 函数的读/写对象不是键盘和显示器，而是磁盘文件，返回值是输出的字符数或读取的数据个数。

1. 写格式化输出函数 fprintf

fprintf 函数的原型为：

```
int fprintf(FILE* fp,char* format,…);
```

写格式化函数 fprintf 的调用语法格式如下：

```
fprintf(文件指针,格式控制串,输出列表);
```

其中：文件指针指向将要写入的文件；格式控制串中包含常用的格式控制符与输入数据相应的类型符；输出列表中为将要写入的变量或常量。

如果函数调用成功，则返回写入的字符总数，否则返回一个负数。

示例如下：

```
FILE *fp;
int i=3;float f=9.80;
fprintf(fp,"%2d,%6.2f",i,f);
```

fprintf 函数的作用是将变量 i 按%2d 格式、变量 f 按%6.2f 格式，以逗号作为分隔符，输出到 fp 所指向的文件中,例如，□3,□□9.80（□表示 1 个空格）。

2. 读格式化函数 fscanf

fscanf 函数的原型为：

```
int fscanf(FILE* fp,char* format,…);
```

读格式化函数 fscanf 调用的语法格式如下：

```
fscanf(文件指针,格式控制串,输入列表);
```

其中：文件指针指向将要读取的文件；格式控制串中包含常用格式控制符与输入数据相应的类型符；输入列表中为将要读取出来的数据并赋值的变量地址。

如果调用成功，则返回已读取的数据个数，失败则返回 EOF(−1)。

示例如下：

```
FILE *fp;
int i;
char *str;
fscanf(fp,"%d %s",&i,str);
```

以上语句表示从文件指针 fp 所指向的文件中按照格式控制串中的控制符来读取相应的数据，并将这些数据赋给变量 i 的地址和指针变量 str。

使用 fprintf 和 fscanf 函数对磁盘文件进行读/写，使用方便，容易理解，但由于在输入时要将 ASCII 码转换为二进制码形式，在输出时又要将二进制码转换成字符，花费时间比较多。因此，在内存与磁盘频繁交换数据的情况下，最好不使用 fprintf 函数和 fscanf 函数，而使用 fread 函数和 fwrite 函数。

【例 8.6】格式化读/写函数的使用。

程序如下：

```
#include <stdio.h>
#include <stdlib.h>
main()
{ FILE *fp;
  int a,b,c,d;
  if((fp=fopen("d:\\c源程序\\ch8\\test_8-6.txt","wb+"))== NULL)
  { printf("文件打开失败!\n");
    exit(0);
  }
    scanf("%d%d",&a,&b);
    fprintf(fp,"%d,%d\n",a,b);
    rewind(fp);                          /*位置指针返回到文件头*/
    fscanf(fp,"%d, %d",&c,&d );          /*向文件 test_8-6.txt 输入数据*/
    printf("%d,%d\n",c,d);
    fclose(fp);                          /*关闭文件*/
}
```

程序运行时输入：3 5↙。

程序运行情况如图 8.10 所示。

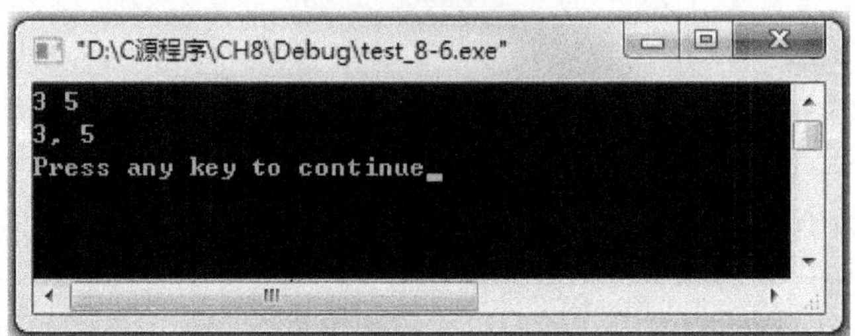

图 8.10　格式化读/写函数程序的运行情况

8.4　文件的随机读/写

前面介绍的文件读/写方式都是顺序读/写，即读/写文件只能从头开始，顺序读/写各个数据。在进行文件读/写操作时，文件中有一个位置指针，它指向当前的读/写位置，若顺序读/写一个文件，则每次读/写一个字符，然后该位置指针自动指向下一个字符位置。但在实际问题中，常要求只读/写文件中的某一指定的部分。为了解决这个问题，可移动文件内部的位置指针到需要读/写的位置，再进行读/写，这种读/写称为随机读/写。实现随机读/写的关键是按要求移动位置指针，这称为文件的定位。

8.4.1　文件定位

若要读/写指针指向所需要的任意位置（即随机读/写），则可使用 rewind、fseek 函数进行定位。

1. 文件头定位函数 rewind

文件头定位函数 rewind 的功能是把文件内部的位置指针移到文件首，该函数没有任何返回值。

rewind 函数是使文件的读/写位置指针重新返回文件的开头，函数的原型为：

```
void rewind(FILE *fp);
```

文件头定位函数 rewind 的调用形式为：

```
rewind(文件指针);
```

它的功能是把文件内部的位置指针移到文件首。

2. 随机定位函数 fseek

fseek 函数用来移动文件位置指针到指定位置上，接着的读或写操作将从此位置开始。函数的原型为：

```
int fseek(FILE *fp,long offset,int origin);
```

fseek 函数的调用形式为：

```
fseek(文件指针,位移量,起始点);
```

其中：fp 是指向文件的文件指针；offset 是位移量，表示移动的字节数，位移量的数据类型为 long，以便在文件长度大于 64 KB 时不会出错，当使用常量表示位移量时，要求加后缀“L”；origin 是起始点，表示从何处开始计算位移量，规定的起始点有三种，即文件首、当前位置和文件末尾；文件指针指向被移动的文件；位移量表示移动的字节数，要求位移量是 long 型数据，以便在文件长度大于 64 KB 时不会出错，当使用常量表示位移量时，要求加后缀“L”；起始点表示从何处开始计算位移量，规定的起始点有三种，即文件首、当前位置和文件末尾。

fseek 函数起始点的表示方法如表 8-2 所示。

表 8-2　fseek 函数起始点的表示方法

起始点	表示符号	数字表示
文件首	SEEK_SET	0
当前位置	SEEK_CUR	1
文件末尾	SEEK_END	2

示例如下：

```
fseek(fp,100L,0);                    //将位置指针移到距离文件首 100 个字节处
fseek(fp,50L,1);                     //将位置指针移到距离当前位置 50 个字节处
fseek(fp,-10L,2);                    //末尾处向后退 10 个字节
```

fseek 函数一般用于二进制文件。在文本文件中，由于要进行转换，故往往计算的位置会出现错误。

【例 8.7】利用 fseek 函数改变读/写位置指针。

程序如下：

```
#include <stdio.h>
#include <stdlib.h>
struct person
{
  char *name;
  int count;
}
candidates[3]={{"Zhang xiangyang",0},{"Li feng",0},{"Liu bing",0}};
/*定义候选人数组并初始化*/
int main(void)
{
  FILE *fp;
  int i;
  if((fp=fopen("d:\\c 源程序\\ch8\\test_8-7.txt","wb"))==NULL)
  {
    printf("error on open test_8-7.txt file!");
    exit(1);
   }
  for(i=0;i<3;i++)
```

```
    {
      candidates[i].count+=i;
      fwrite(&candidates[i],sizeof(struct person),1,fp);
    }
   fclose(fp);
   if ((fp= fopen("d:\\c源程序\\ch8\\test_8-7.txt","rb"))==NULL)
   {
     printf("error on open test_8-7.txt file!");
     exit(2);
    }
   for(i=0;i<3;i++)
   {
     fseek(fp,-sizeof(struct person)*(i+1),SEEK_END);
     fread(&candidates[i],sizeof(struct person),1,fp);
     printf("%s %d\n",candidates[i].name,candidates[i].count);
    }
   fclose(fp);
   return 0;
}
```

分析程序执行结果，程序运行情况如图 8.11 所示。

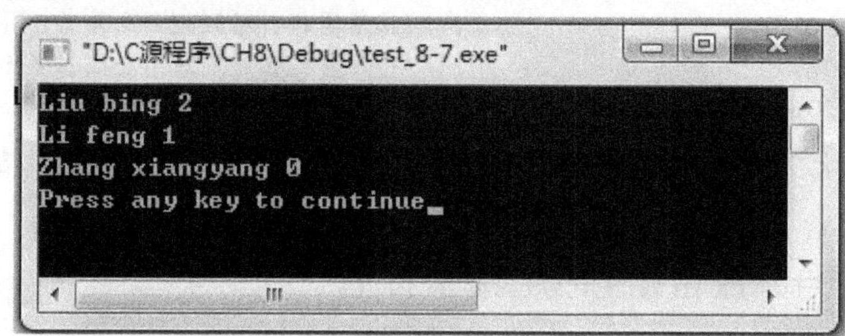

图 8.11　利用 fseek 函数改变读/写位置指针的程序运行情况

8.4.2　文件的随机读/写

在移动位置指针之后，即可用前面介绍的任何一种读/写函数进行读/写。由于 fgets 函数有局限性，每次最多只能从文件中读取一行内容，所以 fgets 函数遇到换行符就结束读取。C 语言还提供了用于整块数据的读/写函数 fread 和 fwrite，可用来读/写一组数据，如一个数组元素、一个结构变量的值等。

1. 读文件数据块函数 fread

读文件数据块函数 fread 的原型为：

```
int fread(void *buffer,size_t size,size_t num,FILE *fp);
```

该函数的语法格式如下：

```
fread(buffer,size,count,文件指针);
```

其中：buffer 是指针，在 fread 函数中，表示用于存放输入数据的首地址；size 表示数据块的字节数；count 表示要读取的数据块块数，每个数据项占用 size 个字节；fp 是指向读取文件的指针变量。

例如，从键盘输入 10 个整数，将它们保存到文件“file.txt”中，再从文件中读取这些整数，并输出到显示器上。

程序如下：

```
for(j=0;j<10;j++)
  { scanf("%d",&m);fwrite(&m,2,1,fp);}
rewind(fp);
for(j=0;j<10;j++)
  { fread(&n,2,1,fp);printf("%4d",n);}
  fclose(fp);
}
```

2. 写文件数据块函数 fwrite

fwrite 函数的功能是向指定的文件中写入若干数据块，如果成功执行，则返回实际写入的数据块数目。该函数以二进制形式对文件进行操作，不局限于文本文件。

写文件数据块函数 fwrite 的原型为：

```
int fwrite(const void *buffer,size_t size,size_t count,FILE *fp);
```

fwrite 函数的语法格式如下：

```
fwrite(buffer,size,count,文件指针);
```

其中：buffer 是指针，在 fwrite 函数中，表示存放输出数据的首地址；size 表示数据块的字节数；count 表示要写入的数据块块数，每个数据项占用 size 个字节。fp 是指向写入文件的指针变量。

例如：

```
fwrite(&p,sizeof(p),1,fp);
```

表示向文件指针 fp 指向的文件中写入一个字节数为“sizeof(p)”的数据块，将要写入的数据首地址为 p。

【例 8.8】采用文本方式把字符'0'、'1'、'2'存入文件，然后用二进制方式从文件开头读取一个 short 型数据，并验证结果是否正确。

程序如下：

```
#include <stdio.h>
#include <stdlib.h>
int main()
{
  FILE *fp;
short m;
  char str[]={'0','1','2'};
  if((fp=fopen("d:\\c源程序\\ch8\\test_8-1.txt","w+"))==NULL)
  {
   printf("打开文件 text.txt 失败\n");
```

```
    exit(1);
  }
  fwrite(str,1,3,fp);
/*表示向文件指针 fp 指向的文件"test_8-1.txt"中写入 3 个字节数为 1 的数据块，将要写入的数据首地址为 str*/
  rewind(fp);                          /*读/写转换间，必须调用
rewind/fseek/fflush*/
  fread(&m,2,1,fp);
/*也可以写成 fread(&m,1,2,fp);表示从文件指针 fp 指向的文件"test_8-1.txt"中读取 1 个字节数为 2 的数据块，将读取的数据存放在 m 中*/
  fclose(fp);
  printf("%d\n",m);
  return 0;
}
```

分析程序执行结果，程序运行情况如图 8.12 所示。

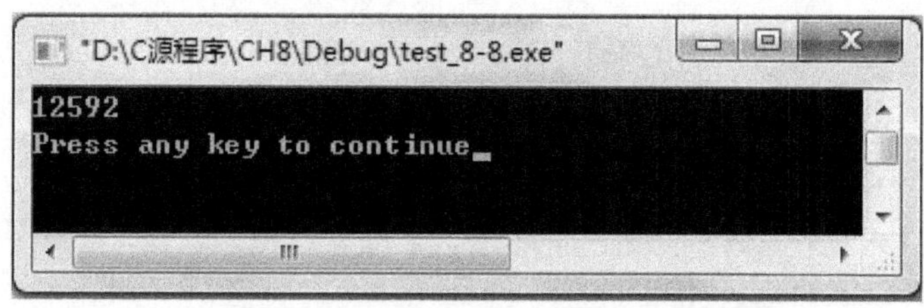

图 8.12　例 8.8 程序的运行情况

以上程序中，字符'0'的 ASCII 码为 48，对应的二进制为“0011 0000”; 字符'1'的 ASCII 码为 49，对应的二进制为“0011 0001”; 字符'2'的 ASCII 码为 50，对应的二进制为“0011 0010”。

从功能角度来说，fread 函数和 fwrite 函数可以完成文件的任何数据的读 / 写操作。但为了方便起见，应依下列原则选用。

（1）读/写一个字符（或字节）数据时选用 fgetc 函数和 fputc 函数。

（2）读/写一个字符串时选用 fgets 函数和 fputs 函数。

（3）读/写一个（或多个）不含格式的数据时选用 fread 函数和 fwrite 函数。

（4）读/写一个（或多个）含格式的数据时选用 fscanf 函数和 fprintf 函数。

8.5　文件状态跟踪函数

在 C 语言中使用文件读/写函数对文件进行相关的读/写操作时，有这样三个函数，不仅能够对文件读/写过程中的出错信息进行检测，还可以对文件状态进行跟踪，判断文件是否结束清除文件错误标志，使程序在运行过程中不受影响。

C 语言中常用的文件状态跟踪检测函数有以下几个。

8.5.1 文件结束检测函数 feof

程序读取文件时，需要知道当前是否读取到了文件结尾，是的话，就应该停止继续读取文件。本章前面的示例都是通过读取文件内容函数的返回值得知的。而文件结束检测函数 feof 也可以提供这方面的信息，它的函数原型如下：

```
int feof(FILE *stream);
```

feof 函数调用的一般形式为：

```
feof(文件指针);
```

说明如下。

（1）当执行读文件操作时，要判断文件指针是否读取到了文件结尾，如果已到文件结尾，则函数返回逻辑真（1）；否则，返回逻辑假（0）。

（2）feof 函数同时适用于 ASCII 码文件和二进制文件。文件结束检测函数 feof 更适合对二进制文件的检测，因为二进制文件的结尾标志 EOF 属于一个合法的二进制数，若通过读取字符的值来判断文件是否结束是不可行的，并且有可能出现文件未到结尾而被认为到结尾的情况，所以使用 feof 函数更加合适。

【例 8.9】编写程序，使用 fgetc 函数读取文件"d:\\c 源程序\\ch8\\test_8-9.txt"中的字符串内容，在读取过程中使用 feof 函数对文件是否读取到末尾进行判断。

```
#include <stdio.h>
#include <stdlib.h>                  //添加头文件"stdlib.h"以使用退出函数 exit
int main()
{
FILE *fp;                            //定义文件指针
char str;
if((fp=fopen("d:\\c 源程序\\ch8\\test_8-9.txt","r"))==NULL)/*打开文件*/
{
printf("文件打开失败! \n");
getchar();
exit(0);
}
printf("读取文件内容: \n");
while(1)
{
str=fgetc(fp);
if(feof(fp))                         //使用 feof 函数判断文件是否结束
{
break;
}
printf("%c",str);
}
printf("\n");
fclose(fp);                          //关闭文件
return 0;
}
```

分析程序执行结果，程序运行情况如图 8.13 所示。

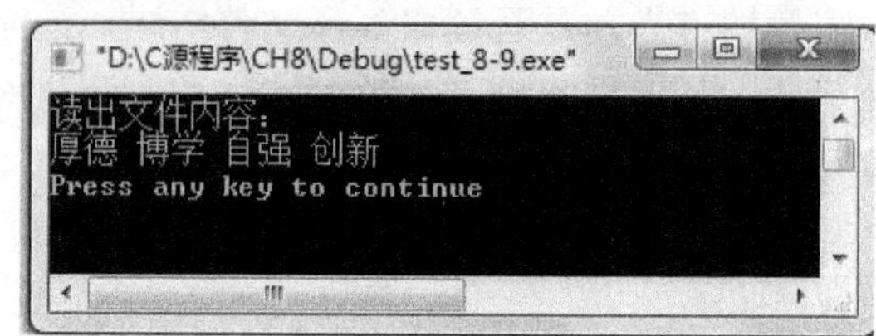

图 8.13　例 8.9 的程序运行情况

例 8.9 用于演示如何通过 feof 函数判断文件是否读取到末尾。在程序中，首先添加“stdlib.h”；其次在 main 函数中定义文件指针 fp，打开文件“d:\\c 源程序\\ch8\\test_8-9.txt”，通过 feof 函数对文件指针 fp 的指向位置进行判断，若没有到文件结尾，则通过 fgetc 函数将 fp 指向的文件中的字符读取出来赋给变量 str，并完成读取操作；接着输出 str 的值；最后关闭文件。

8.5.2　读/写文件出错检测函数 ferror

使用函数操作文件时，可以通过函数的返回值获知文件操作是否成功。ferror 函数在调用各种输入/输出函数（如 putc、getc、fread、fwrite 等）时，如果出现错误，除函数的返回值有所表示外，还可以使用 ferror 函数进行检查。

ferror 函数的原型为：

```
int ferror(FILE *stream);
```

ferror 函数调用的一般形式为：

```
ferror(文件指针);
```

说明如下。

（1）如果函数返回值为 0，则表示未出错；如果返回一个非零值，则表示出错。

（2）对同一个文件，每次调用输入/输出函数均产生一个新的 ferror 函数值。因此，在调用了输入/输出函数后，应立即检测，否则出错信息会丢失。

（3）执行 fopen 函数时，系统将 ferror 的值自动置为 0。

8.5.3　文件错误标志清除函数 clearerr

当文件读取或写入出现错误时，最常见的是读到 EOF 导致出错，这时继续对文件指针进行读/写操作就会出现错误，包括移动文件指针。通过 clearerr 函数可以清除这个错误，使文件操作可以继续执行。

clearerr 函数的作用是使文件错误标志和文件结束标志置为 0。假设在调用一个输入/输出函数时出现了错误，ferror 函数值为一个非零值。在调用 clearerr 函数后，ferror 函数的值变为 0。

函数 clearerr 的原型为：

```
void clearerr(FILE *stream);
```

文件错误标志清除函数 clearerr 调用的一般形式为：

```
clearerr(文件指针);
```

说明如下。

（1）clearerr 函数的作用是将文件错误标志（即 ferror 函数的值）和文件结束标志（即 feof 函数的值）置为 0。

（2）对同一个文件，只要出错，就一直保留，直至遇到 clearerr 函数或 rewind 函数，或其他任何一个输入/输出库函数。

【例 8.10】编写程序，首先使用“读/写”命令打开文件“d:\\c 源程序\\ch8\\test_8-10.txt”；接着使用 fputc 函数向该文件进行写入字符的操作，调用 ferror 函数判断返回值，并输出错误提示；然后使用 clearerr 函数清除错误标志，再通过 fgetc 函数对文件进行读取操作，并判断函数 ferror 返回值输出提示信息；最后关闭文件。

程序如下：

```
#include <stdio.h>
#include <stdlib.h>                    //为了能使用退出函数 exit,添加头文件
"stdlib.h"
int main()
{
FILE *fp;                              //定义文件指针
char str;
if((fp=fopen("d:\\c 源程序\\ch8\\test_8-10.txt","r+"))==NULL)      //打开文
件
{
printf("文件打开失败! \n");
getchar();
exit(0);
}
fputc('A',fp);                         //使用 fputc 函数进行写入操作
if(ferror(fp))
{
printf ("读取文件: d:\\c 源程序\\ch8\\test_8-10.txt 时发生错误! \n");
}
clearerr(fp);                          //清除错误标志
str=fgetc(fp);                         //使用 fgetc 函数读取
if(!ferror(fp))
{
printf("成功读取文件内容! \n");
}
fclose (fp);                           //关闭文件
return 0;
}
```

分析程序执行结果，程序运行情况如图 8.14 所示。

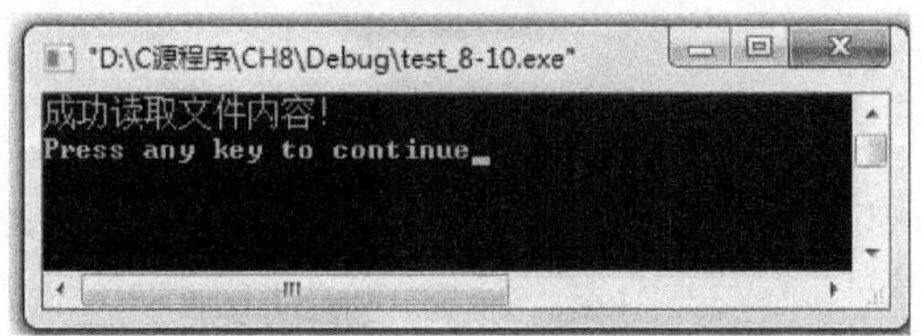

图 8.14　例 8.10 的程序运行情况

例 8.10 用于演示如何调用 clearerr 函数清除文件的错误标志。在程序中，首先添加头文件“stdlib.h”，再在 main 函数中定义文件指针 fp，以“读/写”的形式打开文件“d:\\c源程序\\ch8\\test_8-10.txt”；然后对该文件使用 fputc 函数进行写入字符的操作，调用 ferror 函数判断写入是否成功，若不成功，则提示错误信息；其次使用 clearerr 函数将错误标志重置为 0；由于是以“读/写”形式打开的文件，所以对该文件进行写入操作是不成功的；最后使用 fgetc 函数对该文件进行读取操作，因为读取成功，所以判断条件“!ferror(fp)”的值为 1，未发生读取错误，无需使用 clearerr 函数进行清除，完成以上操作后将文件关闭。

第 9 章　C++编程基础

C++语言是在 C 语言的基础上添加了面向对象、模板等现代程序设计语言的特性而发展起来的。它与 C 语言兼容，保持了 C 语言的简洁、高效以及汇编语言等的特点，对 C 语言的类型系统进行了改革和扩充。使用 C 语言编写的程序基本上可以不加修改地用于 C++语言中。从 C++的名字可以看出，它是 C 语言的超集。C++语言既可用于面向过程的结构化程序设计，又可用于面向对象的程序设计，是一种功能强大的混合型的程序设计语言。

9.1　C++语言概述

C 语言是 1972 年由美国贝尔实验室的 D.M.Ritchie 研制成功的。它不是为初学者设计的，而是为计算机专业人员设计的。大多数系统软件和应用软件都是使用 C 语言编写的。但是随着软件规模的扩大，使用 C 语言编写程序显得有些吃力。

C++语言是由 AT&T Bell（贝尔）实验室的 Bjarne Stroustrup 博士及其同事于 20 世纪 80 年代初在 C 语言的基础上开发成功的。C++语言保留了 C 语言原有的所有优点，增加了面向对象的机制，引入了类的机制。最初的 C++被称为“带类的 C”，1983 年正式取名为 C++。C++语言的标准化工作从 1989 年开始，于 1994 年制定了 ANSI C++标准草案。以后又经过不断完善，成为目前的 C++。

C++对 C 的“增强”，表现在以下两个方面。

（1）在原来面向过程机制的基础上，对 C 语言的功能做了不少扩充。

（2）增加了面向对象的机制。

与 C++语言相比，C 语言对硬件资源的操作更加直接，其重点在于算法和数据结构，如 Linux 底层设备驱动使用的就是 C 语言。除此之外，C 语言还具有良好的可移植性、高效的运行效率等功能，所以世界上绝大部分操作系统的内核都是使用 C 语言编写的。而 C++语言则更倾向于设计程序，它首要考虑的是如何构造一个对象模型，让这个对象模型能够契合与之对应的实际问题，这样就可以通过获取对象的状态信息实现对过程或事务的控制。C++语言的扩展性、复用性和维护性都优于 C 语言。C 语言是面向过程的语言，而 C++语言则是面向对象的语言，下面通过一个简单的 C 和 C++程序来说明什么是“对象”，以及它的好处。

首先使用 C 语言编写如下一段代码（代码中要打印出一个人的名字、年龄及其工作内容。使用 C 语言编写需要使用一个结构体来封装“人”这个对象所带有的属性，包括自己的个人介绍）：

```
#include <stdio.h>
/* “人”这个结构体的声明*/
struct person{
  char *name;
  int age;
  char *work;
  /*在C语言里只能写函数指针,不能直接在内部实现函数内容，该函数用于自我介绍使用*/
  void (*printInfo)(struct person *per);
};
/*定义一个函数赋给结构体内部的函数指针,相当于去实体化函数指针*/
void printInfo(struct person *per)
{
  printf("name=%s,age=%d,work=%s\n",per->name,per->age,per->work);
}
int main(int argc,char **argv)
{
  /*定义两个“人”，对人进行编辑*/
  struct person persons[] = {
    {"zhangsan",25,"teacher",printInfo},
    {"lisi",30,"doctor",printInfo},
  };
  /*调用结构体数组里各自的函数指针去实现个人自我介绍*/
  persons[0].printInfo(&persons[0]);
  persons[1].printInfo(&persons[1]);
  return 0;
}
```

这个程序虽在实现功能上完全没有问题，但有些地方很麻烦，比如已在结构体内部定义了一个函数指针，却不能直接实现功能而要在外面去实体化函数指针。“自我介绍”那个函数指针的调用"persons[0].printInfo(&persons[0]);"这句前面明明说明了是persons[0]，但是后面想自我介绍的时候又要获取一次persons[0]的地址，这样的程序看起来有点冗余。能否改进呢？答案是当然可以，使用C++语言，具体实现请看下面的代码。

```
#include <stdio.h>
struct person{
  char *name;
  int age;
  char *work;
  /* C++的优势体现,可以直接实体化函数内容，这里称为实体化方法*/
  void printInfo(void)
  {
     printf("name = %s,age = %d,work = %s\n",name,age,work);
  }
};
```

```
int main(int argc,char **argv)
{
  struct person persons[] = {
    {"zhangsan",10,"teacher"},
    {"lisi",16,"doctor"},
  };
  persons[0].printInfo();
  persons[1].printInfo();
  return 0;
}
```

上面这段C++语言代码明显比前面那段C语言代码要简洁明了很多，这就是C++程序的好处，它可以让代码和对象更加紧凑，直接在结构体内核实体化对象，使这个对象的描述功能更强大，因此可以说它是一门面向“对象”的语言。当然，C++语言有专门描述对象的语法结构叫“类”，可以修改以上代码中的结构体为类的方式，在C++中也有普遍使用类定义的方式，如下：

```
#include <stdio.h>
/*类声明*/
class Person{
/*这里需要定义为public，否则默认为private不允许外部访问内部的数据成员*/
public:
  char *name;
  int age;
  char *work;
  /*C++的优势体现，可以直接实体化函数内容，这里称为实体化方法*/
  void printInfo(void)
  {
    printf("name = %s,age = %d,work = %s\n",name,age,work);
  }
};
int main(int argc,char **argv)
{
  Person persons[] = {
    {"zhangsan",10,"teacher"},
    {"lisi",16,"doctor"},
  };
  persons[0].printInfo();
  persons[1].printInfo();
  return 0;
}
```

面向对象程序设计，是针对开发规模较大的程序而提出的，目的是提高软件开发的效率。不要把面向对象和面向过程对立起来，面向对象和面向过程不是矛盾的，而是各有用途、互为补充的。学习C++语言，既要会利用它进行面向过程的结构化程序设计，也要会利用它进行面向对象的程序设计。

9.2 最简单的 C++程序

为了使读者能了解什么是 C++程序，下面先介绍一个简单的 C++程序。

【例 9.1】输出字符。

程序如下：

```
#include <iostream.h>                  //包含头文件 iostream.h
using namespace std;                   //使用命名空间 std
int main()
{
  cout<<"Hello!"<<endl;
  cout<<"Welcome to c++!\n";
return 0;
}
```

运行以上程序，在屏幕上输出字符，如图 9.1 所示。

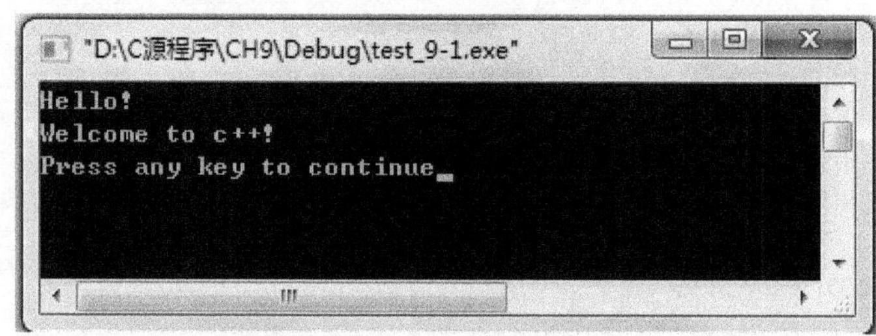

图 9.1 例 9.1 的程序运行情况

说明如下。

（1）程序中使用 main 代表"主函数"的名字。每个 C++程序都必须有一个 main 函数。main 函数前面的 int 的作用是声明函数的类型为整型（标准 C++规定 main 函数必须声明为 int 型，即该主函数带回一个整型的函数值）。

（2）程序第 7 行的作用是向操作系统返回一个零值。如果程序不能正常执行，则会自动向操作系统返回一个非零值，一般为-1。

（3）函数体是由大括号（{ }）括起来的。本例中，主函数内只有一条以 cout 开头的语句。注意 C++所有语句的最后都应当有一个分号。

（4）程序的第 1 行"#include <iostream.h>"不是 C++的语句，而是 C++的一个预处理命令，它以"#"开头用于区分 C++语句，行的末尾没有分号。#include <iostream>是一个"包含命令"，它的作用是将文件 iostream 的内容包含到该命令所在的程序文件中，以代替该命令行。文件 iostream 的作用是向程序提供输入或输出时所需要的信息。iostream 是 i-o-stream 这 3 个词的组合，从其形式就可以知道它代表"输入/输出流"的意思，由于这类文件都放在程序单元的开头，所以称为头文件（head file）。编译程序时，先对所有的预处理命令进行处理，将头文件的具体内容代替#include 命令行；然后对程序单元进行整体编译。

（5）程序的第 2 行“using namespace std;”的意思是“使用命名空间 std”。C++标准库中的类和函数是在命名空间 std 中声明的，因此程序中如果需要用到 C++标准库（此时需要使用#include 命令行），就要使用“using namespace std;”作为声明，表示要用到命名空间 std 中的内容。

初学 C++时，对例 9.1 中的第 1、2 行可以不必深究，只需知道：如果程序有输入或输出，必须使用“#include <iostream>”命令来提供必要的信息，同时要使用“using namespace std;”，否则程序编译时将出错。

【例 9.2】求 a 和 b 两个数之和。

程序如下：

```
//求两数之和(本行是注释行)
#include <iostream>                        //预处理命令
using namespace std;                       //使用命名空间 std
int main()                                 //主函数首部
{                                          //函数体开始
int a,b,sum;                               //定义变量
cin>>a>>b;                                 //输入语句
sum=a+b;                                   //赋值语句
cout<<"a+b="<<sum<<endl;                   //输出语句
return 0;                                  //如果程序正常结束，则向操作系统返回一个零值
}                                          //函数结束
```

程序运行情况如图 9.2 所示。

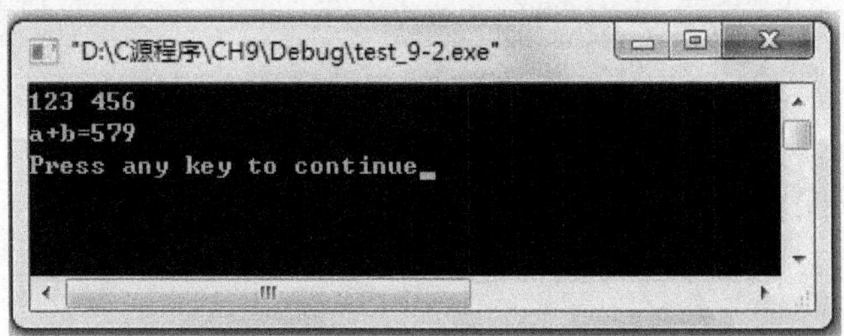

图 9.2　例 9.2 的程序运行情况

例 9.2 的作用是求两个整数 a 和 b 之和 sum。第 1 行“//求两数之和”是一个注释行，C++规定在一行中如果出现“//”，则从本行开始到本行末尾之间的全部内容都作为注释。

如果在运行时从键盘输入：

```
123 456↙
```

则输出为：

```
a+b=579
```

【例 9.3】给两个数 x 和 y，求两数中的较大者。

本例中包含两个函数，程序如下：

```
#include <iostream>                  //预处理命令
using namespace std;
int max(int x,int y)                 //定义max函数，函数值为整型，形式参数x、y
为整型
{                                    //从max函数体开始
  int z;                             //变量声明，定义本函数中用到的变量z为整型
  if(x>y) z=x;                       //if语句，如果x>y，则将x的值赋给z
  else z=y;                          //否则，将y的值赋给z
  return(z);                         //将z的值返回，通过max带回调用处
}                                    //max函数结束
int main()                           //主函数
{                                    //从主函数体开始
int a,b,m;                            //变量声明
cin>>a>>b;                           //输入变量a和b的值
m=max(a,b);                          //调用max函数，将得到的值赋给m
cout<<"max="<<m<<'\n';               //输出大数m的值
return 0;                            //如果程序正常结束，则向操作系统返回一个零值
}
```

程序运行情况如图 9.3 所示。

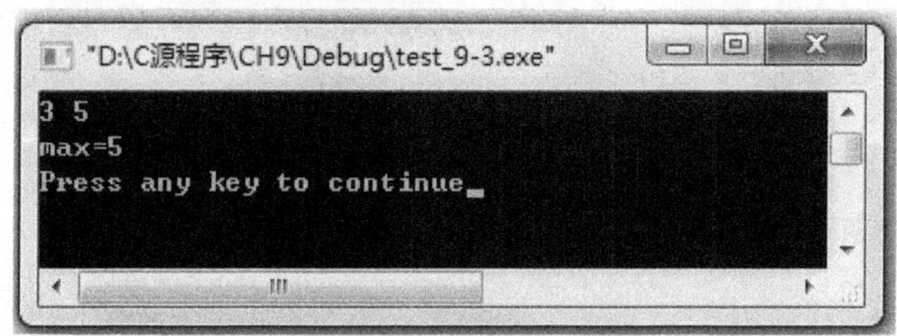

图 9.3　例 9.3 的程序运行情况

本程序包括两个函数：主函数 main 和被调用函数 max。

运行时若输入：

```
3 5↙ (输入3和5给a和b)
```

则输出为：

```
max=5
```

注意：输入的两个数据间可用一个或多个空格间隔，不能以逗号或其他符号间隔。

在上面的程序中，max 函数出现在 main 函数之前，因此在 main 函数中调用 max 函数时，编译系统能识别 max 是已定义的函数名。如果把两个函数的位置对换，即先写 main 函数，后写 max 函数，这时在编译 main 函数时遇到 max，编译系统无法知道 max 代表什么含义，因而无法编译，按出错处理。

为了解决这个问题，在主函数中需要对被调用函数进行声明。上面的程序可以改写

如下：

```
#include <iostream>
using namespace std;
int main()
{
  int max(int x,int y);                //对max函数作声明
  int a,b,c;
  cin>>a>>b;
  c=max(a,b);                          //调用max函数
cout<<"max="<<c<<endl;
return 0;
}
int max(int x,int y)                   //定义max函数
{
  int   z;
  if(x>y) z=x;
  else z=y;
  return(z);
}
```

只要在被调用函数首部的末尾加一个分号，就称对该函数的函数声明。函数声明的位置应当在函数调用之前。下面举一个包含类（class）和对象（object）的C++程序，目的是使读者初步了解C++是怎样体现面向对象程序设计方法的。

【例9.4】包含类的C++程序。

程序如下：

```
#include <iostream>                    //预处理命令
using namespace std;
class Student                          //声明一个类，类名为Student
{
  private:                             //以下为类中的私有部分
  int num;                             //私有变量num
  int score;                           //私有变量score
  public:                              //以下为类中的公用部分
  void setdata()                       //定义公用函数setdata
  {
    cin>>num;                          //输入num的值cin
    cin>>score;                        //输入score的值
  }
  void display()                       //定义公用函数display
  {
    cout<<"num="<<num<<endl;           //输出num的值
    cout<<"score="<<score<<endl;       //输出score的值
  };
};                                     //类的声明结束
Student stud1,stud2;                   //定义stud1和stud2为Student类的变量，称
为对象
int main()                             //主函数首部
```

```
{
stud1.setdata();                    //调用对象 stud1 的 setdata 函数
stud2.setdata();                    //调用对象 stud2 的 setdata 函数
stud1.display();                    //调用对象 stud1 的 display 函数
stud2.display();                    //调用对象 stud2 的 display 函数
return 0;
}
```

在一个类中包含两种成员，即数据和函数，分别称为数据成员和成员函数。在 C++ 中把一组数据和有权调用这些数据的函数封装在一起，组成一种称为“类（class）”的数据结构。在上面的程序中，数据成员 num、score 和成员函数 setdata、display 组成一个名为 Student 的“类”类型。成员函数是用来对数据成员进行操作的。也就是说，一个类是由一批数据以及对其操作的函数组成的。

类可以体现数据的封装性和信息隐蔽性。在上面的程序中，当声明 Student 类时，可把类中的数据和函数分为两大类：private（私有的）和 public（公用的）。把全部数据（num、score）指定为私有的，把全部函数（setdata、display）指定为公用的。大多数情况下，会把所有数据指定为私有的，以实现信息隐蔽性。

具有“类”类型特征的变量称为对象（object）。以上程序中的第 18～24 行是主函数。

程序运行情况如图 9.4 所示。

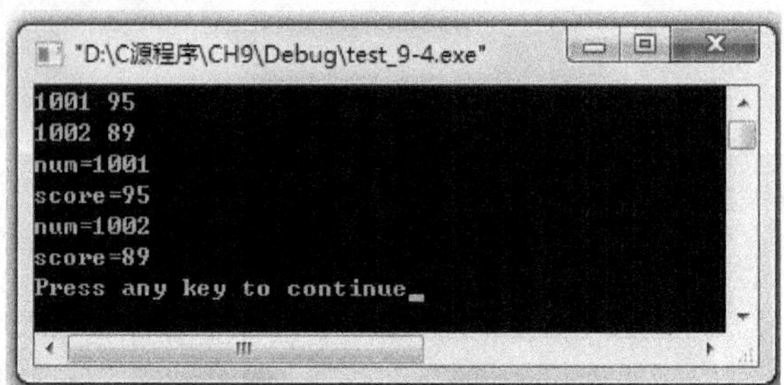

图 9.4　例 9.4 的程序运行情况

运行时若输入：

1001 95↙（输入学生 1 的学号和成绩）
1002 89↙（输入学生 2 的学号和成绩）

则输出为：

num=1001（输出学生 1 的学号）
score=95（输出学生 1 的成绩）
num=1002（输出学生 2 的学号）
score=89（输出学生 2 的成绩）

9.3 C++语言对C语言的扩充

9.3.1 C++语言的输入/输出

就像C语言一样，C++语言中也没有专门的输入 / 输出语句。但C++编译系统提供了一个面向对象的输入 / 输出（I/O）流类库，流是I/O流类的中心概念，它封装了各种复杂的底层I/O操作，向用户提供了简洁易用的接口。

C++的流类库预定义了4个流，它们是cin、cout、cerr和clog。其中cin是流istream的一个对象，cout、cerr和clog是流ostream的一个对象，详细功能如表9-1所示。

表9-1 cin、cout、cerr、clog的功能

流对象	含义
cin是标准输入流对象	默认情况下，输入设备是键盘
cout是标准输出流对象	默认情况下，输出设备是显示终端
cerr是标准错误输出流对象（非缓冲方式）	默认情况下，输出设备是显示终端
clog是标准错误输出流对象（缓冲方式）	默认情况下，输出设备是显示终端

标准流是不需要打开与关闭文件就可以使用的流式文件。

1. 使用标准输出流cout输出

格式如下：

```
cout<<输出项;
```

其中：<<表示插入运算符,将输出项插入输出流中。

例如：

```
cout<<"This is a C++ Program\n";
```

相当于语句:

```
printf("This is a C++ Program\n");
```

cout允许使用多个插入运算符（<<）将多个输出项插入输出流中。插入运算符（<<）的结合方向是自左向右的。例如：

```
int a=15,b=32;
cout<<"a="<<a<<'\n'<<"b="<<b<<'\n';
```

其输出结果为:

```
a=15
b=32
```

在iostream.h中，定义了一个与'\n'相同的控制字符endl。

```
cout<<"a="<<a<<endl<<"b="<<b<<endl;
```

cout通过控制符setw来设置，格式为:

```
setw(n)
```

表明要为后续的一个输出项预留n列。如果输出项的长度不够n，则数据右对齐；如

果超过 n 列，则按实际长度输出。例如：

```
cout<<"a="<<setw(4)<<a<<"b="<<b<<endl<<"a+b="<<a+b<<endl
  <<"x="<<setw(3)<<x<<endl;
```

其输出结果为：

```
a=□□□5b=10                          //□代表空格
a+b=15
x=3.14159
```

2. 使用标准输入流 cin 输入

从键盘输入数据时，使用 cin 与提取运算符（>>）从输入流中提取数据。例如：

```
int a;
float x;
cin>>a>>x;                          //相当于scanf("%d%f",&a,&x);
```

连续输入多个变量值时，各值以空格或回车分隔。

【例 9.5】流 cin 与 cout 的使用。

程序如下：

```
#include <iostream.h>
void main()
{int score;
  char name[20];
  cout <<"Input your name and score:"
  <<endl;
  cin>>name;                        //输入姓名
  cin>>score;                       //输入成绩
  cout <<"Your name is"<<name<<endl;
  cout <<"Your score is"<<score<<endl;
}
```

运行情况如下：

```
Input your name and score:
TanJing↙
98↙
Your name is TanJing
Your score  is  98
```

不带参数（定义在 iostream.h 中）与带参数的格式控制操作符（定义在 iomanip.h 中）的说明如下。

（1）dec 以十进制形式输入或输出整数。

（2）oct 以八进制形式输入或输出整数。

（3）hex 以十六进制形式输入或输出整数。

（4）ws 用于输入时跳过开头的空白符。

（5）endl 用于输出时换行。

（6）ends 用于输出时插入空格字符。

（7）setbase(int n)为基数转换成n（n的取值为0、8、10或16），可用于输入和输出。

（8）setw(int n)设置域宽为n，可用于输入和输出。

（9）setfill(int c)设置填充字符为c，可用于输出。

（10）setprecision(int n)设置精度为n位，可用于输入和输出，但用于输入时应多加一位。

9.3.2　C++的行注释

程序的注释是解释性语句，你可以在C++代码中包含注释，这将提高源代码的可读性。所有的编程语言都允许某种形式的注释。C++支持单行注释和多行注释。注释中的所有字符会被C++编译器忽略。C++注释以/*开始，以*/终止，例如：

```
/*这是注释*/
/*C++注释也可以
*跨行
*/
```

注释也可以//开始，直到行末为止，例如：

```
#include <iostream>
using namespace std;
int main()
{
  cout << "Hello World";            //输出 Hello World
    return 0;
}
```

注意以下两点。

（1）/*…*/注释方式不能嵌套。

（2）单行注释符//，注释自“//”开始至行尾，适合不超过一行的注释。

9.3.3　const常量定义与使用

在C++语言中，有两种简单的定义常量的方式：使用#define预处理器和使用const关键字。

1. 使用#define预处理器

使用#define预处理器定义常量的形式如下：

```
#define identifier value
```

例如：

```
#include <iostream>
using namespace std;
#define LENGTH 10
#define WIDTH 5
#define NEWLINE '\n'
int main()
```

```
{
  int area;
    area = LENGTH * WIDTH;
  cout << area;
  cout << NEWLINE;
  return 0;
}
```

当上面的代码被编译和执行时，运行结果如下：

```
50
```

2. 使用 const 关键字

使用 const 前缀声明指定类型的常量，定义格式如下：

```
const 类型标识符 常量标识符=常量表达式;
```

例如：

```
const type variable = value;
```

【例 9.6】使用 const 关键字定义常量。

程序如下：

```
#include <iostream>
using namespace std;
int main()
{
  const int LENGTH = 10;
  const int WIDTH = 5;
  const char NEWLINE = '\n';
  int area;
    area = LENGTH * WIDTH;
  cout << area;
  cout << NEWLINE;
  return 0;
}
```

当上面的代码被编译和执行时，运行结果如下：

```
50
```

请注意，把常量定义为大写字母形式，是很好的编程实践。

const 修饰指针时，有以下三种组合。

（1）指向常量的指针，定义格式为：

```
const 类型标识符 *变量名=常量;
```

例如：

```
const char *str="China";
```

或者：

```
char const *str="China";
```

其中：str 是一个指向常量的指针，称为常量指针，它不能改变所指常量的值。例如：

str[0]='S';重新赋值不允许

但指针 str 本身不是一个常量，而是一个变量，可以指向另一个常量。例如：

```
str="Changsha";
```

特点是指针所保存的地址可以改变，然而指针所指向的值却不可以改变。

（2）指针为常量，称为指针常量，定义格式为：

```
类型标识符 *const 指针变量名=常量;
```

例如：

```
char *const str="China";
```

不能写为：

```
char const *str="China";
```

str 是一个常量，不能修改 str 的值，例如：

```
str="Changsha";
```

在 C++中是非法的。但 str 没有定义为指向常量，其所指的值可以改变，例如：

```
str[0]='S';
```

是合法的。其特点是指针指向的数值可以改变，然而指针所保存的地址却不可以改变。

（3）指向常量的常指针，指针和它所指的对象都为常量，定义格式为：

```
const 类型标识符 *const 变量名=常量;
```

例如：

```
const char *const str="China";
```

指针 str 不能指向"China"以外的字符串，也不能改变指针所指的对象，例如下面的操作都是错误的。

```
str="Changsha";
str[2]='A';
```

其特点是指针所保存的地址不可变，指针所指向的数值也不可变。

9.3.4　局部变量的定义与全局变量作用域运算符

作用域是程序的一个区域，一般来说，有三个地方可以定义变量。

在函数或一个代码块内部声明的变量，称为局部变量。

在函数参数的定义中声明的变量，称为形式参数。

在所有函数外部声明的变量，称为全局变量。

1. 局部变量的定义

在函数或一个代码块内部声明的变量，称为局部变量。它们只能被函数内部或者代码块内部的语句使用。C++语言把局部变量的定义看成是执行语句，只要在局部变量首次使用前已定义即可。这样，可将变量定义置于使用该变量的语句之前，便于阅读和修改。

【例 9.7】输入一个部门职工的工资，求平均工资。

程序如下：

```
#include <iostream.h>
const int MaxN=40;                          //MaxN 表示每班的最多人数
```

```
void main()
{
  int n;
  float sum=0;                        //sum 用于存放职工的工资总和
  cout<<"请输入职工人数: ";
  cin>>n;
  for(int i=1;i<=n;i++)               //使用前定义 i
  {float wages;
    cout<<"\n 输入第"<< i <<"位职工工资: ";
    cin>>wages;
    sum+=wages;
    { cout<<"继续吗? ";
      char y_or_n;                    //C 语言要求这种变量定义必须从块开始
      cin>>y_or_n;
      if(y_or_n = ='N'||y_or_n = ='n')break;}
  }
 cout<<"\n 职工人数为:"<<n<<endl<<"平均工资为:"<<sum/n<<endl;
}
```

2. 全局变量作用域运算符（::）

在所有函数外部定义的变量（通常是在程序的头部），称为全局变量。全局变量的值在程序的整个生命周期内都是有效的。全局变量可以被任何函数访问。也就是说，全局变量一旦声明，在整个程序中都是可用的。

【例 9.8】变量作用域。

（1）在局部变量作用域内的程序如下：

```
include <stdio.h>
int i=3;
main()
{ float i=3.16;
 printf("i=%f\n",i);
  }
```

输出结果为：3.160000

C 语言规定：局部变量与全局变量同名时，在局部变量作用域内，全局变量被屏蔽。

（2）通过作用域运算符（::）来使用全局变量 a 的程序如下：

```
#include <iostream.h>
int i=3;
void main()
{ float i=3.16;
cout<<"i="<<::i<<endl;
  }
```

输出结果为：i=3

9.3.5　变量的引用

引用变量是一个别名，也就是说，它是某个已存在变量的另一个名字。一旦把引用初始化为某个变量，就可以使用该引用名称或变量名称来指向变量。

1. 引用的概念

引用是以别名的方式来使用另一个变量或常量,其作用是为变量取一个别名。

引用的声明格式如下：

```
类型标识符 &引用名;
```

其中，&为引用声明符，不是取地址，例如：

```
int a;
int &b=a;
```

b 是 a 的引用，即 b 是 a 的别名，对 b 的任何操作就是对 a 的操作。a 和 b 具有相同的存储单元，只是名称不同而已，b 就是 a 本身。

使用引用时，应注意以下几个方面。

（1）创建一个引用时必须将其初始化成对某一具体变量或常量的引用。

（2）程序中不能改变引用对象，即不能改变对另一变量或常量的引用。

（3）必须确保引用与一个合法的存储单元相连。

（4）对常量的别名引用必须是 const 类型的引用。

2. 引用作为函数参数

C 语言中，函数的参数传递有两种：一是值传递，即把变量名作为实参；二是指针传递。

C++扩展函数参数传递的第三种方式，即用引用型变量作为函数参数。

1）值传递

【例 9.9】函数值传递。

程序如下：

```
#include <iostream.h>
void Swap(int x,int y)
{ int temp;
temp=x;
x=y;
y=temp;
  cout<<"x="<<x<<","<<"y="<<y<<endl;}
void main()
{ int i=3,j=5;
cout<<"i="<<i<<","<<"j="<<j<<endl;
Swap(i,j);
cout<<"i="<<i<<","<<"j="<<j<<endl;}
```

程序执行结果为：

```
i=3,j=5
x=5,y=3
i=3,j=5
```

2）传递变量的指针

【例 9.10】指针传递。

程序如下：

```
#include <iostream.h>
void Swap(int *p1,int *p2)
{ int temp;
  temp=*p1;
  *p1=*p2;
  *p2=temp;
  }
void main()
{ int x=3,y=5;
  cout<<"x="<<x<<","<<"y="<<y<<endl;   //输出 x、y 交换前的值
  Swap (&x,&y);                        //实参为地址,即变量的指针
  cout<<"x="<<x<<","<<"y="<<y<<endl;   //输出 x、y 交换后的值
  }
```

程序执行结果为：

```
x=3,y=5
x=5,y=3
```

3）引用作为函数参数

【例 9.11】引用作为函数参数。

程序如下：

```
#include <iostream.h>
void Swap(int &x,int &y)             //声明 x、y 是整型引用变量，没有初始化
{ int temp;
  temp=x;x=y;y=temp;
  cout<<"x="<<x<<","<<"y="<<y<<endl;   //输出 x、y 交换后的值
  }
void main()
{ int i=3,j=5;
  cout<<"i="<<i<<","<<" j="<<j<<endl; //输出调用 swap 前 i、j 的值
  Swap(i,j);
  cout<<"i="<<i<<","<<"j="<<j<<endl;   //输出调用 swap 后 i、j 的值
  }
```

程序执行结果为：

```
i=3,j=5
x=5,y=3
i=5,j=3
```

【例 9.12】引用作为函数的返回值。

程序如下：

```
#include <iostream.h>
int &Square(int &x)                  //引用型函数
{ x=x*x;
  return x;}                         //返回引用型变量值(实参的别名引用)
```

```
void main()
{ int t=3;
  cout<<Square(t)<<endl;              //使用t对引用型形参x初始化，x是t的别名
  cout<<"t="<<t<<endl;                //调用后t的值
  t=3;
  cout<<++Square(t)<<endl;
  cout<<"t="<< t<<endl;               //调用后t的值
  }
```

程序执行结果为：

```
9
t= 9
10
t=10
```

引用通常用于函数参数列表和函数返回值中。表 9-2 列出了学习 C++语言必须清楚的两个与 C++引用相关的重要概念。

表 9-2 C++引用的重要概念

概念	描述
把引用作为参数	C++支持把引用作为参数传给函数，这比传递一般的参数更安全
把引用作为返回值	可以从 C++函数中返回引用，就像返回其他数据类型一样

9.3.6 函数重载

C++允许同一作用域中的某个函数指定多个定义，即允许同一作用域使用同一函数名来定义不同的函数，称为函数重载。

重载运算符是指允许同一作用域中的某个运算符指定多个定义，即允许同一作用域使用同一运算符来定义不同的运算。重载运算符是带有特殊名称的函数，函数名是由关键字 operator 和其后要重载的运算符符号构成的。与其他函数一样，重载运算符有一个返回类型和一个参数列表。

重载声明是指一个与之前已经在该作用域内声明过的函数或方法具有相同名称的声明，但是它们的参数列表和定义（实现）不相同。

当调用一个重载函数或重载运算符时，编译器通过把所使用的参数类型与定义中的参数类型进行比较，决定选用最合适的定义。选择最合适的重载函数或重载运算符的过程，称为重载决策。

重载函数的参数必须具备以下差别之一。

（1）函数参数个数不同。

（2）函数参数类型不完全相同。

注意：仅返回类型不同的函数不能重载;若函数参数除其中一个是另外一个的类型的

const或引用外，其他均相同，则不能重载。

例如求两数之和的函数，如下：

```
int Sum(int n,int m);
```

正确的重载如下：

```
float Sum(float n,float m);         //参数类型不同，可以重载
int Sum(int n,int m,int p);         //参数个数不同，可以重载
```

错误的函数重载如下：

```
float Sum(int n,int m);             //仅返回类型不同，不能重载
int Sum(const int n,int m);         //参数是同类型的const，不能重载
int Sum(int &n,int m);              //参数是同类型的引用，不能重载
```

【例9.13】利用重载函数求不同类型、不同个数的数的最小值。

程序如下：

```
#include <iostream.h>
int Min(int a,int b)
{ return a<b?a:b;}
int Min(int a,int b,int c)
{ int temp;
  if (a<b) temp=a;
  else temp=b;
if (temp>c) temp=c;
  return temp;}
float Min(float a,float b,float c)
{ float temp;
  if (a<b) temp=a;
  else temp=b;
if (temp>c) temp=c;
return temp;}
int main()
{ cout<<endl<<Min(3,5)<<endl;
  cout<<Min(6,2,8)<<endl;
  float min,a=12.2,b=18.1,c=28.6;
  min=Min(a,b,c);
  cout<<min<<endl;
  return 0; }
```

输出结果如下：

```
3
2
12.2
```

9.3.7 带默认参数的函数

使用默认参数函数时应注意以下几点。

（1）一旦某参数定义了默认值，其后续参数（即其右边的所有参数）均须定义默认值，例如，

```
int Fmax(int a,int b=0,int c);
```

语句是错误的，因为b有默认值，所以c也必须有默认值。

（2）调用含默认参数的函数时，若某参数使用默认值，则其后的所有参数都应使用默认值，例如，

```
Fmax(a, ,c);
```

语句是错误的，因为b使用了默认值，所以c也必须使用默认值。

（3）如在函数原型（即函数声明）中定义了默认参数，就不能在函数原型有效范围里的函数定义中再设置默认参数。若在函数定义时设置默认参数，则不能在函数体外再说明默认参数的函数原型。

①错误一。

```
int Fmax(int a,int b,int c=-32768);
//在原型中设置默认值
…
int Fmax(int a,int b,int c=-32768)
//错误：前面的函数原型已经设置默认值
{…}
```

或者直接在函数定义时设置默认值：

```
int Fmax(int a,int b,int c=-32768)
//允许：前面没有说明函数原型，可以在定义函数时设置默认值
{…}
```

②错误二。

编译器不以形参名来区分，例如：

```
int add(int x,int y);
int add(int a,int b);
```

③错误三：

编译器不以返回值来区分，例如：

```
int add(int x,int y);
void add(int x,int y);
```

④错误四。

不要将不同功能的函数声明为重载函数，以免出现调用结果的误解、混淆。

函数定义1。

```
int add(int x,int y)
{ return x+y;}
```

函数定义2。

```
float add(float x,float y)
{ return x-y;}
```

（4）不要同时使用重载函数与默认参数函数，因为在调用函数时，如果实参与形参个数不同，则系统无法判断是使用重载函数还是默认参数函数。这也是使用默认参数函数带来的副作用。

（5）默认参数函数的使用提高了函数的易用性，但过度使用会降低程序的可读性。

【例 9.14】求三个整数的最大值。

程序如下：

```
#include <iostream.h>
int Fmax(int x,int y,int z=-32768)
{ int temp;
  temp=x>y?x:y;
  if (temp<z) temp=z;
  return temp;}
void main()
{ int m,n,q,max;
  cout<<"Input m,n,q: ";
  cin>>m>>n>>q;
  max=Fmax(m,n,q);
  cout<<"Max="<<max<<endl;
  cout<<"Input m,n:";
cin>>m>>n ;
  max=Fmax(m,n);
  cout<<"Max="<<max<<endl;
  }
```

程序执行结果如下：

```
Input m,n,q:9   3   6 ↙
Max=9
Input m,n,q:6   3 ↙
Max=6
```

9.3.8 内联函数

对于经常要使用的代码段，为了方便使用，会将其封装成函数。然而，当调用函数时会建立栈帧，这增加了额外的开销。为了节省开销，在 C 语言中会使用宏替换，但宏也有以下一些缺点：不能调试；由于宏使用简单的文本替换，对于有些情况，在同一个作用域中，同一个宏使用两次会出现重定义错误。例如：

```
#define SWAP(a,b)
  int tmp = a;
  a = b;
  b = tmp;
int main()
{
  int x = 10;
  int y = 5;
  SWAP(x, y);
  SWAP(x, y);                          //此处会出错
  system("pause");
  return 0;
}
```

在 C++语言中，以 inline 修饰的函数叫内联函数。编译时，C++编译器会调用内联函

数来展开，内联函数有以下特点。

（1）内联函数是以空间换时间的做法，节省了调用函数的额外开销，所以代码很长或者有循环/递归的函数不适合使用内联函数。

（2）对编译器而言，如果定义的函数体内有递归/循环等，则编译器优化时会自动忽略内联函数。

（3）inline 必须与函数定义放在一起才能成为内联函数，仅将内联放在声明前是不起作用的。

（4）内联函数只会用在函数内容非常简单的情况，如果内联函数代码过多，则会造成可读性差等问题。例如：

```
class A
{
public:/*inline*/void fun();      //放在这里不起作用
private:
int a;
};
inline void A::fun()
{
cout << "inline void A::fun()" << endl;
}
```

定义在类内的成员函数默认定义为内联函数。可以使用所在类的保护成员和私有成员，例如：

```
class A
{
public:
void fun()
{
//默认为内联
}
private:
int a;
};
```

为什么 inline 能够很好地取代预定义？因为：inline 定义的内联函数，函数的代码在使用时直接被替换，没有调用开销，提升了效率；类的内联函数也是函数，编译器在调用时会检查它的参数，消除隐患；定义在类内的成员函数默认定义为内联函数。可以使用所在类的保护成员和私有成员。

C++编译器使用“内联函数”函数体中的代码替换原来的函数调用，同时将实参代替形参，如同预处理时的宏替换。

使用内联函数应注意以下几点。

(1)内联函数的定义必须出现在该函数的调用之前，最简单的方法是放在头文件中。

（2）在类中定义的成员函数自动成为“内联函数”。

（3）递归函数不能作为内联函数。

（4）通常只将调用相对少的短函数定义为“内联函数”，循环中最好不要使用内联函数。

（5）在内联函数中不能含有复杂的控制结构，如 switch、while。

9.3.9 动态内存

C++程序中的内存分为两个部分：①栈，即在函数内部声明的所有变量都将占用栈内存；②堆，这是程序中未使用的内存，程序运行时可用于动态分配内存。

很多时候，由于无法提前预知需要多少内存来存储某个定义变量中的特定信息，所以要在运行时才能确定所需内存的大小。在 C++中，可以使用特殊的运算符为给定类型的变量在运行时分配堆内的内存而返回所分配的空间地址，这种运算符就是 new 运算符。如果不再需要动态分配的内存空间，则可以使用 delete 运算符删除之前由 new 运算符分配的内存。

下面是使用 new 运算符来为任意数据类型动态分配内存的通用语法：

```
new data-type;
```

这里，data-type 可以是包括数组在内的任意内置的数据类型，也可以是包括类或结构在内的用户自定义的任何数据类型。

让我们先来看看内置的数据类型。例如，可以使用 new 运算符来定义一个指向 double 类型的指针，然后请求执行时分配内存：

```
double* pvalue = NULL;            //初始化为 null 的指针
pvalue = new double;              //为变量请求内存
```

如果自由存储区已被用完，则可能无法成功分配内存。所以建议检查 new 运算符是否返回 NULL 指针，并采取以下适当的操作：

```
double* pvalue = NULL;
if(!(pvalue = new double ))
{
  cout << "Error: out of memory." <<endl;
  exit(1);
}
```

malloc 函数在 C 语言中就出现了，在 C++中仍然存在，但建议尽量不要使用 malloc 函数。new 函数与 malloc 函数相比，其优点是，new 不只分配了内存，它还创建了对象。

任何时候，当某个已经动态分配内存的变量不再需要使用时，可以使用 delete 操作符释放它所占用的内存，如下所示：

```
delete pvalue;                    //释放 pvalue 所指向的内存
```

new 用于分配存储单元，格式如下：

```
new  数据类型
```

或者：

```
new  数据类型[元素个数];                    //对数组
```

示例如下。

（1）分配一个整型单元（2 字节），返回地址指针并赋给 p。

```
int *p;
p= new int;
```

（2）分配一个浮点 4 字节用于浮点数，返回地址指针并赋给 pf。

```
float *pf=new float;
```

（3）申请一块 80 个字符的空间：

```
char *PAarrayNew=new char[80];
```

delete 释放用 new 分配的空间，格式如下：

```
delete 指向分配空间的指针变量;
//分配的是单个对象空间
```

或者：

```
delete []指向分配空间的指针变量;
//分配的是数组空间
```

例如：

释放（1）的内存：

```
delete p;
```

释放（3）的空间：

```
delete []PArrayNew;
```

注意：①使用 new 分配存储单元，必须指明存放数据的数据类型，据此自动确定分配所需内存，返回其首地址。若无法分配到所要的内存，则返回 0。②使用 new 分配的存储单元，必须使用 delete 释放。③使用 new 分配的存储块不能自动初始化为 0，但可以在分配时使用表达式或表达式序列显式初始化存储单元。new 不能自动对数组进行初始化。例如：

```
int *P_Int=new int (0);            //new 申请一个整型变量，并初始化为 0
int *PArray=new int [10](0);       //错误：不允许初始化数组
```

又如：

```
struct STU
{char *name;
  char *id;
  float score;
  }*PStu;
PStu=new STU;                      //为用户定义类型分配存储单元
PStu->name="LiXiaolong";           //初始化存储单元
PStu->id="201807154301";
PStu->score=88;
```

面向对象程序设计方法就其实质而言是一种面向数据的程序设计方法，它谋求的是设计结果与问题在结构上保持一致。

【例 9.15】new 与 delete 的使用。

程序如下：

```
#include <iostream>
using namespace std;
int main()
{
  double* pvalue = NULL;          //初始化为 null 的指针
  pvalue = new double;            //为变量请求内存
  *pvalue = 29494.99;             //在分配的地址存储值
  cout << "Value of pvalue : " << *pvalue << endl;
    delete pvalue;                //释放内存
    return 0;
}
```

9.4 C++面向对象程序设计

C++语言在C语言的基础上增加了面向对象编程，C++语言支持面向对象程序设计。面向对象的程序设计语言应具有如下特征。

（1）支持对象（object）的有关概念。

（2）将对象抽象为类（class）。

（3）类通过继承（inheritance）形成类层次。

（4）对象间通过传递消息（message）而相互联系。

9.4.1 类与对象

类是 C++语言的核心特性，通常称为用户定义的类型。类用于指定对象的形式，它包含数据表示法和用于处理数据的方法。类中的数据和方法称为类的成员。函数在一个类中称为类的成员。

1. C++对结构的扩充

C 结构中只含有数据成员；C++结构中增加了与数据成员处理有关的函数，称为成员函数。在 C++中，结构体的成员通常分为两类：私有成员（private）和公有成员（public）。

【例 9.16】C++的结构体。

程序如下：

```
#include <iostream.h>
#include <math.h>
struct COMPLEX
{ double re;
  double im;
  double AbsComplex()
  { double temp;
```

```
    temp=re*re+im*im;
    return sqrt(temp);}
};
int main()
{ COMPLEX cpl;
  cpl.re=6;
  cpl.im=8;
  cout<<"复数"<<cpl.re << '+'<<
  cpl.im <<'i'<<"的绝对值为:";
  cout<<cpl.AbsComplex()<<endl;
  return 0;
}
```

程序执行结果如下：

```
复数 6+8i 的绝对值为:10
```

2. 类与对象

类就是一组具有相同属性（特征）和操作（行为）的事物。类由对象抽象而成，一个“对象”就是一个“类”的具体实例。对象具有以下特征：对象的标志符或名字；描述对象的属性；与对象的属性有关的操作。例如，“李小龙”是一个“学生”对象。

类声明形式如下：

```
class 类名
{private:
    私有数据成员和成员函数
  public:
    公有数据成员和成员函数
  protected:
    保护数据成员和成员函数
  }对象名表;
```

说明如下。

（1）类声明中的 private、public 和 protected 三个关键字的出现次序和次数可以任意。如果 private 在类声明一开始就出现，则可以省略。

（2）private、public 和 protected 用来设置访问安全保护措施：private 后声明的数据成员和成员函数只能被类的成员和友元函数访问；public 后声明的数据成员和成员函数没有访问限制；protected 与 private 基本相似，不同之处在于，子类可以使用 protected 之后声明的数据成员和成员函数，但不能使用 private 之后声明的数据成员和成员函数。

（3）数据成员的数据类型可以是任何数据类型，但不能使用 auto、register 或 extern 修饰，且不能在类声明时赋初值。

示例如下：

```
class Cstudent
{ private:                              //下面是该类的三个私有成员
    char Name[20];
    int Id;
```

```
    int Score;
  public:                              //公有成员
    void display()                     //类的成员函数，是类的实现
    { cout<<Name<<endl;
      cout<<Id<<endl;
      cout<<Score<<endl;}
};                                     //类定义结束，其后的分号不能少
Cstudent st1,st2;                      //创建Cstudent类的两个对象st1、st2
```

类中的常见成员函数有以下几种。

（1）构造函数：用来对数据成员进行初始化，创建对象时调用，名字与类名相同，一个类可有多个构造函数，但参数个数或类型应不同。

（2）析构函数：用来释放分配给对象的空间，撤销对象时调用，名字是在构造函数名前加一个波浪号（~），且函数没有参数，无返回值，一个类只有一个析构函数。

（3）静态成员函数：成员函数之前有“static”关键字，一般用于静态数据成员或全局变量的访问，与静态数据成员一样，为该类的所有对象共享。

（4）内联成员函数：一般在类内部定义，调用该成员函数时，C++编译器将使用函数体中的代码替代函数调用表达式。

（5）虚函数：成员函数前有“virtual”关键字。

（6）const 成员函数：const 对象是一个常量，非 const 成员函数有可能修改数据成员，const 成员函数是用来为 const 对象服务的。

（7）友元函数：声明时函数前加“friend”关键字。它可以是另一个类的成员函数，也可以是不属于任何类的普通函数。

【例 9.17】类的使用。

程序如下：

```
#include <string.h>
#include <iostream.h>
class Cstudent
{ private:
    int Num;                           //学号
    float Score;                       //成绩
  public:
  char Name[20];
  void  SetScore(float Blscore)
  {Score=Blscore;}
  float DisScore()
  {return Score;}
  void SetNum(int Numnum);
//设置学号成员函数声明
int DisNum();                          //声明显示学号函数
  //声明显示类的各成员变量的成员函数
  void Display()
```

```
  {cout<<Name<<endl;
   cout<<Num<<endl;
   cout<<Score<<endl;                }
  };                                 //类定义结束，其后的分号不能少
//在类的外部实现定义学号成员函数
int Cstudent::DisNum()
{return Num;}
void Cstudent::SetNum(int Numnum)
{Num=Numnum;}
```

在主函数中使用类，程序如下：

```
int main()
{ Cstudent LiXiaolong;              //创建一个 Cstudent 类对象 LiXiaolong
  strcpy(LiXiaolong.Name,"李小龙");
  //Name 是类的公有数据成员，可以在类外使用
  LiXiaolong.SetNum(2018);
  //学号与成绩是私有成员，只能由成员函数使用
  //不能 LiXiaolong.Num=2018;
  LiXiaolong.SetScore(88);
  cout <<"姓名: "<< LiXiaolong.Name<< endl;
  cout <<"学号: "<< LiXiaolong.DisNum()<< endl;
  cout <<"成绩: "<< LiXiaolong.DisScore()<< endl;
  LiXiaolong.Display();
  return 0;
}
```

程序执行结果如下：

```
姓名: 李小龙
学号: 2018
成绩: 88
李小龙
2018
88
```

外部定义成员函数的一般格式如下：

```
函数类型  类名::函数名(形参说明表列)
{
  函数体
}
```

例如，设置例 9.17 中的学号成员函数，程序如下：

```
void Cstudent::SetId(int Idnum)
{Id=Idnum;}
```

注意：Cstudent::SetId(int Idnum)是一个整体，说明 SetId 是类 Cstudent 中的成员函数。

消息是对象与对象之间的联系接口，用于调用某个对象的成员函数（或称激活某个方法）。

一个消息由三个部分组成：①消息的接收对象，即“类”的对象名；②消息名，即类中公有成员函数的函数名；③零个或多个参数，即公有成员函数的形式参数。例如：

向“STUDENT”类中的一个对象“LiXiaolong”发送一个消息，通知它执行“Display”方法，消息表示为：

```
LiXiaolong.Display();
```

其中：LiXiaolong 为消息接收的对象；Display 为消息名。

消息不带参数，对象由相应的方法对消息进行响应。

9.4.2 构造函数与析构函数

1. 构造函数

类的构造函数是类的一种特殊的成员函数，它会在每次创建类的新对象时执行。构造函数的名称与类的名称是完全相同的，并且不会返回任何类型，也不会返回 void。构造函数可用于为某些成员变量设置初始值。

构造函数的声明格式如下：

```
class 类名
{ public:
  类名();                              //默认构造函数原型
  类名(参数表);                        //一般构造函数原型
  类名(类名&对象名);                   //拷贝构造函数原型
 };
```

默认的构造函数没有任何参数，但如果需要，构造函数也可以带有参数。这样在创建对象时就会给对象赋初始值。

1）不带参数的构造函数

【例 9.18】默认构造函数。

程序如下：

```
#include <iostream>
using namespace std;
class Line
{
   public:
      void setLength(double len);
      double getLength(void);
      Line();  //这是构造函数
   private:
      double length;
};
//成员函数定义,包括构造函数
Line::Line(void)
{
    cout << "Object is being created" << endl;
}
void Line::setLength(double len)
{
    length = len;
```

```
}
double Line::getLength(void)
{
   return length;
}
//程序的主函数
int main()
{
  Line line;
  //设置长度
  line.setLength(6.0);
  cout << "Length of line : " << line.getLength() <<endl;
  return 0;
}
```

程序执行结果如下：

```
Object is being created
Length of line : 6
```

2）带参数的构造函数

【例 9.19】带参数构造函数的使用。

程序如下：

```
#include <iostream>
using namespace std;
class Line
{
  public:
    void setLength(double len);
    double getLength(void);
    Line(double len);  //这是构造函数
  private:
    double length;
};
//成员函数定义，包括构造函数
Line::Line(double len)
{
    cout << "Object is being created,length = " << len << endl;
    length = len;
}
void Line::setLength(double len)
{
    length = len;
}
double Line::getLength(void)
{
    return length;
}
//程序的主函数
int main()
```

```
{
    Line line(10.0);
    //获取默认设置的长度
    cout << "Length of line : " << line.getLength() <<endl;
    //再次设置长度
    line.setLength(6.0);
    cout << "Length of line : " << line.getLength() <<endl;
    return 0;
}
```

程序执行结果如下：

```
Object is being created,length = 10
Length of line : 10
Length of line : 6
```

注意：带形参的构造函数可根据参数的不同完成不同的初始化。

3）复制构造函数

当构造函数将自己所在的类的引用作为参数时，称为复制构造函数。

复制构造函数的定义如下：

```
C:: C(const C&Cx)
{
…
}
```

利用“复制构造函数”可根据已初始化的同类对象来对新创建的对象进行初始化。新对象与被复制对象虽然初值相同，但占用不同的存储空间。

【例 9.20】复制构造函数的使用。

程序如下：

```
#include <string.h>
#include <iostream.h>
class Cstudent
{ private:
    char Name[20];
    int Id;
    int Score;
  public:
    Cstudent(char n[20],int i,int sc=0)
    //普通构造函数,有形参,参数可默认
    { strcpy(Name,n);
      Id=i;
      Score=sc; }
  Cstudent(const Cstudent &Cst)
  //拷贝构造函数,其参数为"引用"常量对象
  { strcpy(Name,Cst.Name);
    //利用对象 Cst 进行初始化
    Id=Cst.Id;
Score=Cst.Score;}
void Display()
```

```
  {cout<<"姓名: "<<Name<<" "
       <<"学号: "<<Id<<" "
       <<"成绩: "<<Score<<endl;}
  };
int main()
{ Cstudent LiXiaolong("李小龙",3301,98);
//使用普通构造函数创建LiXiaolong
Cstudent WangWu(LiXiaolong);
//使用拷贝构造函数创建对象WangWu
//使用已有对象LiXiaolong的值对WangWu进行初始化
LiXiaolong.Display();
WangWu.Display();
return 0;
}
```

程序执行结果如下：

```
姓名: 李小龙  学号: 3301  成绩: 98
姓名: 李小龙  学号: 3301  成绩: 98
```

对没有定义构造函数的类，若类的全部数据成员均为公有数据成员，则其对象的数据成员可以像结构体变量一样来初始化。

【例 9.21】this 指针的用法。

程序如下：

```
#include <string.h>
#include <iostream.h>
class Cstudent
{ public:
    char Name[20];
    int Id;
    int Score;
    void Display()
    { cout<<"姓名: "<<Name<<endl;
      cout<<"学号:"<<Id<<endl;
      cout<<"成绩:"<<Score<<endl; }
  }LiXiaolong={"李小龙",2018,88};
int main()
{ LiXiaolong.Display();
  return 0;
}
```

程序执行结果如下：

```
姓名: 李小龙
学号: 2018
成绩: 88
```

隐含的对象指针: this

这里，this 是一个隐含指针，不能被显式地声明，它是一个局部变量。

对象的每个成员函数都有一个指向该对象的指针。对象的成员函数通过 this 指针可以知道自己属于哪一个对象，哪些成员属于同一个对象。通过 this 指针，同一个对象的成员可以互相调用，而无需指明成员所在的对象。

this 指针指向具体的对象，可以显式地使用，例如：

```
class X
{ int Xi;
    public:
    X(int I)
    {Xi=I;}                         //隐含使用 this 指针
};
```

以上程序相当于：

```
class X
{ int Xi;
    public:
    X(int I)
    {this->Xi=I;}                   //显式地使用 this 指针
};
```

2. 析构函数

类的析构函数是类的一种特殊的成员函数，它会在每次删除所创建的对象时执行。析构函数的名称与类的名称是完全相同的，只是在前面加了个波浪号（～）作为前缀，它不会返回任何值，也不能带任何参数。析构函数有助于在跳出程序（比如关闭文件、释放内存等）前释放资源。

如果一个类没有显式地说明析构函数，则系统自动生成一个默认的析构函数。

【例 9.22】用户自定义析构函数。

程序如下：

```
#include <iostream>
using namespace std;
class Line
{
  public:
    void setLength( double len );
    double getLength( void );
    Line();                         //这是构造函数声明
    ~Line();                        //这是析构函数声明

  private:
    double length;
};
//成员函数定义,包括构造函数
Line::Line(void)
{
    cout << "Object is being created" << endl;
}
Line::~Line(void)
{
```

```
   cout << "Object is being deleted" << endl;
}
void Line::setLength( double len )
{
   length = len;
}
double Line::getLength(void)
{
   return length;
}
//程序的主函数
int main()
{
  Line line;
  //设置长度
  line.setLength(6.0);
  cout << "Length of line : " << line.getLength() <<endl;
  return 0;
} #include <iostream>
using namespace std;
class Line
{
  public:
    void setLength(double len);
    double getLength(void);
    Line();                          //这是构造函数声明
    ~Line();                         //这是析构函数声明
  private:
    double length;
};
//成员函数定义，包括构造函数
Line::Line(void)
{
   cout << "Object is being created" << endl;
}
Line::~Line(void)
{
   cout << "Object is being deleted" << endl;
}
void Line::setLength( double len )
{
   length = len;
}
double Line::getLength( void )
{
   return length;
}
//程序的主函数
int main()
```

```
{
  Line line;
  //设置长度
  line.setLength(6.0);
  cout << "Length of line : " << line.getLength() <<endl;
  return 0;
}
```

程序执行结果如下：

```
Object is being created
Length of line : 6
Object is being deleted
```

9.4.3 静态成员

静态成员，指的是在C++类中声明成员时可以加上static关键字，这样声明的成员就叫静态成员。一旦把类的成员函数声明为静态，就为所有该类的对象所共享。任意一个对象对静态成员的操作结果都会影响该类的其他对象。使用静态数据成员的主要目的是实现类的不同对象之间的共享数据。

类的静态成员分为静态数据成员与静态成员函数。例如：

```
class test{
public:
test(){}
~test(){}
public:
//静态成员函数
static int getCount(){
return m_nCount;
}
private:
//静态数据成员
static int m_nCount;
};
int test::m_nCount=0;
```

1. 静态数据成员

静态数据成员的格式如下：

```
static  数据类型  数据成员变量名;
```

静态数据成员不能在构造函数中进行初始化，必须在使用之前放在类外进行，也不需要加static。静态数据成员初始化的格式如下：

```
数据类型  类名::静态数据成员名=初始值;
```

2. 静态成员函数

静态成员函数的格式如下：

```
static  成员函数声明;
```

静态成员函数既可以通过对象来调用，也可以不通过对象而直接调用。直接调用时，必须指明其所属的类，以确定是调用静态成员函数。静态成员函数只能与类联系，不属于任何对象。

【例 9.23】静态数据成员与静态成员函数的使用。

程序如下：

```
//定义 Student 类
#include <iostream>
class Student
{
public:
//定义构造函数
Student(int n,int a,float s):num(n),age(a),score(s){ }
void total();
//声明静态成员函数
static float average();
private:
    int num;
    int age;
    float score;
    //静态数据成员,累计学生的总分
    static float sum;
    //静态数据成员,累计学生的人数
    static int count;
};
//在全局作用域对静态数据成员初始化,如果不赋给初值,则使用其默认值零
float Student::sum;
int Student::count;
//定义非静态成员函数
void Student::total()
{
    //累加总分
    sum+=score;
    //累计已统计的人数
    count++;
}
//定义静态成员函数
float  Student::average()
{
    return(sum/count);
}
int main()
{
    Student stud[3]={
    //定义对象数组并初始化
    Student(1001,18,70),
    Student(1002,19,78),
    Student(1005,20,98)
```

```
};
int n;
std::cout<<"please input the number of students: ";
 //输入要求前面多少名学生的平均成绩
std::cin>>n;
//调用 3 次 total 函数
for(int i=0;i<n;i++)
{
   stud[i].total();
}
//调用静态成员函数
std::cout<<"the average score of "<<n<<"students is
"<<Student::average()<<std::endl;
return 0;
}
```

输出结果如下：

```
please input the number of students:3
the average score of 3 students is 82
```

9.4.4 友元

友元函数是指某些虽然不是类成员却能够访问类的所有成员的函数。类授予了它的友元特别的访问权。友元可以在类的私有部分或公有部分声明，其方法是在友元名称前加关键字 friend。

友元函数的声明形式如下：

```
friend  函数类型  函数名(参数表);
```

说明：

（1）必须在类的说明中说明友元函数，说明时以关键字 friend 开头，后跟友元函数的函数原型，友元函数的说明可以出现在类的任何地方，包括在 private 和 public 部分。

（2）注意友元函数不是类的成员函数，所以友元函数的实现和普通函数的一样，在实现时不用“::”指示属于哪个类，只有成员函数才使用“::”作用域符号。

（3）友元函数不能直接访问类的成员，只能访问对象成员。

（4）友元函数可以访问对象的私有成员，但普通函数不行。

（5）调用友元函数时，在实际参数中需指出要访问的对象。

（6）类与类之间的友元关系不能继承。

（7）一个类的成员函数也可以作为另一个类的友元，但必须先定义这个类。

【例 9.24】使用友元函数计算两点之间的距离。

程序如下：

```
#include <iostream>
#include <cmath>
using namespace std;
```

```
//使用友元函数计算两点之间的距离
class Point{
public:
    Point(int xx = 0,int yy = 0) {X = xx; Y = yy;}
    int GetX() {return X;}
    int GetY() {return Y;}
    friend float fDist(Point &a,Point &b);
private:
    int X,Y;
};

float fDist(Point &p1, Point &p2){
    double x = double(p1.X - p2.X);
    //通过对象访问私有数据成员，而不是必须使用Getx()函数
    double y = double(p1.Y - p2.Y);
    return float(sqrt(x*x + y*y));
}
int main(){
    Point p1(1, 1), p2(4, 5);
    cout << "the distance is:";
    cout << fDist(p1, p2) << endl;//计算两点之间的距离
    return 0;
}
```

9.4.5 继承与派生

面向对象程序设计中最重要的一个概念是继承。继承允许我们依据另一个类来定义一个类，这使得创建和维护一个应用程序变得更容易。

当创建一个类时，不需要重新编写新的数据成员和成员函数，只需指定新建的类已继承一个已有的类的成员即可。这个已有的类称为基类，新建的类称为派生类。

继承代表 is a 关系，例如，哺乳动物是动物，狗是哺乳动物，因此，狗是动物，等等。

1. 基类&派生类

基类是若干“类”的共性进一步抽象后形成的更抽象的类。派生类又称子类，是从一个已有类的基础上创建的新类。派生类继承了基类的所有数据成员与成员函数，不必重复定义基类中已有的相同成员。通过继承，类与类之间形成了一个层次结构：

```
上层为基类(父类)
下层为派生类(子类)
```

如果一个派生类只有一个基类，则称之为单一继承；如果一个派生类有若干个基类，则称之为多重继承。

2. 派生类声明

对单一继承，声明派生类的格式如下：

```
class  派生类名: 派生方式  基类名
{
//派生类新增的数据成员和成员函数
};
```

派生方式即引用权限，它反映了基类成员在派生类中的访问权限，有以下三种方式：

```
Private,为默认的派生方式
Public
Protected
```

对多重继承，声明派生类的格式如下：

```
class  派生类名:派生方式1 基类1,派生方式2  基类2,…
{
//派生类新增的数据成员和成员函数
};
```

例如：

```
class Z: W, public X, protected Y
{
//派生类Z新增的数据成员和成员函数
};
//类Z私有继承了类W, 公有继承了类X, 保护继承了类Y
```

3. 派生类的构造函数

派生类在继承基类的成员时，唯一不能继承的是基类中的构造函数和析构函数。当基类含有带参数的构造函数时，派生类必须定义构造函数，以提供将参数传递给基类的构造函数的途径。

派生类构造函数的一般格式如下：

```
派生类构造函数名(参数表): 基类构造函数表
{
//…
}
```

基类构造函数表由一个或多个基类构造函数声明组成，以逗号分隔，一般形式为：

```
基类构造函数名(参数表)
```

例如：

```
Z(int m,int n,int p):W(m),X(n),Y(p)
{
                                        //…
}
```

如果派生类中含有对象成员，则对象成员的初始化形式与基类的初始化形式相似，只是将“基类构造函数名”改为“对象成员名”。

```
Z(int m,int n,int p,int q):W(m),X(n),Y(p),member(q)
{
//…
}
```

使用派生类的构造函数时，要注意以下几点。

（1）定义派生类对象时，构造函数的执行顺序为：基类的构造函数（派生类声明时从左至右的顺序），对象成员的构造函数（由对象成员在类中声明的先后次序决定），派生类的构造函数。

（2）如果基类构造函数不带参数，则派生类不一定要定义构造函数。

（3）每个派生类只需对其直接基类的构造函数传递参数。

（4）如果在派生类中存在与基类同名的成员，则直接使用该成员的名字。如果要使用基类中声明的同名成员，则要使用作用域运算符（::）来限定。

（5）如果想终止某一基类再被继承，则可以使用私有派生方式加以限制；反之，则应采用公有派生方式。

【例 9.25】派生类对基类的访问。

程序如下：

```
class Base1
{
 private:
   int b1;
 protected:
   int b2;
public:
   int b3;
};
  class Derivation : public Base1
  {
public:
   void set()
   {
   b1 = 1; //错误，公有继承的派生类成员函数不可以访问基类中的私有成员
   b2 = 2; //正确，公有继承的派生类成员函数可以访问基类中的保护成员
   b3 = 3; //正确，公有继承的派生类成员函数可以访问基类中的公有成员
}
};
int main()
{
   Derivation d;
d.b1 = 1;      //错误，派生类的对象不能访问基类中的私有成员
  d.b2 = 2;  //错误，派生类的对象不能访问基类中的保护成员
  d.b3 = 3;  //正确，派生类的对象能访问基类中的公有成员
}
```

9.4.6 多态性与虚函数

按字面意思，多态就是多种形态。当类之间存在层次结构且类之间通过继承关联时，就会用到多态。多态性（polymorphism）是面向对象程序设计的第三个重要机制。多态性是指同样的消息被不同类的对象接收时导致完全不同行为的这样一种状态。同一个消息

作用于不同的对象，其结果各不相同，具有多种形态。函数重载实现了一种多态性。

1. 静态联编与动态联编

联编（binding）是指将函数调用与相应函数体代码彼此关联的过程。

如果联编在程序开始前的编译阶段完成，则称之为静态联编（static binding），如重载函数。

求不同类型的两数中较小数的重载函数，程序如下：

```
int Min(int a,int b);
float Min(float x,float y);
```

由于函数参数的类型不同，所以编译程序会据此自动选择对应的函数体进行匹配，即重载函数在编译时会确定调用哪个函数。

动态联编（dynamic binding）是指在程序运行时进行联编，一般通过函数指针或引用来实现。

2. 虚函数

虚函数（virtual function）是在基类中使用关键字 virtual 声明的函数。在派生类中重新定义基类中定义的虚函数时，会告诉编译器不要静态连接到该函数。

在程序中，任意点可以根据所调用的对象类型来选择调用的函数，这种操作称为动态连接或后期绑定。继承环境中，多态性通过虚函数来实现。在基类中定义虚函数时，派生类中可以重写基类中成员函数的代码，使类层次结构中的同一个成员函数可以有不同的版本。

虚函数采用动态联编的方式实现。当一个基类类型指针指向派生类对象时，若向指针所指的对象发送消息，那么应该是派生类对象对应的函数代码被执行，而指针所指的对象可能只有在执行时才能知道到底执行哪些代码。

【例 9.26】使用虚函数实现多态性。

程序如下：

```
#include <iostream>
using namespace std;
const double PI = 3.1415926;
class Point
{
private:
    double x,y;
public:
    Point(double i,double j)
    {
        x = i;
        y = j;
    }
```

```
    double Area()
    {
        return 0;
    }
};
class Rectangle:public Point       //矩形类
{
private:
    double w,h;
public:
    Rectangle(double i,double j,double k,double l):Point(i,j)
    {
        w = k;
        h = l;
    }
    double Area()
    {
        return w * h;
    }
};
class Circle:public Point          //圆类
{
private:
    double r;
public:
    Circle(double i,double j,double k):Point(i,j)
    {
        r = k;
    }
    virtual double Area()
    {
        return PI * r * r;
    }
};
void fun(Point &p)
{
    cout << "Area=" << p.Area() << endl;
}
int main()
{
    Rectangle r(3.5, 4, 5.2, 6.6);
    Circle c(4.5,6.2,5);
    fun(r);
    fun(c);
    return 0;
}
```

程序运行的结果如下：

```
Area = 34.32
Area = 78.5398
```

使用虚函数实现多态性应注意以下几点。

（1）虚函数无论被继承多少次，仍是虚函数。若在派生类中重新定义，virtual 可写可不写，但函数的原型必须与基类的函数原型完全相同，包括函数名、返回类型、参数个数和参数类型的顺序，否则将看作函数重载而不是虚函数。

（2）静态成员函数、构造函数和友元函数都不能被声明为虚函数，全局函数与内联函数也不能声明为虚函数。但虚函数可以是另一个类中的友元函数。一般只将 protected 或 public 部分的成员函数声明为虚函数。析构函数可以是虚函数。

（3）只有通过基类指针或引用访问基类的虚函数时才能获得运行时的多态性。

（4）若虚函数在派生类中未被重定义，则通过派生类对象访问该虚函数时将使用基类中定义的同名虚函数。

3. 纯虚函数与抽象类

在基类中只声明虚函数，而不给出具体的函数定义，并将函数定义放在各派生类中，称这种虚函数为纯虚函数（pure virtual function）。如果想在基类中定义虚函数，以便在派生类中重新定义该函数更好地适用于对象，但是在基类中又不能对虚函数提供有意义的实现功能，这时就会用到纯虚函数。

声明纯虚函数的形式如下：

```
virtual 函数返回值类型 函数名(参数表)=0;
```

或者：

```
virtual 函数返回值类型 函数名(参数表)=0
{函数体}
```

其中，virtual 关键字与函数返回值类型的位置可以互换。

声明了纯虚函数的类为抽象类（abstract class）。

使用抽象类时应注意以下几点。

（1）抽象类只能作为其他类的基类，不能用来建立该类的对象，但可以声明指向抽象类的指针变量和引用变量。

（2）纯虚函数中定义的代码在派生类中可以通过作用域运算符（::）来调用。

（3）抽象类不能用作参数类型、函数返回值类型或显式转换的类型，但可以用作指针或引用的类型。

（4）抽象类的派生类中若对“纯虚函数”没有重新定义，则这个派生类仍然是一个“抽象类”。

（5）抽象类可以有多个纯虚函数。

【例 9.27】纯虚函数与抽象类的使用。

程序如下：

```
#include <iostream.h>
```

```
const double PI=3.14;
class Shape                          //抽象类定义
{public:
  virtual void area()=0;             //声明纯虚函数
};
class Ccircle:public Shape           //派生类定义
{ double r,s;
  public:
Ccircle(double radius):r(radius){};
void area()
{ s=PI*r*r/2;
  cout <<"圆面积="<<s<<endl;}
};
class Ctriangle:public Shape
{ double w,h,s;
  public:
Ctriangle(double width,double high):
w(width),h(high){ };
void area()
{ s=w*h/2;
  cout <<"三角形面积="<<s<<endl;}
};
int main()
{ Shape *bp;                         //声明基类指针bp
  Ccircle CircleObj(3);              //创建派生类
  Ctriangle TriangleObj(4,3);
  bp=&CircleObj;
  bp->area();
  bp=&TriangleObj;
  bp->area();
  return 0;}
```

程序执行结果为：

```
圆面积=14.13
三角形面积=6
```

9.4.7 模板

若函数只是参数类型不同，功能完全一样，则可以通过一段通用的、适用于多种不同数据类型的代码来完成这一工作，不仅提高了代码的可重用性，还提高了软件的开发效率。使用函数模板就是为了达到这一目的。模板是泛型编程的基础，泛型编程就是以一种独立于任何特定类型的方式编写代码。模板是创建泛型类或函数的蓝图或公式。库容器，比如迭代器和算法，都是泛型编程的例子，它们都使用了模板的概念。每个容器都有一个单一的定义，比如向量。我们可以定义许多不同类型的向量，比如 vector <int> 或 vector <string>。

函数模板声明的一般形式如下：

```
template <类型参数表>
```

```
函数返回值类型  函数名(函数参数表)
{
//函数体
}
```

其中，类型参数表是模板的形参，其形式如下：

```
class  类型参数名 1, …, class  类型参数名 n;
```

注意：class 不是指类，仅用于说明函数模板类型参数。

求三个整数 x、y、z 中的最小数，其函数实现如下：

```
int Min(int x,int y,int z)
{ int temp;
  if (x<y) temp=x;
  else temp=y;
  if (temp>z) temp=z;
  return temp;
}
```

如果求三个实数的最小数，则可通过函数重载来实现：

```
float Min(float x,float y,float z)
{float temp;
  if (x<y) temp=x;
  else temp=y;
  if (temp>z) temp=z;
  return temp;
}
```

以上两个程序的实现代码完全相同，实现功能也相同，但要把相同的代码重复写几遍。

求最小值的函数模板定义如下：

```
template <class T>                    //T 为模板的类型形参
T Min(T x,T y, T z)
{ T temp;
  if (x<y) temp=x;
  else temp=y;
  if (temp>z) temp=z;
  return temp;
}
```

使用函数模板时，可将模板的“类型参数表”用实际的类型替代，称为模板实参。使用模板实参实例化得到的函数称为模板函数，例如：

```
int a=10,b=4,c=5;
Min(a,b,c);
```

编译程序可以从调用 Min 函数语句的实参类型确定函数模板的类型参数，实参 a、b、c 为 int，编译程序将模板参数 T 采用 int 实例化，利用函数模板的模板函数如下：

```
int int Min(int x,int y,int z)
{ int temp;
  if (x<y) temp=x;else temp=y;
  if (temp>z) temp=z;
```

```
  return temp; }
```

【例 9.28】函数模板的使用。

程序如下：

```
#include<iostream>
using namespace std;
template<class T>
void outputA(const T*array,int count)
{
    for(int i=0;i<count;i++)
    cout<<array[i]<<" ";
    cout<<endl;
}
int main()
{
    const int A_COUNT=8,B_COUNT=8,C_COUNT=20;
    int a[A_COUNT]={1,2,3,4,5,6,7,8};
    double b[B_COUNT]={1.1,2.2,3.3,4.4,5.5,6.6,7.7,8.8};
    char c[C_COUNT]="welcome to see you!";
    cout<<"a array contains:"<<endl;
    outputA(a,A_COUNT);
    cout<<"b array contains:"<<endl;
    outputA(b,B_COUNT);
    cout<<"c array contains:"<<endl;
    outputA(c,C_COUNT);
    return 0;
}
```

程序运行的结果如下：

```
a array contains:
1 2 3 4 5 6 7 8
b array contains:
1. 1 2.2 3.3 4.4 5.5 6.6 7.7 8.8
c array contains:
w e l c o m e t o s e e y o u !
```

使用函数模板应注意以下几点。

（1）在 template 语句与函数模板定义语句之间不允许有其他语句。

（2）“类型参数表”中声明的类型可以作为函数模板的函数返回值类型和函数参数类型，且必须作为函数某一参数的类型。

（3）函数模板中函数返回值的类型应与函数参数表中某参数的类型一致，或直接给出一个确定的类型。

（4）函数模板可以重载。

（5）在函数调用时，先调用匹配的非模板函数，若无，则调用函数模板。

（6）非模板函数应与同名的函数模板在函数原型上（即函数参数类型和返回值的类型）相容。

9.4.8 异常处理

开发软件时，不仅要确保软件在正确的输入下正常运行，而且要能对用户操作不当或不正确的输入情况进行恰当处理，即所谓的异常处理，使软件具有容错能力。

异常是在程序执行期间产生的问题。C++异常是指在程序运行时发生的特殊情况，例如当我们设计一个为用户计算除法的程序时，用户很有可能会将除数输入为零，又例如当我们需要打开一个文件的时候却发现该文件已经被删除了……类似的情况有很多，针对这些特殊的情况，C++提供了一种转移程序控制权的方式。C++异常处理涉及三个关键字，即 try、catch、throw。

1. try

try 尝试捕获异常，它只用于“检测”语句块有没有异常，如果没有发生异常，它就“检测”不到。通常将尝试捕获的语句放在 try{ }程序块中，而将异常处理语句置于 catch{ }语句块中。它后面通常跟随一个或多个 catch 块。

2. catch

catch 是“抓住”的意思，用来捕获并处理 try 检测到的异常。如果 try 语句块没有检测到异常（没有异常抛出），那么就不会执行 catch 中的语句。这就好比 catch 告诉 try：你去检测一下程序有没有错误，有错误的话就告诉我，我来处理，没有的话就不要理我。

try 和 catch 是整体，catch 不能单独使用，try 可以单独使用，如果都有，二者必须紧挨一起，不能在中间插入别的语句，try 只能有一个，catch 可以有多个，以便匹配不同的异常。

3. throw

当问题出现时，程序会抛出一个异常，这个异常会被 try 检测到，进而被 catch 捕获。这是通过使用 throw 关键字来完成的。

如果有一个块抛出一个异常，捕获异常会使用 try 和 catch 关键字。try 块中可能放置有抛出异常的代码，try 块中的代码称为保护代码。

异常处理是 C++语言的重要特征之一，使出错处理变得更简单，错误捕捉更完整。

（1）try 块：用于标记有可能出错的代码段。try 子句的语法形式如下：

```
try
复合语句
```

如果预计某段代码可能发生异常，则将它放在 try 子句后的复合语句中。

（2）catch 块：该块用于处理由 try 块产生的异常（紧跟在 try 块之后）。catch 子句的语法形式为：

catch 子句的语法形式为：

```
try
复合语句 //可能出错代码段
catch(异常类型声明1)
```

```
复合语句
catch(异常类型声明 2)
复合语句
…
catch(异常类型声明 n)
复合语句
```

（3）throw 语句：将异常抛给调用它的代码，throw 语句的语法形式如下：

```
throw  表达式;
```

注意：表达式以不同的类型来区分异常，而不是以表达式的值来区分异常。因此在判断异常时，throw 语句中的表达式的值就没有实际意义，而表达式的类型就特别重要。

例如：

```
throw -1;                                    //抛出一个整型异常(代表某种出错情况)
throw 'A';
```

【例 9.29】异常处理。

程序如下：

```
#include<iostream.h>
using namespace std;
class S
{
  public:
  ~S()
  {cout<<"S"<<"\t";}
 }
char fun0()
{
  S s1;
  throw('T');
  return '0';
 }
void main()
{
 try
 {cout<<fun0( )<<"\t";}
  catch(char c)
  {cout<<c<<"\t";}
}
```

程序运行结果如下:

```
S  T
```

第 10 章　实验指导

使用 C 语言编写的程序是源程序。计算机不能直接识别和执行用高级语言编写的指令，必须先用编译程序（也称编译器）把 C 源程序翻译成二进制形式的目标程序，然后将该目标程序与系统的函数库以及其他目标程序连接起来，形成可执行目标程序。

C 程序的开发通常要经过编辑、编译、连接、运行、调试这几个步骤，如图 10.1 所示。编辑是将源程序输入计算机中，生成后缀为.c 的磁盘文件。编译是将程序的源代码转换为机器语言代码，但是编译后的程序仍然不能由计算机执行，还需要连接。连接是将多个目标文件以及库中的某些文件连在一起，生成一个后缀为.exe 的可执行文件。最后要运行程序和调试程序。在编译和连接时，都会对程序中的错误进行检查，并将查出的错误显示在屏幕上。编译阶段查出的错误是语法错误，连接阶段查出的错误称为连接错误。

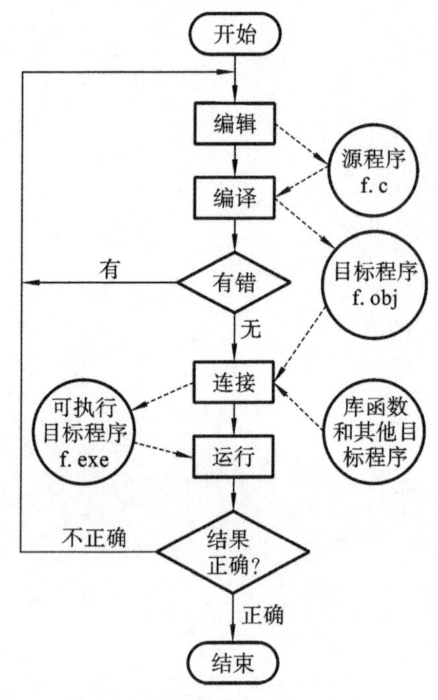

图 10.1　C 程序的开发过程

程序开发包含以下几个基本术语。

（1）源程序：使用源语言编写的、有待翻译的程序。源语言可以是汇编语言，也可以是高级程序设计语言（比如 C++语言），用它们编写出的程序都是源程序。

（2）目标程序：是源程序通过翻译加工以后所生成的程序。目标程序可以用机器语言表示（因此也称“目标代码”），也可以用汇编语言或其他中间语言表示。

（3）翻译程序：是指用来把源程序翻译为目标程序的程序。对翻译程序来说，源程序是它的输入，目标程序则是其输出。

翻译程序有 3 种不同类型：汇编程序、编译程序、解释程序。

①汇编程序：其任务是把用汇编语言编写成的源程序翻译成机器语言形式的目标程序。所以，用汇编语言编写的源程序先要经过汇编程序的加工，再变为等价的目标代码。

②编译程序：若源程序是使用高级程序设计语言编写的，经过翻译程序加工生成目标程序，那么，该翻译程序就称为“编译程序”。所以，高级语言编写的源程序要上机执行，通常先要经过编译程序加工成为机器语言表示的目标程序。若目标程序是用汇编语言表示的，则还要经过一次汇编程序的加工。

③解释程序：这也是一种翻译程序，同样是将高级语言源程序翻译成机器指令。它与编译程序的不同点就在于：它是边翻译边执行，即输入一句，翻译一句，执行一句，直至将整个源程序翻译并执行完毕。解释程序不产生整个目标程序，对源程序中要重复执行的语句（例如循环体中的语句）需要重复地解释执行，因此较之编译程序要多花费更多的执行时间，效率较低。

10.1　实验一：C程序的运行环境和运行C程序的方法

10.1.1　实验目的

（1）熟悉计算机系统的基本操作。

（2）熟悉使用 C 语言环境的操作。

（3）初步了解 C 程序的基本构成。

（4）通过运行简单的 C 程序，掌握 C 程序的编辑、编译、连接和运行的操作步骤。

10.1.2　相关知识

本书所有程序均在 Visual C++ 6.0 环境下运行。

C 语言是发展比较早的一门编程语言，也是发展比较成熟的一门编程语言。C 语言的运行环境很多，经常使用的有 Microsoft Visual C++、Microsoft Visual Studio、DEV C++、Code::Blocks、Borland C++、Watcom C++、Borland C++ Builder、GNU DJGPP C++、Lccwin32 C Compiler 3.1、High C、Turb C、gcc、C-Free、Win-TC 和 MyTC 等。

虽然 C 语言在这么多的环境下都能运行，但是这些软件的使用却也是有区别的。有的软件运行起来，计算机 CPU 的使用率较高；有的软件如果只运行 C 语言，则有些“大材小用”。

本书选择占用 CPU 较少，却方便调试的 Microsoft Visual C++编译器，这是一个功能强大的可视化软件开发工具，报错比较准确，适合初学者使用。

10.1.3 Visual C++ 6.0 集成开发环境

Microsoft Visual C++（简称 Visual C++、MSVC、VC++或 VC）是微软公司的 C++开发工具，具有集成开发环境，可为 C、C++以及 C++/CLI 等编程语言提供开发环境。VC++集成了便利的除错工具，特别是集成了 Windows 应用程序接口（Windows API）、三维动画 DirectX API、Microsoft.NET 框架。目前最新的版本是 Microsoft Visual C++ 2017。

VC++以拥有"语法高亮"、IntelliSense（自动完成功能）以及高级除错功能而著称。比如，它允许用户进行远程调试，单步执行等，它还允许用户在调试期间重新编译被修改的代码，而不必重新启动正在调试的程序。其编译及构建系统以预编译头文件、最小重建功能及累加连接著称。这些特征明显缩短了程序编辑、编译及连接花费的时间，在大型软件计划上尤其显著。

集成开发环境是一个综合性的工具软件，它把程序设计过程中所需的各项功能有机地结合起来，统一在一个图形化操作界面下，为程序设计人员提供尽可能高效、便利的服务。

VC++ 6.0 就是一个功能齐全的集成开发环境，虽然它常用来编写 C++源程序，但它同时兼容 C 语言程序的开发。

下面介绍在 VC++ 6.0 集成开发环境中设计、实现及调试 C 语言程序的方法。

Visual C++安装完成后，在开始菜单的程序选单中选择 Microsoft Visual Studio 6.0 图标，点击其中的 Microsoft Visual C++ 6.0 即可运行（也可在 Windows 桌面上建立一个快捷方式，以后可双击运行）。第一次运行时，将提示如图 10.2 所示的对话框。单击"下一提示"按钮，将看到各种操作提示；如果下次运行不需要此对话框，则取消选中"再启动时显示提示"复选框。单击"结束"按钮，关闭提示对话框，进入 Microsoft Visual C++开发环境，如图 10.3 所示。

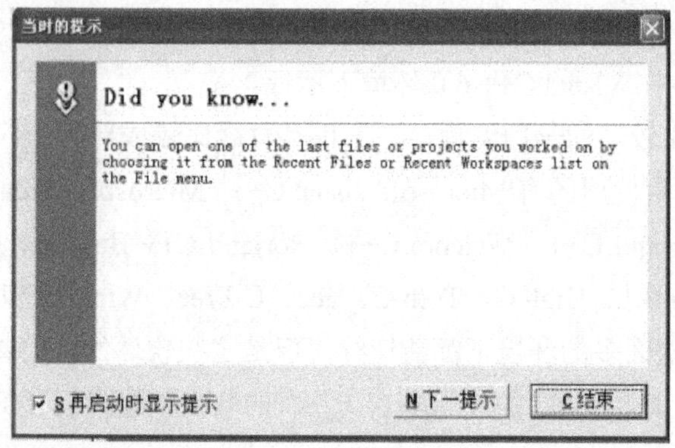

图 10.2 VC++启动提示对话框

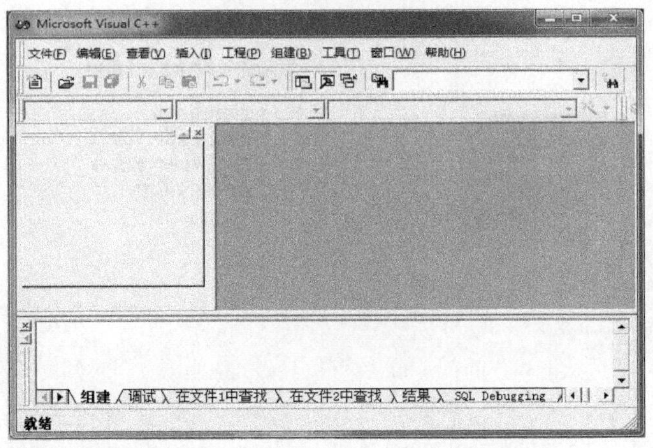

图 10.3　Microsoft Visual C++开发环境主界面

Visual C++ 6.0 的开发环境界面由标题栏、菜单栏、工具栏、工作区、文档窗口、输出窗口和状态栏等组成。

进入 Visual C++ 6.0 开发环境后，就可以按照下列步骤进行 C 语言程序的编辑、编译、运行及调试了。

1. 建立新的工程

（1）进入 Visual C++ 6.0 开发环境后，选择“文件|新建”菜单项，在弹出的对话框中点击上方的选项卡“工程”，选择“Win32 Console Application”工程类型，在“工程名称”一栏中填写工程名，在“位置”一栏中填写工程路径（目录），如图 10.4 所示，然后单击“确定”按钮继续。

（2）弹出如图 10.5 所示的对话框，在该对话框中选择“一个空工程”，单击“完成”按钮，弹出“新建工程信息”对话框，单击“确定”按钮完成新工程的建立。

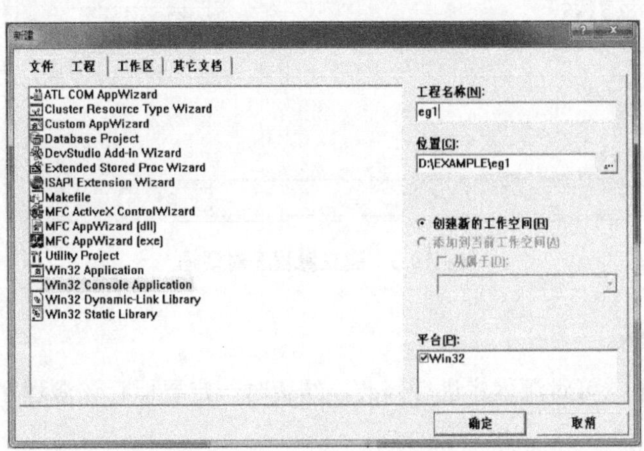

图 10.4　新建工程对话框

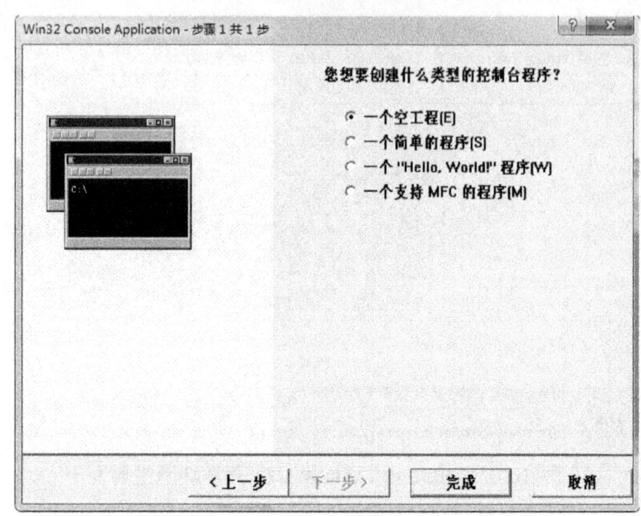

图 10.5　工程类型选择对话框

2. 建立源程序

在新建立的空工程中，选择“文件|新建”菜单项，打开“新建”对话框，选择“文件”选项卡，在该选项卡中选择“C++ Source File”选项。在右边的“文件名”文本框中输入源文件名，如 file1.c（注意，由于编写的是标准 C 程序，所以应加上文件的扩展名.c，否则系统会自动取默认的扩展名.cpp），单击“确定”按钮，如图 10.6 所示。

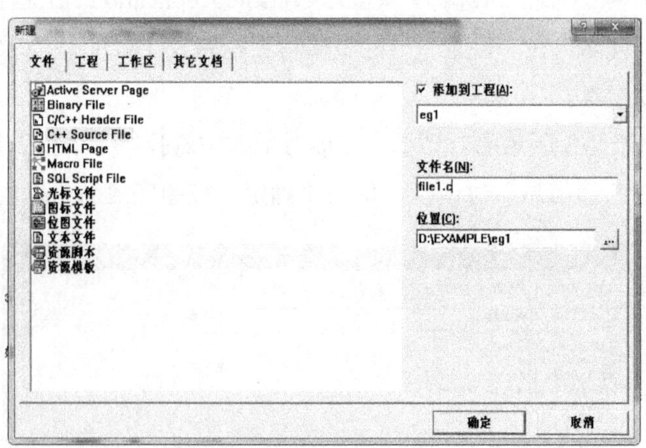

图 10.6　建立源程序对话框

3. 编辑源程序

在文档窗口中，可对源程序进行修改，结束时一定要保存该源程序文件，如图 10.7 所示。

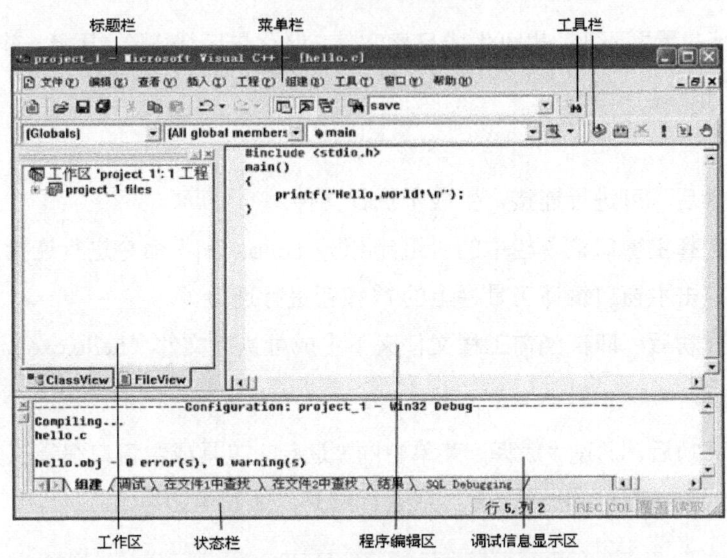

图 10.7　Visual C++ 6.0 编辑窗口

4. 编译程序

方法一：选择主窗口菜单栏中的“组建|编译[hello.c]”命令进行编译。

方法二：点击主窗口编译工具栏上的按钮进行编译。

Visual C++ 6.0 编译窗口如图 10.8 所示。系统如果在编译过程中发现程序有语法错误，则在调试信息显示区显示错误信息，并给出出错性质、出错位置和出错原因等。用户可通过双击某条错误来确定该错误在源程序中的具体位置，并根据出错性质和出错原因对错误进行修改。修改后再重新进行编译，直到没有错误信息为止。

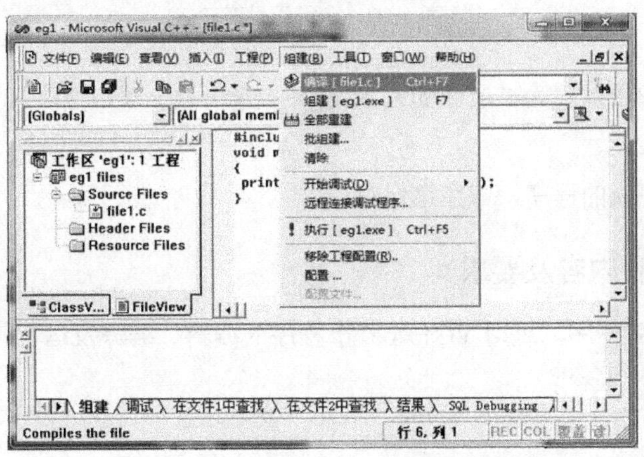

图 10.8　Visual C++ 6.0 编译窗口

编译出错信息有两类：一类是 error，说明程序肯定有错，必须修改；另一类是 warning，说明程序可能存在潜在的错误，只是编译系统无法确定，希望用户检查。对于第二类出错信息，如果用户置之不理，也可生成目标文件，但存在运行风险，因此，建议把 warning 当成 error 来严格处理。

5. 连接

编译无错误后，可进行连接，生成可执行文件。

方法一：选择主窗口菜单栏中的“组建|组建[hello.exe]”命令进行连接。

方法二：点击主窗口编译工具栏上的按钮进行连接。

编译连接成功后，即在当前工程文件夹下生成可执行文件（hello.exe）。

6. 运行程序

程序编译成功后，通过“编译”菜单中的“运行”工具或主窗口编译工具栏上的!按钮或按 Ctrl+F5 组合键运行程序，并显示运行结果，如图 10.9 所示。

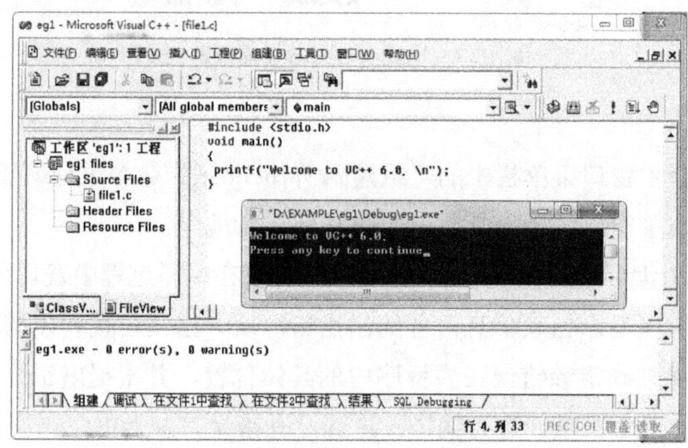

图 10.9　运行结果窗口

另外，可以加载以.c 为扩展名的 C 源程序。方法是：双击程序文件名后将直接进入开发环境进行调试。

为了保护已完成的程序，请注意保存。

10.1.4　实验内容及要求

（1）输入下列程序，练习 VC++ 6.0 下程序的编辑、编译及运行。

```
#include <stdio.h>
void main()
{
printf("Welcome to VC++ 6.0.");
}
```

①正确输入上面的程序并完成程序的编译及运行。

②不输入第一行语句#include <stdio.h>，请重新编译程序。

③不输入 void，请重新编译程序。

④不输入程序中语句后的分号，请重新编译程序。

程序分析：该程序的作用就是输出一个字符串（字符串常量必须用双引号括起来）。文件中只包含了一个主函数（main）,主函数中调用了库函数 printf。printf 用于输出数据，数据可以是常量，也可以是变量。

问题 1：在何处录入程序？怎么存盘？文件存放到何处？存盘时生成了哪些文件？

问题 2：如何运行一个 C 程序？运行时程序从何处开始执行？如何验证？

问题 3：如何查看程序的运行结果？

问题 4：如何建立另外一个新源文件？建立新的 C 源文件时是否把以前的文件给覆盖了？

问题 5：如何加载一个现有的 C 程序源文件？如何给正在编辑的文件更名？更名后的文件存放于何处？

（2）分析以下程序的运行结果，并上机验证。

```
#include <stdio.h>
void main()
{
 printf("I am");
 printf("a student!\n");
}
```

（3）输入下面的程序，注意区分大小写，观察不同的注释对程序的影响及其作用，并分析其运行结果。

①“/*”和“*/”的成对使用：

```
#include<stdio.h>
void main()
{
 printf("Hello World!\n");
 /*printf("Just a test!\n");*/
}
```

运行结果是：____________________

②“//”的使用：

```
#include<stdio.h>
void main()
{
 //printf("Hello World!\n");
 printf("Just a test!\n");
}
```

运行结果是：____________________

（4）完成下面程序的编辑、编译、运行并观察结果，说明该程序的功能。

```
#include <stdio.h>
void main()
{
  int a.b,c;
  printf("Please input a,b:");
  scanf("%d,%d",&a,&b);
  c=a+b;
  printf("%d+%d=%d\n",a,b,c);
}
```

（5）关闭工作区，新建一个程序，然后输入并运行一个需要在运行时输入数据的程序。

```
#include<stdio.h>
void main()
{ int a,b,c;
int max(int x,int y);
printf("input a and b:");
scanf("%d,%d",&a,&b);
c=max(a,b);
printf("\nmax=%d",c);
}
int max(int x,int y)
{ int z;
if(x>y) z=x;
else z=y;
return(z);
}
```

①运行程序，若程序有错，则修改错误后继续运行程序，当没有错误信息时输入 2，5 并按 Enter 键，查看运行结果。

②将程序的第 3 行改为{int a;b;c;按 F9 键查看结果，再还原回{int a,b,c;并将子程序 max 的第 3、4 行合并为一行，运行程序，看结果是否相同。

（6）参照本章的例题，编写一个 C 程序，要求有适当的注释，并输出以下信息：

```
***************************
*******Hello World!*******
***************************
```

10.1.5　实验报告

根据实验过程，撰写实验报告，在实验报告的总结中谈谈对 VC 环境的认识。实验报告主要包括以下几点。

（1）VC 的窗口及其功能。

（2）常用菜单及其功能。

（3）程序的编辑、编译、连接、运行的过程。

（4）错误信息的阅读、错误的查找和修改。

（5）使用计算机解决问题的过程。

10.2　实验二：数据类型、运算符和表达式

10.2.1　实验目的

（1）掌握C语言的基本数据类型及其表示。

（2）熟悉如何定义一个整型、字符型和实型的变量及其赋值的方法，了解以上类型数据输出时所用的格式转换符。

（3）掌握不同数据类型之间赋值的规律。

（4）学会使用C语言的有关算术运算符，以及包含这些运算符的表达式，特别是自加运算符（++）和自减运算符（--）的使用。

（5）熟练应用赋值语句、输入语句、输出语句，能正确使用各种格式输出符。

（6）进一步熟悉C程序的编辑、编译、连接和运行的过程。

10.2.2　实验内容

（1）分析以下程序的运行结果，并上机验证。

```
main()
{
  char c1,c2;
  c1=97;c2=98;
  printf("%c %c\n",c1,c2);
}
```

①运行此程序。

②加入下面一条语句作为“}”前的最后一条语句，并运行程序。

```
printf("%d,%d\n",c1, c2);
```

③将第3行程序改为：

```
int c1,c2;
```

再运行程序。

④将第4行程序改为：

```
c1=300;c2=400;
```

再运行程序，并分析其运行结果。

（2）分析以下程序的运行结果，并上机验证。

```
#include<stdio.h>
void main()
{
char c1, c2;
```

```
c1='a';
c2='b';
printf("%c %c",c1, c2);
}
```

①运行此程序。

②加入下面一条语句作为“}”前的最后一条语句：

```
printf("%d,%d\n",c1, c2);
```

③将第 4 行程序改为：

```
int c1, c2;
```

再运行程序，并观察结果是否相同。

④将第 4 行程序改为 int c1，c2;，将第 5、6 行程序依次改为：

```
c1=a;c2=b;
c1="a";c2="b"
c1=300;c2=400;                    /*使用大于255的整数*/
```

每改一次后运行程序，并观察其结果。

说明：以上两个程序说明了字符型数据在特定情况下可作为整型数据处理，整型数据有时也可作为字符型数据处理。

（3）分析以下程序的运行结果，并上机验证。

```
main()
{
char c1='a',c2='b',c3='c',c4='\101',c5='\116';
printf("a%c b%c\tabc %c \n",c1,c2,c3);
printf("\t\b%c %c",c4,c5);
}
```

说明：该程序主要考查对转义字符的掌握情况。

（4）分析以下程序的运行结果，并上机验证。

```
main()
{
int i,j,m,n;
i=5;j=6;
m=++i;n=j++;
printf("%d,%d,%d,%d",i,j,m,n);
}
```

说明：此程序主要考查自加运算符的用法。

（5）按格式要求输入/输出数据，程序如下：

```
#include "stdio.h"
main()
{
int a,b;
float x,y;
char c1,c2;
scanf("a=%d,b=%d",&a,&b);
```

```
scanf("%f,%e",&x,&y);
scanf("%c %c",&c1,&c2);
printf("a=%d,b=%d,x=%f,y=%f,c1=%c,c2=%c\n",a,b,x,y,c1,c2);
}
```

说明：运行程序，必须按如下格式在键盘上输入数据，并思考为什么。

```
a=3,b=7 ↙
8. 5,71.82a□A ↙
```

（6）掌握各种格式输出符的使用方法，程序如下：

```
#include<stdio.h>
void main()
{ int a,b;
float d,e;
char c1,c2;
double f,g;
long n,m;
unsigned p,q;
a=61;b=62;
c1='a';c2='b';
d=3.56; e=-6.87;
f=3156.890121;g=0.123456789;
m=50000;n=-60000;
p=32768;q=40000;
printf("a=%d,b=%d\nc1=%c,c2=%c\nd=%6.2f,e=%6.2f\n",a,b,c1,c2,d,e);
printf("f=%15.6f,g=%15.12f\nm=%ld,n=%ld\np=%u,q=%u\n",f,g,m,n,p,q);
}
```

①运行此程序并分析运行结果。

②在此基础上，修改程序的第 9~14 行：

```
a=61;b=62;
c1=a;c2=b;
f=3156,890121;g=0.123456789;
d=f;e=g;
p=a=m=50000;q=b=n=-60000;
```

运行程序，并分析运行结果。

③将第 9~14 行改为以下的 scanf 语句，即用 scanf 函数接收从键盘输入的数据：

```
scanf("%d,%d,%c,%c,%f,%f,%lf,%lf,%ld,%ld,%u,%u",&a,&b,&c1, &c2,
&d,&e,&f,&g,&m,&n,&p,&q);
```

运行程序（无错误的情况下），输入数据如下：

```
61,62, a,b,3.56,-6.87, 890121, 0.123456789,50000,-60000,32768, 40000
```

（7）按要求编写程序。

①输入三角形的三边长，求三角形面积。

②已知圆半径、圆柱高，求圆周长和圆柱体积。

③输入一个摄氏温度，要求输出华氏温度。公式为 f=9/5*c+32。

10.3 实验三：选择结构程序设计

10.3.1 实验目的

（1）理解 C 语言表示逻辑量的方法。

（2）掌握使用关系运算符和逻辑运算符构造关系表达式与逻辑表达式的方法。

（3）熟练掌握 if 语句和 switch 语句的使用。

（4）熟悉选择结构程序中语句的执行流程。

（5）掌握选择结构程序的设计方法。

（6）结合程序掌握一些简单的算法。

（7）学习调试程序的方法。

10.3.2 实验内容

（1）分析以下程序的运行结果，并上机验证。

```
#include<stdio.h>
void main()
{
  int x=1,y=2,z=3;
  if(z==x) printf("%d\n",z);
  else printf("%d\n",y);
}
```

①将 z==x 改写成 z=x 后重新分析程序结果。

②将 x=1 改写成 x=0 后重新分析程序结果。

③将语句 printf("%d\n",z);改写成 printf("%d,%d,%d\n",x,y,z);后重新分析程序结果。

（2）分析以下程序的运行结果，并上机验证。

```
#include<stdio.h>
void main( )
{
int a=2,b=-3,c=5;
switch(a>0)
{ case 1:switch(b<0)
{ case 1:printf("@");break;
case 2:printf("!");break;
}
case 0:switch(c==5)
{ case 0:printf("*");break;
case 1:printf("#");break;
case 2:printf("$");break;
}
default:printf("&");
}
printf("\n");
}
```

①去掉程序中的break;语句，重新分析程序结果。

②在第8行和第13行程序中分别加上break;语句，重新分析程序结果。

（3）分析以下程序的运行结果，并上机验证。

```
#include<stdio.h>
void main()
{
int i;
scanf("%d",&i);
switch(i)
{ case 1:printf("hello,world!");
   case 2:
   case 3:
   case 4:printf("%d\n",i);break;
   default:printf("thanks");
  }
}
```

分别输入1,2,3,4,5，分析其运行结果。

（4）程序填空（根据给出程序的设计要求，在画线部分填入正确的程序代码，然后上机验证）。

请补充main函数，该函数的功能是：从键盘输入3个整数，然后找出最大的数并输出。例如，输入8,25,16，最大值为25。

注意：部分源程序给出如下。请勿改动源程序的任何内容，仅在程序中横线上填入所编写的若干表达式或语句。

```
#include<stdio.h>
void main()
{
  int a,b,c,max;
  printf("\nInput a,b,c:\n");
  scanf("%d,%d,%d",&a,&b,&c);
  printf("The three numbers are:%d,%d,%d\n",a,b,c);
  if(a>b)
__________________;
  else
__________________;
  if(max<c)
__________________;
  printf("max=%d\n",max);
}
```

（5）程序改错（改正下列程序中的错误，然后上机验证）。

①给定下面程序的功能。根据输入的3条边长（整型值），判断能否构成三角形：若能构成等边三角形，则输出3；若能构成等腰三角形，则输出2；若能构成三角形，则输出1；若不能，则输出0。请改正程序中的错误，使它能得到正确的结果。注意：不得增

行或删行，也不得更改程序的结构。

```
#include <stdio.h>
#include <math.h>
void main()
{
  int a,b,c,shape=1,*p=shape;
  printf("\nInput a,b,c: ");
scanf("%d%d%d",&a,&b,&c);
  printf("\na=%d,b=%d,c=%d\n",a,b,c);
/*********************found**********************/
if(a+b>c||b+c>a||a+c>b)
    { if(a==b&&b==c)
      *p=3;
      else if(a==b||b==c||a==c)
      *p=2;
    }
  *p=0;
  printf("\n\nThe shape:%d\n",shape);
}
```

②给定下面程序的功能。根据输入的 x 的值计算并输出 y 值，分段函数为：

$$y=\begin{cases} x+2, & 81\leqslant x<100 \\ 2x+3, & 64\leqslant x<81 \\ 3x+4, & 49\leqslant x<64 \\ 4x+5, & 36\leqslant x<49 \end{cases}$$

请改正程序中的错误，使它能得到正确的结果。注意：不得增行或删行，也不得更改程序的结构。

```
#include <stdio.h>
#include <math.h>
void main()
{
float x,y;
printf("Please input x: ");
  scanf("%f",&x);
  if(x>=100||x<36)printf("error!\n");
  else
/*********************found**********************/
{switch(sqrt x)
  { case 10: break;
case 9:y=x+2; break;
    case 8:y=2*x+3;break;
    case 7:y=3*x+4;break;
    case 6:y=4*x+3;
  }
}
    printf("y=%.2f\n",y);
```

```
}
```

（6）按要求编写程序。

①判断一个数是否为水仙花数。若是，则输出“是水仙花数”；如不是，则输出“不是水仙花数”。所谓水仙花数，是一个三位数，各位的立方和等于它本身。

算法思想：输入一个数，判断是否为三位数，若不是，提示出错“输入有误!”；若是，则分别求出它的个位数、十位数和百位数。计算求出个位数、十位数、百位数的立方和，判断是否和原数相等，并输出相应的信息。

②输入一个正整数，输出其逆序数，如原数为321,则应输出123。（注意：要求输出原数和其逆序数，要有适当的提示语。）

③判断某一年是否为闰年。闰年的条件是符合下面二者之一。

能被4整除，但不能被100整除。

能被400整除。

10.4 实验四：循环结构程序设计

10.4.1 实验目的

（1）掌握使用while、do-while和for语句实现循环的方法。

（2）理解break和continue语句在循环结构中的使用方法。

（3）熟悉循环结构程序中语句的执行流程。

（4）掌握在程序设计中使用循环方法实现一些常用算法，如穷举、迭代、递推等。

10.4.2 实验内容

（1）分析以下程序的运行结果，并上机验证。

```
#include <stdio.h>
void main()
{
  int n=12345,d;
while(n!=0)
  { d=n%10;printf("%d",d);n/=10;}
}
```

①将程序改为用do-while循环语句实现。

②将程序改为用for循环语句实现。

（2）分析以下程序的运行结果，并上机验证。

```
#include <stdio.h>
void main()
{
int i=5;
do
```

```
{ if (i%3=1)
if (i%5==2)
{ printf("*%d",i);break;}
i++;
} while(i!=0);
printf("\n");
}
```

①将程序中的 while(i!=0);语句改为 while(i==0);语句，重新分析程序结果并说明原因。

②去掉 break;语句，重新分析程序结果并说明原因。

③将 break;后的花括号放在 i++;后，重新分析程序结果并说明原因。

（3）分析以下程序的运行结果，并上机验证。

```
#include<stdio.h>
void main()
{
int i,j;
for(i=3;i>=1;i--)
{ for(j=1;j<=2;j++) printf("%d",i+j);
printf("\n");}
}
```

①若去掉第一个 for 后面的一对花括号，重新分析程序结果并说明原因。

②若把“printf("\n");”后的花括号改在“printf("%d",i+j);”之后，重新分析程序结果并说明原因。

③语句“printf("%d",i+j);”和语句“printf("\n");”在程序运行过程中分别执行了多少次。

（4）分析以下程序的运行结果，并上机验证。

```
#include "stdio.h"
main()
{ int i=0,s=0;
for(;i<=100;i++)
  { printf("\nContinue:%d",i);
if(!(i%13)) { s+=i;printf("%4d",i);}
else continue;
printf("\ns=%d",s);
}
getchar();                              /*暂停程序运行，等待输入*/
i=1;
while(i<=100)
  { if(!(i%13)) s+=i;
else { i++;continue;}
i++;
printf("%4d",i);
}
}
```

说明：注意分析 continue 对流程的控制作用。

（5）程序填空（根据给出程序的设计要求，在画线部分填入正确的程序代码，然后上机验证）。

①请补充下列程序，该程序的功能是：求出1000以内的整数中能被7整除的最大的数。

注意：部分源程序给出如下。请勿改动程序的任何内容，仅在程序中的横线上填入所编写的若干表达式或语句。

```
#include<stdio.h>
void main()
{ int i;
 for(______________;i<=1000;______________)
   {
   if(i%7==0)______________;
   }
  printf("The result is %d\n",i);
}
```

②下列程序使用辗转相除法求两个正整数的最大公约数和最小公倍数，设两个正整数分别存放在变量a和变量b中，算法如下：

A. 将两数中的大数放在变量a中，小数放在变量b中；

B. 求出a除以b后的余数；

C. 若余数为0，则执行步骤G，否则执行步骤D.；

D. 把除数作为新的被除数，余数作为新的除数；

E. 求出新的余数；

F. 重复步C.~E.；

G. 输出变量b的值，该值即为所求最大公约数。

注意：部分源程序如下。请勿改动程序的任何内容，仅在程序中的横线上填入所编写的若干表达式或语句。

```
#include<stdio.h>
void main()
{
  int m,n,a,b,t,temp,h;
  printf("输入m和n\n");
  scanf("%d%d",&m,&n);
  a=m;
  b=n;
  if(a<b)
  {
  t=a; a=b; b=t;
  }
  while ______________ //求最大公约数
  {
    temp=a%b;a=b;b=temp;
```

```
    }
    h= ________________ ; //求最小公倍数
    printf("%d和%d的最大公约数是:%d\n",m,n,a);
    printf("%d和%d的最小公倍数是:%d\n",m,n,h);
}
```

③请补充main函数，该函数的功能是：从键盘输入学生的成绩（用回车键作为分隔符），并统计各分数段学生的人数。具体要求为：A类为90~100分，B类为80~89分，C类为70~79分，D类为60~69分，59分以下的为E类。当成绩为0时结束成绩的输入，并且最后输入的0不进行统计。例如，输入89,99,45,64,56,78,88,74,66,55,0。结果为A：1 B：2 C：2 D：2 E：3

注意：部分源程序给出如下。请勿改动程序的任何内容，仅在程序中的横线上填入所编写的若干表达式或语句。

```
#include<stdio.h>
#define N 100
void main()
{
  float score[N];
  int bb[5];
  int grade, i=-1,n=0;
  char ch='A';
  printf("Input a score(0~100);\n");
  do
  {
    i++;
    n++;
    scanf ____________________;
  }while (score[i]!=0);
    for(i=0;i<5;i++)
  ____________________;
    for(i=0;i<n-1;i++)
  {
    grade= ____________________;
    switch(grade)
  {
    case 10:
    case 9:bb[0]++;break;
    case 8:bb[1]++;break;
    case 7:bb[2]++;break;
    case 6:bb[3]++;break;
    default:bb[4]++;
  }
}
  for(i=0;i<5;i++)
  printf("\n%c:%d",ch+i,bb[i]);
}
```

（6）程序改错（改正下列程序中的错误，然后上机验证）。

①下列给定程序的功能是计算并输出 100~200 之间的素数。请改正程序中的错误，使它能得到正确的结果。注意：不得增行或删行，也不得更改程序的结构。

```
#include <stdio.h>                        //引用文件
main()
{
  int i,j;                                //定义循环变量
  for(i=100;i<=200;i++)                   //定义从 100~200 之间的循环数字
  {
 for(j=2;j<i;j++)                         //判定条件从(2)~(i-1)之间能否被 i 整除
 {
    if(i%j! =0) break;                    //如果可以，则跳出循环，说明不是素数
 }
    if(j>=i)                              //如果 j>=i，则为素数，并输出结果
    printf("%d\t",i);                     //用表格的形式输出结果
 }
 }
```

②下列给定程序的功能是根据输入的正整数 m 来计算公式的值。

t=1-1/2＋1/3-1/4＋…＋(-1)(m+1)/m。例如，若输入 5，则应输出 0.783333。请改正程序中的错误，使它能得到正确的结果。注意：不得增行或删行，也不得更改程序的结构。

```
#include <stdio.h>
void main()
{
  float s=0,t;
  int m,n;
  printf("输入数值 m:\n");
  scanf("%d",&m);
  for (n=1;n<=m;n++)
  {
    if(n%2==0)  //修改为 if(n%2==1)
    t=1.0/n;
    else
    t=-1.0/n;
    s=s+t;
  }
  printf("%f\n",s);
}
```

（7）按要求编写程序。

①利用公式 $e=1+\frac{1}{1!}+\frac{2}{2!}+\cdots+\frac{1}{n!}$ 求 e 的近似值，精确到小数后 6 位。

定义 int 型变量 n，double 型变量 e,t,f，程序如下：

```
e=1;t=1;f=1;
do{
```

```
f=f*n;
t=1/f;
e=e+t;
n++;
}while(t>=1e-6);
```

输出 e 的值。

②求 1 到 n 中能被 3 或 7 整除的数之和。分别用 for 循环语句和 while 循环语句完成本题。

for 循环语句的主要算法如下：

```
for(i=1;i<=n;i++)
  if i 能被 3 或 7 整除
sum=sum+I;
```

while 循环语句的主要算法如下：

```
while(i<=n)
  if i 能被 3 或 7 整除
sum=sum+i++;
```

10.5 实验五：数组

10.5.1 实验目的

（1）理解数组在程序设计中的应用。

（2）掌握一维数组和二维数组的定义、初始化及其使用方法。

（3）掌握使用字符数组处理字符串的方法。

（4）掌握与数组有关的算法（特别是排序算法）。

10.5.2 实验内容

（1）分析以下程序的运行结果，并上机验证。

```
#include <stdio.h>
void main()
{
  int i,a[5];
  for (i=0;i<=4;i++)
    a[i]=i;
  for(i=4;i>=0;i--)
    printf("%d",a[i]);
  printf("\n");
}
```

（2）分析以下程序的运行结果，并上机验证。

```
#include <stdio.h>
void main()
{
  int a[2][3]={{6,5,4},{3,2,1}};
```

```
 int b[3][2],i,j;
 printf("array a:\n");
 for (i=0;i<=1;i++)
   {
     for (j=0;j<=2;j++)
   {
     printf("%5d",a[i][j]);
     b[j][i]=a[i][j];
   }
    printf("\n");
   }
 printf("array b:\n");
 for (i=0;i<=2;i++)
 {
   for(j=0;j<=1;j++)
     printf("%5d",b[i][j]);
   printf("\n");
 }
}
```

（3）分析以下程序的运行结果，并上机验证。

```
#include <stdio.h>
void main()
{
  int i,j,row=0,colum=0,max;
  int a[3][4]={{5,2,3,1},{4,8,9,6},{-6,6,-5,2}};
  max=a[0][0];
for (i=0;i<=2;i++)
    for (j=0;j<=3;j++)
      if (a[i][j]>max)
        { max=a[i][j];
          row=i;
          colum=j;
        }
      printf("max=%d,row=%d,colum=%d\n",max,row,colum);
}
```

（4）程序填空（根据程序的设计要求，在画线部分填入正确的程序代码，然后上机验证）。

输入一串字符，计算其中空格的个数。

```
#include <stdio.h>
#include <string.h>
main()
{ char c[30];
int i,sum=0;
gets(c);
for(i=0;__________;__________)
if(c[i]==' ')
sum=__________;
```

```
printf("空格数为: %d\n",sum);
}
```

（5）程序改错（改正下列程序中的错误，然后上机验证）。

歌手参加歌曲大奖赛，有 5 个评委对歌手打分，求参赛选手的平均得分（去掉一个最高分和一个最低分）。

```
#include <stdio.h>
void main ()
{
  int a[5],i,sum=0;
  double pj;
  int max,min;
  for(i=0;i<5;i++)
  {
    printf("请%d号评委输入您所打的分数:\n",i+1);
    scanf("%d",&a[i]);
    sum += a[i];
    if (i == 0)
    {
      max = min = a[i];
    }
    else {
      if(a[i]>max)
        max = a[i];
      if(a[i]<min)
        min = a[i];
    }
  }
  printf("该选手的得分为:    ");
  for(i=0;i<5;i++)
  {
    printf("%d□",a[i]);
  }
  printf("\n该选手的最高分为%d\n",max);
  printf("该选手的最低分为%d\n",min);
  pj=(sum-max-min)/3.0;
  printf("去掉一个最高分:%d,一个最低分:%d,该选手的平均分为%f\n",max,min,pj);
  return 0;
}
```

（6）按要求编写程序。

在键盘上输入 N 个整数，使该数组中的数按照从大到小的次序排列。

分析：C 中数组的长度必须已确定大小，即指定 N 的值。排序的方法有多种，可以取出其中两种作为参考。

方法一：起泡排序。

思路 1：从第一个数开始依次对相邻两个数进行比较，如果次序对，则不做任何操作；

如果次序不对，则让这两个数交换位置。第一遍的（N−1）次比较后，最大的数已放在最后；第二遍只需考虑（N−1）个数，直到第（N−1）遍比较后就可以完成排序。

程序如下：

```
#define N 10
#include"stdio.h"
main()
{
int a[N],i,j,temp;
printf("please input %d numbers\n",N);
for(i=0;i<N;i++)
scanf("%d",&a[i]);
for(i=0;i<N-1;i++)
for(j=0;j<N-1-i;j++)
{
if(a[j]>a[j+1])
{
temp=a[j];
a[j]=a[j+1];
a[j+1]=temp;
}
}
printf("the array after sort:\n");
for(i=0;i<N;i++)
printf("%5d",a[i]);
}
```

思路2：按从右到左的比较方向，每次比较后都将小数向前移动。

①第一重循环（循环控制变量设为i）用于控制比较轮数。

```
for (i=N-1;i>0;i--)                    /*N为元素个数*/
```

②第二重循环（循环控制变量设为j）用于控制每一轮比较的次数，例如按从小到大处理排序,每一轮将小的数向前[左边]移动。

```
for(j=N-1;j>N-i-1;j--)                 /*控制每一轮比较的次数*/
if(a[j]<a[j-1]){ t=a[j]; a[j]=a[j-1]; a[j-1]=t;}
```

起泡排序法思路1与起泡排序法思路2的主要区别：起泡排序法思路1是将其中一个元素与其余元素比较。起泡排序法思路2是将相邻的元素进行比较。

按从左到右进行比较和将每轮的大数向右移动的思路如下。

a[0]、a[1]、a[2]、a[3]、a[4]、a[5]、a[6]、a[7]、a[8]、a[9]

第一轮：先比较（或交换）a[0]与a[1]，再比较a[1]与a[2]，最后比较a[8]与a[9]，并将最大值保存到a[9]中。

第二轮：先比较（或交换）a[0]与a[1]，再比较a[1]与a[2]，最后比较a[7]与a[8]，并将最大值保存到a[8]中。

第三轮：先比较（或交换）a[0]与a[1]，再比较a[1]与a[2]，最后比较a[6]与a[7]，并将最大值保存到 a[7]中。

……

第九轮：先比较（或交换）a[0]与 a[1]，并将最大值保存到 a[1]中。

方法二：选择排序。

首先查找值最小的数，并把这个数与第一个数交换，这样值最小的数就放在了第一个位置；然后从剩下的数中查找值最小的数，并把它与第二个数互换，使得第二小的数放在第二个位置上。依此类推，直到所有的值按从小到大的顺序排列为止。

程序如下：

```
#include"stdio.h"
#define N 10                              /*定义符号常量(数据个数为 N)*/
main()
{ int a[N];                               /*定义一个一维整型数组 data*/
  int i,j,temp,k,t;                       /*定义循环变量和临时变量*/
    clrscr();                             /*库函数 clrscr(): 清屏*/
    printf("Please input 10 numbers:\n");
    for(i=0; i<N; i++)
{ printf("Number %d:",i+1);
scanf("%d", &a[i]);
}
for(i=0;i<N-1;i++)                        /*外循环: 控制比较的轮数*/
  { k=i;                                  /*初始化变量, 用于存放值最小元素的标号*/
                                          /*内循环: 找出每轮中元素值最小元素所在的标号
并放在 k 中*/
      for(j=i+1;j<=N-1;j++) if(a[j]<a[k]) k=j;
    if(k!=i) { t=a[k]; a[k]=a[i];a[i]=t; }
  }                                       /*结束最外层的 for 循环*/
    printf("\nsorted:(press any key to continue)\n");    /*输出排序后的数据
*/
    for(i=0; i<N; i++) printf("%d ",a[i]);
    printf("\n");
    getch();                              /*getch 等待键盘输入任一字符, 目的是使程序暂
停*/
}
```

此方法的比较过程分析：第一轮 i=0，变量 k=0，将元素 a[k]与之后的其余元素值比较，找出元素值最小元素的标号，放在变量 k 中，每轮比较完后，将 k 与 i 比较，两者不等，则交换以变量 i 和变量 k 为下标的元素的值。

第一轮：将最小元素值 a[k]与第一个元素 a[0]交换。

第二轮：将最小元素值 a[k]与第一个元素 a[1]交换。

第三轮：将最小元素值 a[k]与第一个元素 a[2]交换。

……

第九轮：将最小元素值 a[k]与第一个元素 a[8]交换。

10.6 实验六：函数

10.6.1 实验目的

（1）掌握函数的定义方法、函数的声明及函数的调用方法。

（2）掌握函数参数传递的两种方法以及传递时实参和形参的对应关系。

（3）理解函数的嵌套调用和递归调用过程。

（4）掌握全局变量和局部变量、动态变量和静态变量的概念和使用方法。

（5）理解宏的概念，能够正确使用简单的宏。

10.6.2 实验内容

（1）分析以下程序的运行结果，并上机验证（掌握函数的分类，函数的声明、定义及调用的区别等内容）。

```
#include"stdio.h"
void main()
{ void s(int n);                        /*说明函数，也称声明函数*/
  int n=100;                            /*定义实参n，并初始化*/
  s(n);                                 /*调用函数*/
  printf("n_s=%d\n",n);                 /*输出调用后的实参值，并进行比较*/
  getchar();
  }
void s(int n)                           /*定义函数*/
{ int i;
  printf("n_x=%d\n",n);                 /*输出改变前形参的值*/
  for(i=n-1; i>=1; i--) n=n+i;          /*改变形参的值*/
  printf("n_x=%d\n",n);                 /*输出改变后形参的值*/
}
```

（2）分析以下程序的运行结果，并上机验证（掌握参数值传递与地址传递等内容）。

```
#include"stdio.h"
main()
{ void arput(char a[]);                 /*函数的声明*/
char b[]="This is c test program!";
  arput(b);                             /*函数的调用*/
  printf("\n%s",b);
   }
void arput(char a[])                    /*函数的定义*/
{ for(;*a;a++)
   { putchar(*a);
if(*a>='a'&&*a<='z') *a-=32;
}
   }
```

输出结果如下：

```
This is c test program!                 /*由子函数输出*/
THIS IS C TEST PROGRAM!                 /*由主函数输出*/
```

（3）分析以下程序的运行结果，并上机验证（掌握函数的嵌套调用等内容）。

```
#include"stdio.h"
#define K 4
#define N 5
float f1(int n,int k)                /*自定义函数 f1 用于计算 n 的 k 次方*/
{ float power=(float)n;
int i;
  for(i=1;i<k;i++) power*=n;
  return power;
   }
float f2(int n,int k)                /*计算 1 到 n 的 k 次方之累加和*/
{ float sum=0;
  int i;
  for(i=1;i<=n;i++) sum+=f1(i,k);
  return sum;
}
main()
{ printf("Sum of %d powers of int from 1 to %d = ",K,N);
  printf("%0.0f\n",f2(N,K));
getchar();
}
```

（4）分析以下程序的运行结果，并上机验证（掌握函数的递归调用等内容）。

①计算 n!。

②求 1–100 之和。

③输入字符串（按回车作为结束），再反向输出字符串。

```
#include "stdio.h"
long pow(int n)                      /*函数 pow 实现求 n!*/
{ long f;
  if(n>1) return(pow(n-1)*n);        /*n-1 使递归向非递归转化*/
  else return 1;                     /*至少一次不用递归*/
}
long sum(int n)                      /*函数 sum 实现求 1-100 的和*/
{ if(n>0) return(n+sum(n-1));
  return 0;
}
void sa(char ch)                     /*函数 sa 实现输入字符串的反向输出*/
{ if(ch!='\n') sa(getchar());
printf("%c",ch);
}
main()
{ printf("6!=%ld\n",pow(6));
  printf("sum(100)=%d\n",sum(100));
sa(getchar());
}
```

思考：递归调用终结的条件是什么？

（5）分析以下程序的运行结果，并上机验证。

```
#include "stdio.h"
long fun(int n)
{
long s;
if(n==1||n==2)
s=2;
else
s=n-fun(n-1);
return s;
}
void main()
{
 printf("%ld\n",fun(5));
}
```

思考以下问题。

①给出函数递归调用过程。

②能否将语句if(n==1||n==2)s=2;else s=n−fun(n−1);修改为s=n−fun(n−1);，请说明原因。

（6）分析以下程序的运行结果，并上机验证。

```
int f()
{
static int i=0;
int s=1;
s+=i;
i++;
return  s;
}
void main()
{
int i, a=0;
  for(i=0; i<5; i++)
  a+=f();
  printf("%d\n", a);
}
```

①将语句static int i=0;前的static去掉，重新分析程序结果。

②改写main函数中变量a的访问方式为间接访问。

（7）分析以下程序的运行结果，并上机验证。

```
#include <stdio.h>
void f(int y,int *x)
{
y=y+*x;
*x=*x+y;
}
void main( )
{
int x=2,y=4;
```

```
f(y,&x);
printf("%d %d\n",x,y);
}
```

思考以下问题。

①将语句 f(y,&x);修改为 f(x,&y);，请重新分析程序结果。

②改写 main 函数中变量 x 的访问方式为间接访问。

（8）按要求编写程序。

①编写一个判别素数的函数，在主函数输入一个整数，输出是否是素数的信息。

程序提示：判断素数的算法，以前我们在学习循环的时候已经学习过，在此只是把这个算法用函数的形式表示出来。这里我们要注意函数的定义、声明的方法和格式。

求素数函数的程序如下：

```
int prime(int number)              /*此函数用于判别素数*/
{
int flag=1,n;
for(n=2;n<number/2&&flag==1;n++)
if ______________ //number 能被 n 整除
flag=0;
return(flag);
}
```

在 main 函数中输入一个整数并赋给变量 n，通过 prime(n)判断其是否是素数，若函数值为 1，则是素数，否则不是素数。

②编写两个函数，分别求两个正数的最大公约数和最小公倍数，用主函数调用这两个函数并输出结果。两个正数由键盘输入。

说明：这是一个典型的算法问题，读者一定要认真分析。

③编写一函数，将一个二维数组（4×4）行列互换。

10.7 实验七：编译预处理

10.7.1 实验目的

（1）掌握宏定义的方法。

（2）掌握文件包含处理的方法。

（3）掌握条件编译的方法。

10.7.2 实验内容

（1）分析以下程序的运行结果，并上机验证。

```
#include <stdio.h>
#define S(x) x*x*x
```

```
void main()
{
int i=6,j=8;
printf("%d\n",S(i+j));
}
```

思考：若要使带参宏S(x)实现任意表达式的立方的功能，该如何修改宏定义。

（2）分析以下宏定义在具体执行过程中的替换方式，以及程序的运行结果及其原因。

```
#define N 2+5                       /*可能产生副效应*/
#define M 10*N                      /*可能产生副效应*/
#define S 5*(N)                     /*嵌套的宏，可能产生副效应*/
#define T (5*(N))                   /*加上括号之后不产生副效应*/
main()
{ int a=10;
  printf("a=10 N=2+5 M=10*N S=5*(N) T=(5*(N))\n");
  printf("a*N=%d N*a=%d\n",N*a,a*N);
  printf("a/N=%d N/a=%d\n\n",a/N,N/a);
  printf("a*N=%d N*a=%d\n",a*N,N*a);
  printf("a/N=%d N/a=%d\n\n",a/N ,N/a);
  printf("a*M=%d M*a=\n",a*M,M*a  );
  printf("a*S=%d a/S=%d\n",a*S,a/S);
  printf("a*T=%d T*a=%d\n",a*T,T*a);
  printf("a/T=%d T/a=%d\n",a/T,T/a);
}
```

（3）分析以下宏定义在具体执行过程中的替换方式，以及程序的运行结果及其原因。

```
#define S(a,b) a*b                  /*可能产生副作用*/
#define M(a,b) (a*b)                /*可能产生副作用*/
#define G(a,b) ((a)*(b))            /*不产生副作用*/
main()
{ int a=10;
printf("S(a,b)=a*b\n");
  printf("S(2+3,4+5)=%d\n",2+3*4+5);
  printf("S(4+5,2+3)=%d\n",4+5*2+3);
  printf("S(2+3,4+5)/a=%d\n",2+3*4+5/a);
  printf("a/S(2+3,4+5)=%d\n\n",a/2+3*4+5);
  printf("M(a,b)=(a*b)\n");
  printf("M(2+3,4+5)=%d\n",(2+3*4+5));
  printf("M(4+5,2+3)=%d\n",(4+5*2+3));
  printf("M(2+3,4+5)/a=%d\n",(2+3*4+5)/a);
  printf("a/M(2+3,4+5)=%d\n\n",a/(2+3*4+5));
  printf("G(a,b)=((a)*(b))\n");
  printf("G(2+3,4+5)=%d\n",((2+3)*(4+5)));
  printf("G(4+5,2+3)=%d\n",((4+5)*(2+3)));
  printf("G(2+3,4+5)/a=%d\n",((2+3)*(4+5))/a);
  printf("a/G(2+3,4+5)=%d\n",a/((2+3)*(4+5)));
}
```

（4）按要求编写程序：定义宏实现，求n!

10.8 实验八：指针

10.8.1 实验目的

（1）掌握指针的概念，会使用指针变量。

（2）能正确使用数组的指针和指向数组的指针变量。

（3）能正确使用字符串的指针和指向字符串的指针变量。

（4）能正确使用指向函数的指针变量。

（5）了解指向指针的指针的概念及其使用方法。

10.8.2 实验内容

（1）分析程序运行结果，并上机验证（注意分析指针变量作为形式参数时，交换形参指针变量的指向与交换形参指针变量对应的实参指针变量所指向的空间[变量]中的数据）。

```
swapv (int *p1,int *p2)
{ int p;                                  /*值交换，即交换指针变量指向的空间的数值本身
*/
  p=*p1;
*p1=*p2;
*p2=p;
}
swapd (int *p1,int *p2)
{ int *p;                                 /*指向交换，即交换指针变量本身的值，空间的地
址*/
  p=p1;
p1=p2;
p2=p;
}
main()
{ int a=10,b=20,*q1=&a,*q2=&b;
  printf("a=%d,b=%d\n",a,b);
  swapd(q1,q2);                           /*交换指向*/
  printf("a=%d,b=%d\n",a,b);
  swapv(q1,q2);                           /*交换值*/
  printf("a=%d,b=%d\n",a,b);
  }
```

分析运行结果：

```
a=10  b=20
a=10  b=20                                /*由地址值交换函数 swapd 引起的*/
a=20  b=10                                /*由值交换函数 swapv 引起的*/
```

（2）分析程序运行结果，并上机验证（注意分析通过指向数组的指针变量访问数组元素）。

```
#define N 10
```

```
main()
{ int k=0,a[N],*p=a;
for(k=0;k<N;k++) p[k]=(k+1);       /*通过循环初始化N个元素的值*/
printf("\n a[k]:");
for(k=0;k<N;k++) printf("%4d",a[k]);
/*通过循环输出显示N个元素的值，元素通过元素下标方式引用*/
printf("\n *(a+k):");
for(k=0;k<N;k++,p++) printf("%4d",*(a+k));
/*通过循环输出显示N个元素的值，元素通过指针方式引用*/
printf("\n p=a,p[k]:");
for(p=a,k=0;k<N;k++) printf("%4d",p[k]);printf("\n");
/*通过循环输出显示N个元素的值，元素通过指针变量带下标方式引用*/
printf("p=a,p++,*p:");
for(k=0;k<N;k++,p++) printf("%4d",*p);
/*输出N个元素的值，其元素通过指针变量引用，指针变量的值在变化*/
printf("\n");
printf("p=a,p<a+N,p++,*p:");
  for(p=a;p<a+k;p++) printf("%4d",*p); printf("\n");
/*输出N个元素的值，其元素通过指针变量引用，指针变量的值在变化*/
}
```

（3）分析程序运行结果，并上机验证。

```
#include <stdio.h>
#define N 5
void main()
{
  int a[N]={9,6,5,4,1},i,temp;
printf("\n original array:\n");
for(i=0;i<N;i++)
  printf("%4d",a[i]);
for(i=0;i<N/2;i++)
  {temp=a[i];
  a[i]=a[N-i-1];
  a[N-i-1]=temp;
  }
printf("\n sorted array:\n");
for(i=0;i<N;i++)
   printf("%4d",a[i]);
}
```

①修改语句 for(i=0;i<N/2;i++)为 for(i=0;i<N;i++)后重新分析程序结果并说明原因。

②修改 N 的值为 6，int a[N]={9,6,5,4,1,3}后重新分析程序结果。

③使用数组元素的指针引用法改写程序。

④利用模块化编程思想改写程序，main 函数如下：

```
#include <stdio.h>
#define N 5
void sort(int *p);
void main()
{
```

```
  int a[N]={9,6,5,4,1},i;
  sort(a);
  for(i=0;i<N;i++)
  printf("%4d",a[i]);
}
```

（4）程序改错（改正下列程序中的错误，然后上机验证）。

比较 2 个字符串，将长的字符串返回 main 函数输出。请改正程序中的错误，使它能得到正确的结果。注意：不得增行或删行，也不得更改程序的结构。

```
#include <stdio.h>
  char fun(char *s,char *t)
  {
    int s1=0,t1=0;
    char *ss,*tt;
    ss=s;tt=t;
/*********************found**********************/
    while(*ss)
{ s1++;
  (*ss)++;
}
    while(*tt)
{ t1++;
    (*tt)++;
}
    if(t1<s1) return t;
    else return s;
}
  void main()
  {
char a[80],b[80];
    printf("\nEnter a string:");
    gets(a);
    printf("\nEnter a string:");
    gets(b);
    printf(\nThe longer stirng is:%s",fun(a,b));
}
```

（5）按要求编程。

①通过指针变量输出 a 数组的 10 个元素。

②求 a 和 b 中的大者，先用一般函数调用的方法编程，再用一个指针变量指向一个函数，通过指针变量来访问函数的方法编程。

③输入 5 个地名并按字母顺序排列后输出。

④由 n 人围成一个圈，顺序排号，从第一个人开始报数（从 1 到 3 报数），凡报到 3 的人退出圈子，问最后留下的是原来第几号的那位。

注意以下几点：当实参和形参都是指针变量时，形参指针变量所指向的变量值的改变将影响对应的实参指针变量的值。因为此时形参和实参共用同一段存储空间或存储单元。当实参和形参都是数组名时，形参数组元素值的改变将影响对应的实参数组元素的值。因为此时形参和实参共用同一段存储空间。

10.9　实验九：结构体和共用体

10.9.1　实验目的

（1）掌握结构体类型变量的定义和使用。

（2）掌握结构体类型数组的概念和使用。

（3）了解链表的概念，初步学会对链表进行操作，学会在函数之间传送链表的方法。

（4）掌握共用体的概念及其使用方法。

10.9.2　实验内容

（1）分析以下程序的运行结果，并上机验证（分析结构体变量、结构体指针变量、结构体数组作为函数参数的应用）。

```
struct stud
{ long int num;
float score;
};
/*结构体变量作为函数的参数，修改之后的成员值不能返回到主调函数*/
void funvr(struct stud t)
{ t.num=2000101;
t.score=71.0;
}
/*结构体数组作为函数的参数，修改后的元素的成员值能返回到主调函数*/
void funar(struct stud t[])
{ t[0].num=3000101;                    /*注意结构体数组元素的成员的引用形式*/
t[0].score=81.0;
  t[1].num=3000102;
t[1].score=82.0;
}
/*结构体指针变量作为函数的参数，修改后的结构体成员的值能返回到主调函数*/
void funpr(struct stud *t)
{ t->num=4000101;                    /*注意通过结构体指针变量引用成员的具体形式*/
(*t).score=92.0;
}
/*在主函数中分别调用上述函数修改成员值，再验证结果的正确性*/
main()
{ struct stud a[2]={{1000101,61.0},{1000102,62.0}},b=a[0],*p;
printf("old b:b.num:%ld\tb.score:%f\n",b.num,b.score);
/*显示结构体变量b的成员的原有值*/
  funvr(b);
/*验证第一种情况，观察并分析结果，看结构体变量作为函数参数时，形参结构体变量成员的值
```

```
的改变能否影响实参结构体变量的成员的值，以下为输出调用函数 funvr(b)之后的结果值*/
printf("call funvr() new b:b.num:%ld\tb.score:%f\n",b.num,b.score);
funpr(&b);                          /*将结构体变量的指针作为函数的参数*/
printf("call funpr() new b: b.num:%ld\tb.score:%f\n ",b.num,b.score);
/*输出结构体数组 a 元素原来的成员值*/
printf("olda[0]:a[0].num:%ld\ta[0].score:%f\n",a[0].num,a[0].score);
printf("olda[1]:a[1].num:%ld\ta[1].score:%f\n",a[1].num,a[1].score);
/*将结构体数组 a 作为函数的参数，然后输出其元素的成员的值，已经修改了*/
funar(a);
printf("new a[0]:a[0].num:%ld\ta[0].score:%f\n ",a[0].num,a[0].score);
printf("new a[1]:a[1].num:%ld\ta[1].score:%f\n ",a[1].num,a[1].score);
}
```

有几点说明如下。

①结构体变量作为函数参数（实参与形参）时，形参结构体变量成员值的改变不影响对应的实参结构体变量成员值的改变。

②结构体数组或结构体指针变量作为函数参数（实参与形参）时，形参结构体数组元素（或形参结构体指针变量指向的变量）成员值的改变将影响对应的实参结构体数组（或实参结构体指针变量指向的变量）成员值的改变。

③结构体变量可作为函数的参数，函数可返回一结构体类型数据。

④p=&b;表示可使结构体指针变量 p 指向结构体变量 b 的空间；p->num:表示通过指针变量引用结构体变量 b 的成员 num。

⑤p=a;或 p=&a[0];表示将结构体指针变量指向结构体数组 a：当 p->num 时，表示通过指针变量引用结构体数组元素的成员 num 的值；当 p->num++时，表示通过指针变量先引用结构体数组元素的成员 num 的值，然后使该元素的成员 num 的值加 1；当++p->num 时，表示使指向的元素的成员 num 的值加 1，再引用其值。

⑥p=a;或 p=&a[0];表示将结构体指针变量 p 指向结构体数组 a：当(p++)->num 时，表示通过指针变量先引用结构体数组元素的成员 num 的值，再使指针变量本身加 1（指针变量加 1 表示使指针变量指向结构体数组的下一个元素）；当(++p)->num 时，表示先使指针变量本身加 1，再使指针变量指向结构体数组的下一个元素，然后引用指针变量所指向的结构体数组元素的成员 num 的值。

（2）分析以下程序的运行结果，并上机验证（共同体与结构体的嵌套应用实例分析。共同体中可以嵌套结构体，结构体中可以嵌套共同体）。

```
/*共同体中嵌套结构体*/
#include "stdio.h"
main()
{ union
{ int x;char c;
struct{ int a;int b;} s;            /*共同体中嵌套结构体*/
  }u;
```

```
u.s.a=9;                        u.s.b=10;
u.c=u.s.a*u.s.b;                u.x=u.s.a+u.s.b;
printf("u.x=%d                  u.c=%c\t",u.x,u.c);
printf("u.s.a=%d                u.s.b=%d",u.s.a,u.s.b);
}
```

运行结果如下：

```
u.x=100  u.c='d'  u.s.a=100  u.s.b=10
```

有几点说明如下。

①&u、&u.x、&u.c、&u.s.a 的起始地址是相同的，各自占用的地址段的大小不同（因数据类型不同），但整个共同体变量及其成员可用的空间大小相同（4 个字节）。

②执行 u.s.a=9 之后，成员 a、x、c 的值的大小相同（为 9）；执行赋值 u.c=u.s.a*u.s.b; 之后，u.s.a 的值变为 90；执行 u.x=u.s.a+u.s.b;之后，共同体成员的值变为 100。因此，按不同的方式输出时，结果如下：

100 和'd'100　10

程序如下：

```
/*结构体中嵌套共同体*/
#include "stdio.h"
main()
{ struct
{ int a;
int b;
union {int x;char c;}u;
  }s;
s.u.x=2;
s.u.c='A';
s.a=s.u.x*s.u.c;
s.b=s.u.x+s.u.c;
printf("s.a=%d                  s.b=%d\n",s.a,s.b);
printf("s.u.x=%d                s.u.c=%c",s.u.x,s.u.c);
}
```

运行结果如下：

```
s.a=4225  s.b=130  s.u.x=65  s.u.c='A'
```

（3）按要求编写程序。

①有 10 个学生，每个学生的数据包括学号、姓名、3 门课的成绩，从键盘输入 10 个学生的数据，要求输出平均分最高的学生的数据（包括学号、姓名、3 门课的成绩、平均分）。

要求使用 input 函数和 output 函数分别输入和输出 10 个学生的信息；求平均分最高的学生信息也用函数实现。

②10 个人围成一圈，从第一个人开始顺序报数 1、2、3。凡报到“3”者退出圈子，找出最后留在圈子中的人的原来序号。要求用结构体方法编程。

③建立一个链表，节点包括学号、姓名、性别、年龄。输入一个年龄数据，如果链表中的节点所包含的年龄等于此年龄，则将此节点删除。

10.10 实验十：位运算

10.10.1 实验目的

（1）掌握按位的概念和方法，学会使用位运算符。

（2）学会通过位运算实现对某些位的操作。

10.10.2 实验内容

（1）编写一个程序，取一个整数从右端开始的4～7位。

算法提示如下：

①先使a右移4位：a >> 4，使要取出的那几位移到最右端。

②设置一个低4位全为1，其余全为0的数~ (~ 0 << 4)。

③将上面①、②进行&运算(a >> 4) & ~ (~ 0 << 4)。

（2）编写一个程序，检查所用的计算机系统的C编译在执行右移时是按照逻辑右移的原则还是按照算术右移的原则进行操作。如果是逻辑右移，则请编写一个函数实现算术右移；若是算术右移，则请编写一个函数实现逻辑右移。

程序提示如下：

```
unsigned getbits1(unsigned value,int n)
{
unsigned z;
z=~0;
z=z>>n;
z=~z;
z=z|(value>>n);
return(z);
}
unsigned getbits2(unsigned value,int n)
{
unsigned z;
z=(~(1>>n))&(value>>n);
return z;
}
```

思考：请总结左移、右移运算与乘法、除法运算的联系。

10.11 实验十一：文件

10.11.1 实验目的

（1）掌握文件、缓冲文件系统、文件指针的概念。

（2）学会使用打开、关闭、读、写等文件操作函数。

（3）学会使用缓冲文件系统对文件进行简单的操作。

10.11.2 实验内容

（1）分析以下程序的运行结果，并上机验证。

```
#include <stdio.h>
void main()
{
FILE *fp;int a[10]={1,2,3,0,0},i;
fp=fopen("d2.dat","wb");
fwtite(a,sizeof(int),5,fp);
fwrite(a,sizeof(int),5,fp);
fclose(fp);
fp=fopen("d2.dat","rb");
fread(a,sizeof(int),10,fp);
fclose(fp);
for(i=0;i<10;i++) printf("%d",a[i]);
}
```

（2）分析以下程序的运行结果，并上机验证。

```
#include<stdio.h>
void main()
{
FILE *fp;int k,n,a[6]={1,2,3,4,5,6};
fp=fopen("d2.dat","w");
fprintf(fp,"%d%d%d\n",a[0],a[1],a[2]);
fprintf(fp,"%d%d%d\n",a[3],a[4],a[5]);
fclose(fp);
fp=fopen("d2.dat","r");
fscanf(fp,"%d%d",&k,&n);printf("%d%d\n",k,n);
fclose(fp);
}
```

（3）分析以下程序的运行结果，并上机验证。

```
#include<stdio.h>
void main()
{
FILE *fp;
int i,a[6]={1,2,3,4,5,6};
fp=fopen("d3.dat","w+b");
fwrite(a,sizeof(int),6,fp);
/*该语句使读文件的位置指针从文件头向后移动 3 个 int 型数据*/
fseek(fp,sizeof(int)*3,SEEK_SET);
```

```
fread(a,sizeof(int),3,fp);
fclose(fp);
for(i=0;i<6;i++)printf("%d,",a[i]);
}
```

（4）分析以下程序的运行结果，并上机验证。

```
#include <stdio.h>
void main()
{
FILE *fp;int i,k,n;
fp=fopen("data.dat","w+");
for(i=1;i<6;i+ +)
{
fprintf(fp,"%d",i);
if(i%3= =0) fprintf(fp,"\n");
}
rewind(fp);
fscanf(fp,"%d%d",&k,&n);printf("%d%d\n",k,n);
fclose(fp);
}
```

（5）按要求编写程序。

①从键盘输入一个字符串和一个十进制整数，将它们写入 test1.txt 文件中，然后从test1.txt 文件中读出并显示在屏幕上。

②从键盘输入一行字符串，将其中的小写字母全部转换成大写字母，然后输出到一个磁盘文件“test2.txt”中保存，并检验 test2.txt 文件中的内容。

③有两个学生，每个人有 4 门课的成绩，从键盘输入学生的学号、姓名、4 门课的成绩，计算出每个人的平均分并将其原始数据都存放在磁盘文件“stud”中，再检验 stud 文件的内容。

第 11 章　习题

11.1　习题 1：C 语言概述

一、选择题

1. C 语言的程序一行写不下时，可以（　　）。

A. 用逗号换行　　B. 用分号换行

C.在任意一空格处换行　　D. 用回车符换行

2. C 语言程序的执行是从（　　）。

A. 本程序的 main 函数开始，到 main 函数结束

B. 本程序文件的第一个函数开始，到本程序文件的最后一个函数结束

C. 本程序文件的第一个函数开始，到本程序 main 函数结束

D. 本程序的 main 函数开始，到本程序文件的最后一个函数结束

3. 以下叙述不正确的是（　　）。

A. C 语言源程序必须包含一个 main 函数

B. C 语言源程序可由一个或多个函数组成

C. C 语言程序的基本组成单位是函数

D. 在 C 语言程序中，注释说明只能位于一条语句的后面

4. 以下描述正确的是（　　）。

A. 在对 C 语言程序进行编译的过程中，可发现注释中的拼写错误

B. 在 C 语言程序中，main 函数必须位于程序的最前面

C. C 语言本身没有输入/输出语句

D. C 语言程序的每行中只能写一条语句

5. C 语言程序是由（　　）。

A. 一个主程序和若干个子程序组成的　　B. 函数组成的

C. 若干过程组成的　　D. 若干子程序组成的

6. C 语言的关键字是（　　）。

A. NULL　　B. file　　C. include　　D. typedef

7. 正确的自定义标识符是（　　）。

A. if　　B. a*b　　C. iF　　D. 8pq

8. 下面标识符中,不合法的用户标识符为（　　）。

A. dollar$　　B. _102　　C. CHAR5　　D. PAd

9. 以下不能正确表示代数式 $\frac{2ab}{cd}$ 的 C 语言表达式的是（　　）。

A. 2*a*b/c/d　　B. a*b/c/d*2　　C. a/c/d*b*2　　D. 2*a*b/c*d

10.一个算法应该具有“确定性”等 5 个特性，下面对另外 4 个特性的描述中错误的是（　　）。

A. 有零个或多个输入　　B. 有零个或多个输出

C. 有穷性　　D. 可行性

11.以下叙述中正确的是（　　）。

A. C 语言的源程序不必通过编译就可以直接运行

B. C 语言的每条可执行语句最终都将被转换成二进制的机械指令

C. C 语言的源程序经编译形成的二进制代码可以直接运行

D. C 语言的函数不可以单独进行编译

12.对使用 C 语言编写的程序，以下叙述中哪个是正确的（　　）。

A. 可立即执行　　B. 是一个源程序

C. 经过编译即可执行　　D. 经过编译解释才能执行

13.有一个命名为 file.C 的 C 语言源程序，当正常执行后，在当前目录下不存在的文件（　　）。

A. file.OBJ　　B. file.DAT　　C. file.EXE　　D. file.C

二、判断题

判断下列各题是否正确，正确的打“√”，错误的打“×”。

1. C 程序总是从程序的第一条语句开始执行。（　）

2. 在 C 语言程序中，注释说明只能位于一条语句的后面。（　）

3. C 语言程序的执行总是从该程序的 main 函数开始，在 main 函数最后结束。（　）

4. main 函数必须写在一个 C 语言程序的最前面。（　）

5. 一个 C 语言程序可以包含若干个函数。（　）

6. 可用 Visual C++ 6.0 编译、连接、运行、调试 C 语言程序。（　）

7. C 语言程序的注释部分可以出现在程序的任何位置，它对程序的编译和运行不起任何作用，但是可以增加程序的可读性。（　）

8. C 语言程序的注释只能是一行。（　）

9. C 语言程序的注释不能是中文文字信息。（　）

10. 在 C 语言程序中对用到的所有数据都必须指定其数据类型。（　）

11. 一个变量在内存中占据一定的存储单元。（　）

12. 一个实型变量的值肯定是精确的。（　）

13. 在 C 语言程序的表达式中，为了明确表达式的运算次序，常使用括号“()”。（　）

三、填空题

1. C 程序是由_______构成的，一个 C 程序中必须有且只有一个_______。_______是 C 程序的基本单位。

2. C 程序注释是由_______和_______所界定的文字信息组成的。

3. 结构化程序由_______、_______、_______3 种基本结构组成。

4. 模块化程序设计的设计原则是_______和_______。

5. _______+_______=程序。_______是程序的灵魂。

6. 一个计算机程序应包括_______和_______的内容。

7. 组成 C 程序的基本单位是_______，其组成部分包括_______和_______。

8. C 程序中的 main 称为_______，可以出现在程序的_______位置。

9. 算法是______。计算机算法的特性是______、______、______、______、______。

10. 计算机算法可以用_______、_______和_______等方法表示。

11. 由“/*”和“*/”括起来的内容称为_______，它的作用是_______。

12. 结构化程序设计的主要方法是_______。

13. C 语言的标识符只能由大小写字母、数字和下划线三种字符组成，而且第一个字符必须为_______。

14. 在 C 语言中，不同运算符之间的运算次序存在_______的区别，同一运算符之间的运算次序存在_______的规则。

15. C 语言程序由若干个_______和_______文件组成，而此类文件可由若干个_____以及_____部分组成。

16. C 语句可以分为_______、_______、_______、_______和_______等 5 种类型。

17. 一个表达式要构成一条 C 语句，必须_______。

18. 复合语句是用一对_______界定的语句块。

19. printf 函数和 scanf 函数的格式说明都使用_______字符开始。

20. scanf 处理输入数据，当遇到下列情况时，该数据就会认为结束：（1）_______，（2）_______，（3）_______。

21. C 语言本身不提供输入/输出语句，其输入/输出操作是由_______来实现的。

22. 一般来说，调用标准字符或格式输入/输出库函数时，文件开头应有以下预编译命令：_______。

11.2　习题 2：基本数据类型、运算符和表达式

一、选择题

1. C 语言程序总是从（　　）开始执行的。

A. 程序中的第一个函数　　B. main 函数

C. 包含文件（头文件)的第一个函数　　D. 程序中的第一条语句

2. 以下选项中，正确的整型常量是（　　）。

A. 092　　B. 123　　C. 0xlg　　D. 0

3. 以下选项中，合法的标识符是（　　）。

A. hello.c　　B. #number　　C. Main　　D. void

4. 如果有 int a,b;a=1.5;b=a+2.5;，则 b 的值为（　　）。

A. 1　　B. 2　　C. 3　　D. 4

5. 下面表达式正确的是（　　）。

A. a=b++　　B. int(a+b)　　C. a=b=1　　D. a=12%1.5

6. 下面程序的运行结果为（　　）。

```
#include<stdio.h>
void main()
{
int x,y;
x=y=5;
y=x++;
y++;
++y;
printf("%d\n",x,y);
}
```

A. 4　　B. 5　　C. 6　　D. 7

7. 以下程序段执行后输出结果为（　　）。

```
#include<stdio.h>
void main()
{
int c1,c2;
c1=97;
c2=98;
printf("%c,%c\n",c1,c2);
printf("%d,%d\n",c1,c2);
}
```

A. a,b　　B. 97,98　　C. a,b　　D. 程序有错

8. 以下程序段执行后 z 的值为（　　）。

```
int x,y,z,a=100;
x=a++;
y=--a;
z=x+y-a--;
```

A. 100　　B. 99　　C. 101　　D. 102

9. 以下程序段执行后的输出结果为（　　）。

```
int x=1,y=5,z=9,a;
a=(x++;++y;--z);
printf("%d,%d,%d,%d",x,y,z,a);
```

A. 2,6,8,1　　B. 2,6,8,8　　C. 2,6,8,9　　D. 1,5,9,9

10. 以下选项中，当 x 为大于 1 的奇数时，值为 0 的表达式是（　　）。

A. x%2==1　　B. x/2　　C. x%2!=0　　D. x%2==0

二、填空题

1. 若有 int a=5;，则执行语句 a+=a-=a*a 后，变量 a 的值是_______。

2. 设 a=3,b=2,c=1，则 a>b 的值为_______，a>b>c 的值为_______。

3. 已知定义 int x=4；则表达式 x=x+2.56 的值是_______。

4. C 语言的基本数据类型有_______、_______、_______。

5. 已知 int x=6;，则执行 x+=x-=x-3;语句后，x 的值为_______。

11.3 习题 3：程序的流程控制

一、选择题

1. 已知 int x=10,y=3,z;，则下列语句的输出结果是（　　）。

printf("z=%d",z=(x%y,x/y));

A. z=1　　B. z.=0　　C. z=4　　D. z=3

2. 根据定义和数据的输入方式，输入语句的正确形式为（　　）。

已有定义：float f1,f2;

数据的输入方式：4.52

3.5

A. scanf("%f,%f",&f1,&f2);

B. scanf("%f%f",&f1,&f2);

C. scanf("%3.2f%2.1f",&f1,&f2);

D. scanf("%3.2f%2.1f",&f1,&f2);

3. 以下说法正确的是（　　）。

A. 输入项可以为一个实型常量，如 scanf("%f",3.5)

B. 只有格式控制没有输入项，也能进行正确输入，如 scanf("a=%d,b=%d")

C. 当输入一个实型数据时，格式控制部分应规定小数点后的位数，如 scanf("%4.2f",&f)

D. 当输入数据时，必须指明变量的地址，如 scanf("%f",&f)

4. 以下能正确定义整型变量 a、b 和 c，并为其赋初值 5 的语句是（　　）。

A. int a=5;int b=5;int c=5;　　B. int a,b,c;

C. a=5,b=5,c=5;　　D. a=b=c=5;

5. 已知 ch 是字符型变量，下面正确的赋值语句是（　　）。

A. ch='123';　　B. ch='\xff';　　C. ch='\08';　　D. ch="\";

6. printf 函数中用到格式符%-6s。如果字符串长度大于 6，则输出按方式（　　）。

A. 从左边输出该字符串，右边补空格　B. 按原字符串长度从左向右全部输出

C. 右对齐输出该字符串，左边补空格　D. 系统报错

7. putchar 函数可以向终端输出一个（　　）。

A. 整型变量表达式　　B. 实型变量值

C. 字符串　　D. 字符或字符型变量

8. 下列格式符中，可以用于以八进制形式输出整数的是（　　）。

A. %d　　B. %8d　　C. %o　　D. %ld

9. 若变量已正确说明为 int 类型，要给 a、b、c 输入数据，则语句正确的是（　　）。

A. read(a,b,c);　　B. scanf("%d%d%d",a,b,c);

C. scanf("%D%D%D",&a,%b,%c);　D. scanf("%d%d%d"，&a,&b,&c);

10.若有以下定义，则正确的赋值语句是（　　）。

int a,b;float x;

A. a=1,b=2　　B. b++　　C. a=b=5　　D. b=int(x);

二、填空题

1. 以下程序的输出结果是_______。

```
void main()
{
short i;
i=-4;
printf("*\ni:dec=%d,oct=%o,hex=%x,unsigned=%u\n",i,i,i,i);
}
```

2. 若 x 为 int 型变量，则执行以下语句后 x 的值是_______。

```
x=7;
x+=x-=x+x;
```

3. 若 a 和 b 均为 int 型变量，则以下语句的功能是_______。

```
a+=b; b=a-b;a-=b;
```

4. 有一输入 scanf("%d",&k);，则不能使 float 类型变量 k 得到正确数值的原因是_______。

5. 当给 a 赋值为 1 时，以下程序的输出结果是_______。

```
void main()
{
```

```
int a;
scanf("%d",&a);
printf("%s",(a%2!=0)?"NO":"YES");
}
```

三、编程题

1. 编写一个简单的C语言程序，输入以下信息：

```
**************************************
Welcome to C Programme
**************************************
```

2. 通过键盘输入任意一个成绩数据，成绩大于90的输出“优秀”，成绩在80到89之间的输出“良好”，成绩在70到79的输出“中”，成绩在60到69之间的输出“及格”，否则输出“不及格”。

11.4 习题4：数组

一、选择题

1. int a[4]={5,3,8,9};，其中a[3]的值为（　　）。

A. 5　　B. 3　　C. 8　　D. 9

2. 以下4个字符串函数中，（　　）所在的头文件与其他3个不同。

A. gets　　B. strcpy　　C. strlen　　D. strcmp

3. 以下4个数组定义中，（　　）是错误的。

A. int a[7];　　B. #define N 5　long b[N];

C. char c[5];　　D. int n,d[n];

4. 字符数组进行初始化，（　　）形式是错误。

A. char c1[ ]={'1','2','3'};　　B. char c2[ ]=123;

C. char c3[ ]={'1','2','3','\0'};　　D. char c4[ ]="123";

5. 在数组中，数组名表示（　　）。

A. 数组第一个元素的首地址　　B. 数组第二个元素的首地址

C. 数组所有元素的首地址　　D. 数组最后一个元素的首地址

6. 若有以下数组说明，则数值最小的和数值最大的元素的下标分别是（　　）。

```
int a[12] ={1,2,3,4,5,6,7,8,9,10,11,12};
```

A. 1,12　　B. 0,11　　C. 1,11　　D. 0,12

7. 若有以下说明，则数值为4的表达式是（　　）。

int a[12]={1,2,3,4,5,6,7,8,9,10,11,12};　　char c='a',d,g;

A. a[g-c]　　B. a[4]　　C. a['d'-'c']　　D. a['d'-c]

8. 设有定义 char s[12] = "string";，则 printf("%d\n",strlen(s));的输出是（　　）。

A. 6　　B. 7　　C. 11　　D. 12

9. 设有定义 char s[12] = "string";，则 printf("%d\n",sizeof(s));的输出是（　　）。

A. 6　　B. 7　　C. 11　　D. 12

10.合法的数组定义是（　　）。

A. char a[ ]="string";　　B. int a[5]={0,1,2,3,4,5};

C. char a="string" ;　　D. char a[ ]={0,1,2,3,4,5}

11.合法的数组定义是（　　）。

A. int a[3][ ]={0,1,2,3,4,5};　　B. int a[ ][3]={0,1,2,3,4};

C. int a[2][3]={0,1,2,3,4,5,6};　　D. int a[2][3]={0,1,2,3,4,5,};

12.下列语句中，正确的是（　　）。

A. char a[3][ ]={'abc','1'};　　B. char a[ ][3]={'abc','1'};

C. char a[3][ ]={'a',"1"};　　D. char a[ ][3]={"a","1"};

13.下列定义的字符数组中，printf("%s\n",str[2]);的输出是（　　）。

static str[3][20] ={ "basic","foxpro","windows"};

A. basic　　B. foxpro　　C. windows　　D. 输出语句出错

14.下列各语句定义了数组，其中哪一个是不正确的（　　）。

A. char a[3][10]={"China","American","Asia"};

B. int x[2][2]={1,2,3,4};

C. float x[2][ ]={1,2,4,6,8,10};

D. int m[][3]={1,2,3,4,5,6};

15.数组定义为 int a[3][2]={1,2,3,4,5,6}，值为 6 的数组元素是（　　）。

A. a[3][2]　　B. a[2][1]　　C. a[1][2]　　D. a[2][3]

16.下面程序中哪一行有错误（　　）。

```
#include <stdio.h>
main()
{
float array[5]={0.0};              //第 A 行
int i;
for(i=0;i<5;i++)
scanf("%f",&array[i]);
for(i=1;i<5;i++)
array[0]=array[0]+array[i];        //第 B 行
printf("%f\n",array[0]);           //第 C 行
}
```

A. 第 A 行　　B. 第 B 行　　C. 第 C 行　　D. 没有

17.下面哪一项是不正确的字符串赋值或赋初值的方式（　　）。

A. char *str;str="string";

B. char str[7]={'s','t','r','i','n','g'};

C. char str1[10];str1="string";

D. char str1[]="string",str2[]="12345678";

18.若有以下说明和语句，则输出结果是哪一项（　　）。(strlen(s)为求字符串 s 的长度的函数。)

```
char s[12]="a book!";    printf("%d",strlen(s));
```

A. 12　　B. 8　　C. 7　　D. 11

19.若有以下说明和语句，则输出结果是（　　）。

```
char sp[]="\t\v\\\0will\n";      printf("%d",strlen(sp));
```

A. 14　　B. 3　　C. 9　　D. 字符串中有非法字符

20.若有以下说明和语句，则输出结果是（　　）。

char str[]="\"c:\\abc.dat\""; printf("%s",str);

A. 字符串中有非法字符　　B. \"c:\\abc.dat\"

C. "c:\abc.dat"　　D. "c:\\abc.dat"

二、填空题

1. C 语言中，数组的各元素必须具有相同的______，元素的下标下限为______，下标必须是正整数、0 或者______。但在程序执行过程中，不检查元素下标是否______。

2. C 语言中，数组在内存中占一片连续的存储区，由______代表它的首地址。数组名是一个　　　常量，不能对它进行赋值运算。

3. 执行 static int b[5],a[ ][3]={1,2,3,4,5,6};后，b[4] =______，a[1][2] =______。

4. 设有定义语句 static int a[3][4]={{1},{2},{3}};，则 a[1][0]的值为______，a[1][1]的值为______，a[2][1]的值为______。

5. 如果定义语句为 char a[]="windows",b[]="95";，则语句 printf("%s",strcat(a,b));的输出结果为______。

6. 根据以下说明,写出正确的说明语句：men 是一个有 10 个整型元素的数组，______;step 是一个有 4 个实型元素的数组,元素值分别为 1.9,-2.33,0,20.6，______;grid 是一个二维数组,共有 4 行、10 列整型元素，______。

7. array 是一个一维整型数组,有 10 个元素,前 6 个元素的初值是 9,4,7,49,32,-5,正确的说明语句为：______。该数组下标的取值范围是从______到______（从小到大）。用 scanf 函数输入数组的第二个元素表示为：______。用赋值语句把 39 存入第一个元素表示为：array[0] = 39;。把第六个和第四个元素之和存入第一个元素表示为：______。

8. 字符串"ab\n\\012/\\\""的长度为______。

三、程序阅读题

1.
```
#include <stdio.h>
void main()
{
    int a[6]={12,4,17,25,27,16},b[6]={27,13,4,25,23,16},i,j;
    for(i=0;i<6;i++)
    {
        for(j=0;j<6;j++) if(a[i]==b[j])break;
        if(j<6) printf("%d ",a[i]);
    }
    printf("\n");
}
```

程序的运行结果是______。

2.
```
#include <stdio.h>
void main()
{
    char a[8],temp; int j,k;
    for(j=0;j<7;j++) a[j]='a'+j;  a[7]='\0';
    for(j=0;j<3;j++)
    {
        temp=a[6];
        for(k=6;k>0;k--) a[k]=a[k-1];
        a[0]=temp;
        printf("%s\n",a);
    }
}
```

程序的运行结果是______。

3.
```
#include <stdio.h>
#include <string.h>
void main( )
{
    char str1[ ]="*******";
    for(int i=0;i<4;i++)
    {
      printf("%s\n",str1);
      str1[i]=' ';
      str1[strlen(str1)-1]='\0';
    }
}
```

程序的运行结果是______。

四、编程题

1. 输入 10 个整型数存入一维数组，输出值和下标都为奇数的元素个数。

2. 从键盘输入任意 10 个数并存放到数组中，然后计算它们的平均值，找出其中的最大数和最小数，并显示结果。

3. 有 5 个学生，每个学生有 4 门课程，输出不及格课程的学生成绩。

4. 已知两个升序序列，将它们合并成一个升序序列并输出。

5. 从键盘上输入一个字符串，统计字符串中的字符个数。不许使用求字符串的长度函数 strlen。

6. 输入一个字符串存入数组 a，对字符串中的每个字符用加 3 的方法加密并存入数组 b，再对 b 中的字符串解密存入数组 c，最后依次输出数组 a、b、c 中的字符串。

7. 输出九九乘法表。

11.5　习题 5：模块化程序设计

一、选择题

1. 在 C 语言中，形参的默认存储类别是（　　）。

A. auto　　B. register　　C. static　　D. extern

2. 调用函数时，如果实参是简单变量，它与对应形参之间的数据传递方式是(　　)。

A. 地址传递　　B. 单向值传递

C. 由实参传给形参，再由形参传回实参　D. 传递方式由用户指定

3. 若程序中定义了以下函数

```
double myadd(double a,double b)
{ return(a+b);}
```

并将其放在调用语句之后，则在调用之前应该对该函数进行说明，以下选项中错误的说明是（　　）。

A. double myadd(double a,b)

B. double myadd(double,double);

C. double myadd(double b,double a);

D. double myadd(double x,double y);

4. 对 C 语言函数的有关描述中,以下正确的是（　　）。

A. 在 C 语言中调用函数时,只能把实参的值传送给形参，形参的值不能传送给实参

B. C 语言函数既可以嵌套定义又可以递归调用

C. 函数必须有返回值，否则不能使用函数

D. C 程序中有调用关系的所有函数必须放在同一个源程序文件中

5. 以下叙述中不正确的是（　　）。

A. 在 C 语言中,函数中的自动变量可以赋初值，每调用一次，赋一次初值

B. 在 C 语言中调用函数时,实参和对应的形参在类型上只需赋值兼容

C. 在C语言中，外部变量的隐含类别是自动存储类别

D. 在C语言中，函数形参可以说明为register变量

6. 有以下程序

```
main()
{ int i,s=0;
for(i=1;i<10;i+=2) s+=i+1;
printf("%d\n",s);
}
```

程序执行后的输出结果是（　　）。

A. 自然数1～9的累加和　　B. 自然数1～10的累加和

C. 自然数1～9中的奇数之和　　D. 自然数1～10中的偶数之和

7. 以下叙述中不正确的是（　　）。

A. 在不同的函数中可以使用相同名字的变量

B. 函数中的形参是局部变量

C. 在一个函数内定义的变量只在本函数范围内有效

D. 在一个函数内的复合语句中定义的变量在本函数范围内有效

8. 以下叙述中错误的是（　　）。

A. C程序必须由一个或一个以上的函数组成

B. 函数调用可以作为一个独立的语句存在

C. 若函数有返回值，则必须通过return语句返回

D. 函数形参的值也可以传回给对应的实参

9. 有如下函数调用语句

```
func(rec1,rec2+rec3,(rec4,rec5));
```

该函数调用语句中，含有的实参个数是（　　）。

A. 3　　B. 4　　C. 5　　D. 有语法错误

10.有如下程序

```
int func(int a,int b)
{ return(a+b);}
main()
{ int x=2,y=5,z=8,r;
r=func(func(x,y),z);
printf("%d\n",r);
}
```

该程序的输出结果是（　　）。

A. 12　　B. 13　　C. 14　　D. 15

11.在C语言中，函数的隐含存储类别是（　　）。

A. auto　　B. static　　C. extern　　D. 无存储类别

12.下列叙述中正确的是（ ）。

A. C 语言编译时不检查语法
B. C 语言的子程序有过程和函数两种
C. C 语言的函数可以嵌套定义
D. C 语言的所有函数都是外部函数

13.以下所列的各函数首部中，正确的是（ ）。

A. void play(var:Integer,var b:Integer)

B. void play(int a,b)

C. void play(int a,int b)

D. Sub play(a as integer,b as integer)

14.当调用函数时，实参是一个数组名，则向函数传送的是（ ）。

A. 数组的长度
B. 数组的首地址
C. 数组每个元素的地址
D. 数组每个元素中的值

15.只有在使用时才为该类型变量分配内存的存储类说明是（ ）。

A. auto 和 static
B. auto 和 register
C. register 和 static
D. extern 和 register

16.以下叙述中正确的是（ ）。

A. 构成 C 程序的基本单位是函数

B. 可以在一个函数中定义另外一个函数

C. main 函数必须放在其他函数之前

D. 所有被调用的函数一定要在调用之前进行定义

17.C 语言中，函数值类型的定义可以默认，此时函数值的隐含类型是（ ）。

A. void　　B. int　　C. float　　D. double

18.若已定义的函数有返回值，则以下关于该函数调用的叙述中错误的是（ ）。

A. 函数调用可以作为独立的语句存在

B. 函数调用可以作为一个函数的实参

C. 函数调用可以出现在表达式中

D. 函数调用可以作为一个函数的形参

二、填空题

1. 变量的作用域主要取决于变量_________,变量的生存期既取决于变量_________，又取决于变量_________。

2. 说明变量时，若省略存储类型符，则系统默认其为_________存储类别，该存储类别的类型符为_________。

3. 静态类型局部变量的作用域是_________，生存期是_________。

4. 函数中的形参和调用时的实参都是数组名时，传递方式为________，都是变量时，传递方式为________。

5. 函数形参的作用域为________，全局的外部变量与函数体内定义的局部变量重名时，________变量优先。

6. 若自定义函数要求返回一个值，则在该函数体中应有一条________语句，若自定义函数要求不返回一个值，则在该函数说明时应加一个类型说明符________。

7. 若函数的形式参数是指针类型，则实参可以是________或________。

8. 函数的参数为 char *类型时，形参与实参结合的传递方式为________。

三、程序阅读题

1.

```
int f(int a[], int n)
{ if (n >= 1) return f(a, n-1)+a[n-1];
else return 0;
}
main()
{ int aa[5]={1,2,3,4,5}, s;
s=f(aa, 5); printf("%d\n", s);
}
```

程序的运行结果是________。

2. 运行以下程序，输入 abcd，程序的输出结果是：________。

```
insert(char str[])
{ int i;
i=strlen(str);
while(i>0)
{ str[2*i]=str[i];str[2*i-1]='*';i--;}
printf("%s\n",str);
}
main()
{ char str[40];
scanf("%s", str);insert(str);
}
```

3.

```
fun(int t[], int n)
{ int i, m;
if(n==1)return t[0];
else
if(n>=2){m=fun(t, n-1);return m;}
}
main()
{ int a[]={11, 4, 6, 3, 8, 2, 3, 5, 9, 2};
printf("%d\n", fun(a, 10));
}
```

程序的运行结果是________。

四、编程题

1. 编写一个函数，将一个字符串中的元音字母复制到另一个字符串中，然后输出。

2. 编写一个函数，使给定的一个二维数组（3×3）转置，即行列互换。

3. 编写一个判断素数的函数,在主函数输入一个整数，输出是否是素数的信息。

4. 输入5个学生的4门课的成绩，分别用函数实现下面的功能：

（1）计算每个学生的平均分。

（2）将平均分从高到低进行排序。

5. 编写函数 int mymod(int a,int b)用来求 a 被 b 除之后的余数。

6. 编写函数求$1-\frac{1}{2}+\frac{1}{3}-\frac{1}{4}+\frac{1}{5}-\frac{1}{6}+\frac{1}{7}-\cdots+\frac{1}{n}$。

7. 编写函数，根据整型形参 m 的值，计算如下公式的值。

$$t=1-\frac{1}{2\times2}-\frac{1}{3\times3}-\cdots-\frac{1}{m\times m}$$

例如，若 m=5，则应输出 0.536389。

11.6 习题6：指针

一、选择题

1. 若 int i,j=7,*p=&i;,则与 i=j;等价的语句是（　　）。

A. i=*p;　　B. *p=*&j;　　C. i=&j;　　D. i=**p;

2. 若 int a[10]={1,2,3,4,5,6,7,8,9,10},*p=a;，则数值为6的表达式是（　　）。

A. *p+6　　B. *(p+6)　　C. *p+=5　　D. p+5

3. 下面不能正确进行字符串赋值操作语句的是（　　）。

A. char s[5]={"ABCDE"};　　B. char s[5]={'A','B','C','D','E'};

C. char *s;s="ABCDEF";　　D. char *s; scanf("%s",s);

4. 若有以下定义和语句：

```
char  *s1="12345",*s2="1234";
printf("%d\n",strlen(strcpy(s1,s2)));
```

则输出结果是（　　）。

A. 4　　B. 5　　C. 9　　D. 10

5. 以下不能正确进行字符串赋初值语句的是（　　）。

A. char　str[5]="good!";　　B. char str[]="good!";

C. char　*str="good!";　　D. char str[5]={'g','o','o','d'};

6. 下面程序的输出结果是（　　）。

```
main()
{ int a[10]={  1,2,3,4,5,6,7,8,9,10},*p=a;
printf("%d\n",*(p+2));}
```

A. 3　　B. 4　　C. 1　　D. 2

7. 若 int n=2,*p=&n,*q=p;，则以下为非法赋值语句的是（　　）。

A. p=q;　　B. *p=*q;　　C. n=*q;　　D. p=n;

8. 若 int a[10]={1,2,3,4,5,6,7,8,9,10},*p=a;，则数值为 9 的表达式的是（　　）。

A. *p+9　　B. *(p+8)　　C. *p+=9　　D. p+8

9. 若 char s[20]="programming",*ps=s;，则不能代表字符 o 的表达式的是（　　）。

A. ps+2　　B. s[2]　　C. ps[2]　　D. *(ps+2)

10. 若有以下定义和语句：

```
int a[10]={1,2,3,4,5,6,7,8,9,10},*p=a;
```

则不能表示 a 数组元素的表达式的是（　　）。

A. *p　　B. a[10]　　C. *a　　D. a[p-a]

11. 若有以下定义:

```
int a[]={1,2,3,4,5,6,7,8,9,10},*p=a;
```

则值为 3 的表达式的是（　　）。

A. p+=2,*(p++)　　B. p+=2,*++p　　C. p+=3,*p++　　D. p+=2,++*p

12. 若已定义 int a[9]，*p=a;并在以后的语句中未改变 p 的值，则不能表示 a[1]地址的表达式的是（　　）。

A. p+1　　B. a+1　　C. a++　　D. ++p

13. 下面程序把数组元素中的最大值放入 a[0]中，则在 if 语句中的条件表达式应该是（　　）。

A. p>a　　B. *p>a[0]　　C. *p>*a[0]　　D. *p[0]>　*a[0]

```
#include  "stdio.h"
main()
{ int a[10]={6,7,2,9,1,10,5,8,4,3},*p=a,i;
for(i=0;i<10;i++,p++)
if(________)  *a=*p;
printf("%d",*a);
}
```

14. 若有以下定义和语句：

```
double r=99, *p=&r;
*p=r;
```

则以下正确的叙述是（　　）。

A. 以下两处的*p 含义相同，说明给指针变量 p 赋值

B. 在"double r=99，*p=&r;"中，把 r 的地址赋给了 p 所指的存储单元

C. 语句"*p=r;"把变量 r 的值赋给指针变量 p

D. 语句"*p=r;"取变量 r 的值放回 p 中

15. 若已定义:

```
int a[]={0,1,2,3,4,5,6,7,8,9},*p=a,i;
```

其中 0≤i≤9,则对 a 数组元素不正确的引用是（　　）。

A. a[p-a]　　B. *(&a[i])　　C. p[i]　　D. a[10]

16. 有如下程序段:

```
int *p,a=10,b=1;
p=&a;a=*p+b;
```

执行该程序段后，a 的值为（　　）。

A. 12　　B. 11　　C. 10　　D. 编译出错

17. 对于基类型相同的两个指针变量之间，不能进行运算的是（　　）。

A. <　　B. =　　C. +　　D. -

二、填空题

1. 若有定义：char ch;

（1）使指针 p 指向变量 ch 的定义语句是_______。

（2）使指针 p 指向变量 ch 的赋值语句是_______。

（3）在（1）的基础上，通过指针 p 给变量 ch 读入字符的 scanf 调用语句是_______。

（4）在（1）的基础上，通过指针 p 给变量 ch 赋字符'a'的语句是_______。

（5）在（1）的基础上，通过指针 p 用格式输出函数输出 ch 中字符的语句是_______。

2. 以下程序的输出结果是_______。

```
void main()
{ int i=3,j=2;
  char *a="DCBA";
    printf("%c%c\n",a[i],a[j]);
  }
```

3. 以下函数的功能是把两个整数指针所指的存储单元中的内容进行交换，请填空。

```
void exchange(int *x,int *y)
{ int t;
  t=*y;*y=_____;*x=_____;
}
```

三、程序阅读题

1.

```
main()
{ static char a[]="ABCDEFGH",b[]="abCDefGh";
  char *p1,*p2;
  int k;
```

```
  p1=a;p2=b;
  for(k=0;k<=7;k++)
  if(*(p1+k)==*(p2+k))
  printf("%c",*(p1+k));
  printf("\n");
}
```

程序的运行结果是__________。

2.

```
#include <stdio.h>
main()
{ char b[]="ABCDEFG";
  char *chp=&b[7];
  while(--chp>&b[0])
  putchar(*chp);
  putchar("\n");
}
```

程序的运行结果是__________。

3.

```
main()
{ char a[]="123456789",*p;int i=0;
  p=a;
  while(*p)
{ if(i%2) *p='*';
  p++;i++;
}
  puts(a);
}
```

程序的运行结果是__________。

四、编程题

1. 输入 3 个整数 a、b、c，要求按大小顺序输出它们。使用函数实现改变这 3 个变量的值。

2. 有一字符串 a，内容为 My name is Li jilin.；另有一字符串 b，内容为 Mr. Zhang Haoling is very happy.。编写一函数，将字符串 b 中从第 5~17 个字符复制到字符串 a 中，取代字符串 a 中第 12 个字符以后的字符，并输出新的字符串。

3. 请编写函数，其功能是对传送过来的两个浮点数求和值与差值，并通过形参传送回调用函数。

4. 请编写函数，对传送过来的 3 个数选出最大数和最小数，并通过形参传回调用函数。

11.7　习题7：结构体和共用体

一、选择题

1. 以下数据类型定义正确的是（　　）。

A.
```
struct
{char sno[12],
char sname[10]
}
```

B.
```
struct aa
{
char sno[12];
char sname[10];
}
```

C.
```
struct
{
char sno[12],
char sname[10];
}
```

D.
```
struct ab
{
char sno[12];
char sname[10];
};
```

2.以下数据类型定义不正确的是（　　）。

A.
```
struct
{
char sno[12];
int age;
};
```

B.
```
struct aa
{
char sno[12];
int age=20;
}
```

C.
```
struct
{
char sno[12];
int a,b,c;
};
```

D.
```
struct ab
{
char sno[12];
float y;
};
```

3.若有定义：
```
struct student
{
int num;
char name[8];
char sex;
float score;
} stul;
```
则变量stul所占内存字节数为（　　）。

A. 15　　B. 16　　C. 8　　D. 19

4. 设有如下语句：
```
struct stu
```

```
{
int num;
int age;
};
struct stu s[3]={{101,18},{102,21},{103,19}};
struct stu *p=s;
```

则下面表达式的值为 102 的是（　　）。

A. (p++)→num　　B. (*++p).num

C. (*p++).num　　D. *(++p)→num

5. 以下 C 语言共用体类型数据描述中，正确的是（　　）。

A. 共用体变量占的内存大小等于所有成员所占的内存大小之和

B. 共用体类型不可以出现在结构体类型定义中

C. 在定义共用体变量的同时允许对第一个成员的值进行初始化

D. 同一共用体各成员的首地址不相同

6. 以下说法正确的是（　　）。

A. 结构体变量定义时不能被初始化

B. 同类结构体变量之间可以相互赋值

C. 结构体变量各数据成员共用同一存储空间

D. 结构体变量的地址也是第一个数据成员的地址，因为二者是同类型的地址

7. 设有定义“struct{int x;int y}a,*p=&a;”,则对结构体 a 的成员 y 的正确引用方式有（　　）。

A. a→y　　B. p.y　　C. p→y　　D. *p.y

8. 已知职工记录描述为：

```
struct  workers
{
int no;
char name[20];
char sex;
struct
{
int day;
int month;
int year;
} birth;
};
struct workers  w;
```

设变量 w 中的“生日”应是“1993 年 10 月 25 日”,下列对“生日”的正确赋值方式是（　　）。

A. day=25; month=10; year=1993;

B. w.day=25w.month=10; w.year=1993;

C. w.birth.day=25; w.birth.month=10; w.birth.year=1993;

D. birth.day=25; birth.month=10; birth.year=1993;

9. 设有如下定义:

```
struct sk
{
int a;
float b;
} data,*p;
```

若有 p=&data;，则对 data 中的 a 成员的正确引用是（　　）。

A. (*p).data.a　　B. (*p).a　　C. p->data.a　　D. p.data.a

10.共用体类型在任何给定时刻，（　　）。

A. 所有成员一直驻留在内存中　　B. 只有一个成员驻留在内存中

C. 部分成员驻留在内存中　　D. 没有成员驻留在内存中

二、填空题

1. 若有以下说明和定义且数组 w 与变量 k 已正确赋值，则对 w 数组里第 k 个元素中各成员的正确引用形式是________、________、________。

```
struct aa
{
int b;
char c;
double d;
};
struct aa w[10];
int k=3;
```

2. 设有“struct {int a;char b;}x;x.a=100;x.b='a';”，则 x.a+x.b 的值为_______。

3. 设有“struct {int a ;char b;}x; x.a=10;x.b='A';”，则 x.a+x.b 的值为_______。

4. 若有以下说明和定义，则对 x.b 成员的另外两种引用形式是_______和_______。

```
struct  st
{
int  a;
struct st  *b;
} *p,x;
p=&x;
```

三、分析程序并写出运行结果

1.

```
#include <stdio.h>
main()
{
struct byte
```

```
{
int x;
char y;
};
union
{
int i[2];
long j;
char m[2];
struct byte d;
} r,*s=&r;s->j=0x98765432;
printf("%x,%x\n",s->d.x,s->d.y);
}
```

2.

```
#include <stdio.h>
struct tree
{
int x;
char *s;
} t;
func(struct tree t)
{
t.x=10;
t.s="computer";
return(0);
}
main()
{
t.x=1;
t.s="minicomputer";
func(t);
printf("%d,%s\n",t.x,t.s);
}
```

3.

```
#include <stdio.h>
main()
{
union
{
char s[2];
int i;
} a;
a.i=0x1234;
printf("%x,%x\n",a.s[0],a.s[1]);
}
```

4.

```
#include<stdio.h>
void main()
```

```
{
int s=0;
struct
{
char ch;
int y;
} a[2]={{'D',34},{'A',93}},*p=a;
s=s+p->y;
p++;
s=s+(*p).ch;
printf("%d\n",s);
}
#include<stdio.h>
void main()
{
struct
{
char c;
int x;
}a={'D',234},*b=&a;
printf("%d\n",b->c+(*b).x);
}
```

四、编程题

1. 利用结构体类型编写程序，实现输入一个学生的数据（如学号、姓名、性别、家庭住址、3 门课程的成绩），计算并输出其平均成绩。

2. 定义一个结构体变量（包括年、月、日），计算该日在本年中是第几天。

3. 编写程序。输出 1~12 月份对应的英文月份名称，要求使用枚举类型变量处理。

11.8 习题 8：文件

一、选择题

1. 根据数据的组织形式，数据文件可分为（ ）。

A. 文本文件和数据块文件　　B. ASCII 文件和二进制文件

C. 流文件和文本文件　　D. 数据文件和二进制文件

2. 以下关于 C 语言文件的叙述中，正确的是（ ）。

A. 文件由一系列数据依次排列组成，只能构成二进制文件

B. 文件由结构序列组成，可以构成二进制文件或者文本文件

C. 文件由数据序列组成，可以构成二进制文件或者文本文件

D. 文件由字符序列组成，其类型只能是文本文件

3. 下列叙述中正确的是（ ）。

A. 二进制文件打开后可以先读文件的末尾，而顺序文件不可以

B. 在程序结束时，应该使用 fclose 函数关闭已打开的文件

C. 当利用 fread 函数从二进制文件中读取数据时，可以用数组名给数组中所有的元素读入数据

D. 不可以用 FILE 定义指向二进制的文件指针

4. 将一个整数 10002 保存到磁盘上，以 ASCII 码形式存储和以二进制形式存储，占用的字节数分别是（　　）。（设 int 数据占 2 个字节）

A. 2 和 2　　B. 2 和 5　　C. 5 和 2　　D. 5 和 5

5. 若执行 fopen 函数时发生错误，则函数的返回值是（　　）。

A. 地址值　　B. 0　　C. 1　　D. EOF

6. 若要对 D 盘上的一个非空文件 "w1.dat" 进行修改，正确的打开语句是（　　）。

A. fp=fopen("wl.dat","r+");　　B. fp=fopen("wl.dat","w+");

C. fp=fopen("D:\\wl.dat","w+");　　D. fp=fopen("D:\wl.dat","r+");

7. 利用 fseek 函数可实现的操作是（　　）。

A. 改变文件的位置指针　　B. 文件的顺序读/写

C. 文件的随机读/写　　D. 以上答案均正确

8. 函数 ftell(fp)的作用是（　　）。

A. 得到流式文件中的当前位置　　B. 移动流式文件的位置指针

C. 初始化流式文件的位置　　D. 以上答案均正确

9. 阅读以下程序并对程序功能进行描述，其中正确的描述是（　　）。

```
#include <stdio.h>
Main()
{
FILE *in,*out;
char ch,infile[10],outfile[10];
printf("Enter the infile name:\n");
scanf("%s",infile);
printf("Enter the outfile name:\n");
scanf("%s",outfile);
if((in=fopen(infile,"r"))==NULL)
{
printf("cannot open infile\n");
exit(0);
}
if((out=fopen(outfile,"w"))==NULL)
{
printf("cannot open outfile\n");
exit(0);
}
while(! feof(in))fputc(fgetc(in),out);
fclose(in);
fclose(out);
```

```
}
```

A. 程序完成将磁盘文件的信息显示在屏幕上的功能

B. 程序完成将两个磁盘文件合二为一的功能

C. 程序完成将一个磁盘文件复制到另一个磁盘文件中

D. 程序完成将两个磁盘文件合并在屏幕上输出

二、填空题

1. C 语言流式文件的两种形式是________和________。

2. C 语言打开文件的函数是________，关闭文件的函数是________。

3. 按指定格式输出数据到文件中的函数是________，按指定格式从文件输入数据的函数是________，判断文件指针到文件末尾的函数是________。

4. 输出一个数据块到文件中的函数是________，从文件中输入一个数据块的函数是________,输出一个字符串到文件中的函数是________，从文件中输入一个字符串的函数是________。

5. feof(fp)函数用来判断文件是否结束，如果遇到文件结束，则函数值为________，否则为________。

6. 在 C 语言中，文件的存取是以________为单位的，这种文件称为________文件。

三、程序填空题

1. 以下程序将数组 a 的 4 个元素和数组 b 的 6 个元素写到名为 lett.dat 的二进制文件中，请填空。

```
#include <stdio.h>
main()
{ FILE *fp;
char a[4]="1234",b[6]="abcedf";
if((fp=fopen("____1____","wb"))=NULL)exit(0);
fwrite(a,sizeof(char),4,fp);
fwrite(b,_____2_____,1,fp);
fclose(fp);
}
```

2. 以下程序的功能是将文件 file1.c 的内容输出到屏幕上并复制到文件 file2.c 中，请填空。

```
#include <stdio.h>
main ()
{ FILE ______1______ ;
   fp1=fopen("file1.c","r");fp2=fopen("file2.c","w");
   while (!feof(fp1)) putchar(getc(fp1));
__________2__________
   while (!feof(fp1)) putc( ______3______ );
   fclose(fp1);fclose(fp2) ;
}
```

3. 下面程序的功能是将由命令行给出的某源程序文件加行号显示出来（行号从 1 开始），请填空。

```
#include <stdio.h>
_______1________
main(int argc,char *argv[])
{ FILE *in;
  char line[81];  int row;
  if ( _______2________) {printf("Usage: %s textfile\n",argv[0]);exit(1);}
if ((in=fopen(argv[1],"________3________"))==NULL) {
printf("Can not opne %s\n",argv[1]);}
  row=0;
  while ( fgets(line,81,in)!= _______4________ ) {
printf("3d:%s", _______5________ ,line);
  }
________6________;
}
```

4. 程序通过定义学生结构体变量，存储了学生的学号、姓名和 3 门课的成绩。所有学生的数据均以二进制方式输出到文件中。函数 fun 的功能是重写形参 filename 所指文件中最后一个学生的数据，即用新的学生数据覆盖该学生原来的数据,其他学生的数据不变。

请在程序的下划线处填入正确的内容，使程序得到正确的结果。

注意：不得增行或删行，也不得更改程序的结构。

```
#include <stdio.h>
#define N 5
typedef struct student {
long sno;
char name[10];
float score[3];
} STU;
void fun(char *filename,STU n)
{FILE *fp;
/**********found**********/
fp = fopen(__1__,"rb+");
/**********found**********/
fseek(__2__,-(long)sizeof(STU),SEEK_END);
/**********found**********/
fwrite(&n,sizeof(STU),1,__3__);
fclose(fp);
}
main()
{STU
t[N]={{10001,"MaChao",91,2,77},{10002,"CaoKai",75,60,88},{10003,"LiSi"
,85,70,78},
{10004,"FangFang",90,82,87},{10005,"ZhangSan",95,80,88}};
STU n={10006,"ZhaoSi",55,70,68},ss[N];
int i,j;FILE *fp;
fp = fopen("student.dat","wb");
```

```
    fwrite(t,sizeof(STU),N,fp);
    fclose(fp);
    fp = fopen("student.dat","rb");
    fread(ss,sizeof(STU),N,fp);
    fclose(fp);
    printf("\nThe original data:\n\n");
    for (j=0;j<N; j++)
    {printf("\nNo:%ld Name:%-8s Scores:",ss[j].sno,ss[j].name);
     for (i=0;i<3;i++) printf("%6.2f",ss[j].score[i]);
     printf("\n");
    }
     fun("student.dat",n);
     printf("\nThe data after modifing:\n\n");
     fp = fopen("student.dat","rb");
     fread(ss,sizeof(STU),N,fp);
     fclose(fp);
     for (j=0;j<N;j++)
     {printf("\nNo:%ld Name:%-8s Scores:",ss[j].sno,ss[j].name);
       for (i=0; i<3;i++) printf("%6.2f",ss[j].score[i]);
       printf("\n");
    }
    }
```

5. 程序的功能是：从键盘输入若干行文本（每行不超过 80 个字符），并写入文件 myfile4.txt 中，用-1 作为字符串输入结束的标志。然后将文件的内容读出并显示在屏幕上。文件的读/写分别由自定义函数 ReadText 和 WriteText 实现。请在程序的下划线处填入正确的内容，使程序得到正确的结果。

注意：不得增行或删行，也不得更改程序的结构。

```
#include <stdio.h>
#include <string.h>
#include <stdlib.h>
void WriteText(FILE *);
void ReadText(FILE *);
main()
{FILE *fp;
  if((fp=fopen("myfile4.txt","w"))==NULL)
  {printf("open fail!!\n");exit(0);}
  WriteText(fp);
  fclose(fp);
  if((fp=fopen("myfile4.txt","r"))==NULL)
  {printf("open fail!!\n");exit(0);}
  ReadText(fp);
  fclose(fp);
}
/**********found**********/
void WriteText(FILE____1____)
{char str[81];
  printf("\nEnter string with -1 to end:\n");
```

```
  gets(str);
  while(strcmp(str,"-1")!=0) {
/**********found**********/
  fputs(___2___,fw);fputs("\n",fw);
  gets(str);
  }
}
void ReadText(FILE *fr)
{char str[81];
  printf("\nRead file and output to screen:\n");
  fgets(str,81,fr);
  while(!feof(fr)){
/**********found**********/
  printf("%s",___3___);
  fgets(str,81,fr);
  }
}
```

6. 给定程序中，函数 fun 的功能是：将自然数 1～10 以及它们的平方根写入名为 myfile3.txt 的文本文件中，然后顺序读出并显示在屏幕上。请在程序的下划线处填入正确的内容，使程序得到正确的结果。

注意：不得增行或删行，也不得更改程序的结构。

```
#include <math.h>
#include <stdio.h>
int fun(char *fname)
{FILE *fp;int i,n;float x;
  if((fp=fopen(fname,"w"))==NULL) return 0;
  for(i=1;i<=10;i++)
/**********found**********/
  fprintf(___1___,"%d%f\n",i,sqrt((double)i));
  printf("\nSucceed!! \n");
/**********found**********/
  ___2___;
  printf("\nThe data in file:\n");
/**********found**********/
  if((fp=fopen(___3___,"r"))==NULL)
  return 0;
  fscanf(fp,"%d%f",&n,&x);
  while(!feof(fp))
  {printf("%d %f\n",n,x);fscanf(fp,"%d%f",&n,&x);}
  fclose(fp);
  return 1;
}
main()
{char fname[]="myfile3.txt";
  fun(fname);
}
```

附录A　C语言中的运算符及优先级

C语言中的运算符及优先级如表A-1所示。

表A-1　C语言中的运算符及优先级

优先级	运算符	名称或含义	使用形式	结合方向	说明
1	[]	数组下标	数组名[常量表达式]	从左到右	
	()	圆括号	（表达式）/函数名（形参表）		
	.	成员选择（对象）	对象.成员名		
	→	成员选择（指针）	对象指针→成员名		
2	-	负号运算符	-表达式	从右到左	单目运算符
	（类型）	强制类型转换	（数据类型）表达式		
	++	自增运算符	++变量名/变量名++		单目运算符
	--	自减运算符	--变量名/变量名--		单目运算符
	*	取值运算符	*指针变量		单目运算符
	&	取地址运算符	&变量名		单目运算符
	!	逻辑非运算符	!表达式		单目运算符
	~	按位取反运算符	~表达式		单目运算符
	sizeof	长度运算符	sizeof（表达式）		
3	/	除	表达式/表达式	从左到右	双目运算符
	*	乘	表达式*表达式		双目运算符
	%	余数（取模）	整型表达式/整型表达式		双目运算符
4	+	加	表达式+表达式	从左到右	双目运算符
	-	减	表达式-表达式		双目运算符
5	<<	左移	变量<<表达式	从左到右	双目运算符
	>>	右移	变量>>表达式		双目运算符
6	>	大于	表达式>表达式	从左到右	双目运算符
	>=	大于等于	表达式>=表达式		双目运算符
	<	小于	表达式<表达式		双目运算符
	<=	小于等于	表达式<=表达式		双目运算符
7	==	等于	表达式==表达式	从左到右	双目运算符
	!=	不等于	表达式!=表达式		双目运算符

续表

<table>
<tr><th>优先级</th><th>运算符</th><th>名称或含义</th><th>使用形式</th><th>结合方向</th><th>说明</th></tr>
<tr><td>8</td><td>&</td><td>按位与</td><td>表达式&表达式</td><td>从左到右</td><td>双目运算符</td></tr>
<tr><td>9</td><td>^</td><td>按位异或</td><td>表达式^表达式</td><td>从左到右</td><td>双目运算符</td></tr>
<tr><td>10</td><td>|</td><td>按位或</td><td>表达式|表达式</td><td>从左到右</td><td>双目运算符</td></tr>
<tr><td>11</td><td>&&</td><td>逻辑与</td><td>表达式&&表达式</td><td>从左到右</td><td>双目运算符</td></tr>
<tr><td>12</td><td>||</td><td>逻辑或</td><td>表达式||表达式</td><td>从左到右</td><td>双目运算符</td></tr>
<tr><td>13</td><td>?:</td><td>条件运算符</td><td>表达式 1?表达式 2: 表达式 3</td><td>从右到左</td><td>三目运算符</td></tr>
<tr><td rowspan="11">14</td><td>=</td><td>赋值运算符</td><td>变量=表达式</td><td rowspan="11">右到左</td><td></td></tr>
<tr><td>/=</td><td>除后赋值</td><td>变量/=表达式</td><td></td></tr>
<tr><td>*=</td><td>乘后赋值</td><td>变量*=表达式</td><td></td></tr>
<tr><td>%=</td><td>取模后赋值</td><td>变量%=表达式</td><td></td></tr>
<tr><td>+=</td><td>加后赋值</td><td>变量+=表达式</td><td></td></tr>
<tr><td>-=</td><td>减后赋值</td><td>变量-=表达式</td><td></td></tr>
<tr><td><<=</td><td>左移后赋值</td><td>变量<<=表达式</td><td></td></tr>
<tr><td>>>=</td><td>右移后赋值</td><td>变量>>=表达式</td><td></td></tr>
<tr><td>&=</td><td>按位与后赋值</td><td>变量&=表达式</td><td></td></tr>
<tr><td>^=</td><td>按位异或后赋值</td><td>变量^=表达式</td><td></td></tr>
<tr><td>|=</td><td>按位或后赋值</td><td>变量|=表达式</td><td></td></tr>
<tr><td>15</td><td>,</td><td>逗号运算符</td><td>表达式,表达式,…</td><td>左到右</td><td>从左向右顺序运算</td></tr>
</table>

附录B　常用字符与ASCII码对照表

常用字符与ASCII码对照表如表B-1所示。

表B-1　常用字符与ASCII码对照表

ASCII值	字符	控制字符	ASCII值	字符	ASCII值	字符	ASCII值	字符	ASCII值	字符	ASCII值	字符	ASCII值	字符	ASCII值	字符
000	null	NUL	032	(space)	064	@	096	’	128	Ç	160	á	192	└	224	α
001	☺	SOH	033	!	065	A	097	a	129	Ü	161	í	193	┴	225	β
002	☻	STX	034	"	066	B	098	b	130	é	162	ó	194	┬	226	Γ
003	♥	ETX	035	#	067	C	099	c	131	â	163	ú	195	├	227	π
004	♦	EOT	036	$	068	D	100	d	132	ā	164	ñ	196	─	228	Σ
005	♣	END	037	%	069	E	101	e	133	à	165	Ñ	197	†	229	σ
006	♠	ACK	038	&	070	F	102	f	134	å	166	ª	198	╞	230	μ
007	beep	BEL	039	'	071	G	103	g	135	ç	167	º	199	╟	231	τ
008	backspace	BS	040	(	072	H	104	h	136	ê	168	¿	200	╚	232	Φ
009	tab	HT	041	)	073	I	105	i	137	ë	169	┌	201	╔	233	θ
010	换行	LF	042	*	074	J	106	j	138	è	170	┐	202	╩	234	Ω
011	♂	VT	043	+	075	K	107	k	139	ï	171	½	203	╦	235	δ
012	♀	FF	044	,	076	L	108	l	140	î	172	¼	204	╠	236	∞
013	回车	CR	045	-	077	M	109	m	141	ì	173	¡	205	═	237	ø
014	♫	SO	046	.	078	N	110	n	142	Ä	174	«	206	╬	238	ϵ
015	☼	SI	047	/	079	O	111	o	143	Å	175	»	207	╧	239	∩
016	►	DLE	048	0	080	P	112	p	144	É	176	░	208	╨	240	≡
017	◄	DC1	049	1	081	Q	113	q	145	æ	177	▒	209	╤	241	±
018	↕	DC2	050	2	082	R	114	r	146	Æ	178	▓	210	╥	242	≥
019	‼	DC3	051	3	083	S	115	s	147	ô	179	│	211	╙	243	≤
020	¶	DC4	052	4	084	T	116	t	148	ö	180	┤	212	╘	244	⌠
021	§	NAK	053	5	085	U	117	u	149	ò	181	╡	213	╒	245	⌡
022	▬	SYN	054	6	086	V	118	v	150	û	182	╢	214	╓	246	÷
023	↨	ETB	055	7	087	W	119	w	151	ù	183	╖	215	╫	247	≈
024	↑	CAN	056	8	088	X	120	x	152	ÿ	184	╕	216	╪	248	°
025	↓	EM	057	9	089	Y	121	y	153	ö	185	╣	217	┘	249	•

续表

ASCII值	字符	控制字符	ASCII值	字符	ASCII值	字符	ASCII值	字符	ASCII值	字符	ASCII值	字符	ASCII值	字符	ASCII值	字符
026	→	SUB	058	:	090	Z	122	z	154	Ü	186	║	218	┌	250	·
027	←	ESC	059	;	091	[	123	{	155	¢	187	╗	219	█	251	√
028	∟	FS	060	<	092	\	124	¦	156	£	188	╝	220	▄	252	^{n}
029	↔	GS	061	=	093	]	125	}	157	¥	189	╜	221	▌	253	^{2}
030		RS	062	>	094	^	126	~	158	Pt	190	┘	222	▐	254	□
031	▼	US	063	?	095	_	127	⌂	159	ƒ	191	┐	223	▀	255	

参考文献

[1] 谭浩强. C 程序设计[M]. 五版.北京：清华大学出版社，2017.

[2] 谭浩强. C 程序设计 学习辅导[M]. 五版.北京：清华大学出版社，2017.

[3] 谭浩强. C++程序设计[M]. 三版.北京：清华大学出版社，2015.

[4] 谭浩强. C++程序设计题解与上机指导[M]. 三版.北京：清华大学出版社，2015.

[5] 郑莉. C++程序设计基础教程[M]. 北京：清华大学出版社，2010.

[6] 杨路明. C 语言程序设计教程[M]. 北京：北京邮电大学出版社，2012.

[7] 钱能.C++程序设计教程详解——过程化编程[M]. 北京：清华大学出版社，2014.

[8] 何钦铭，颜晖. C 语言程序设计[M]. 三版.北京：高等教育出版社，2015.

[9] 苏小红. C 语言程序设计[M]. 三版.北京：高等教育出版社，2015.

[10] 张思卿，谭晓玲. C 语言程序设计教程[M]. 北京：化学工业出版社，2012.

[11] 张思卿，谭晓玲. C 语言程序设计实训指导与习题解答[M]. 北京：化学工业出版社，2012.

[12] 谭晓玲. C 语言程序设计. 重庆：重庆三峡学院校编讲义，2017.

[13] Brian W.Kernighan & Dennis M.Ritchie. The C Programming Language [M]. Second Edition.北京：机械工业出版社，2007.

[14] Peter Prinz & Tony Crawford. C in a Nutshell[M].O'Reilly Taiwan 公司译.北京：机械工业出版社，2008.

参考文献

[1] 谭浩强. C程序设计[M]. 5版. 北京：清华大学出版社，2017.

[2] [illegible]. 北京：人民邮电出版社，2010.

[3] [illegible] C程序设计[M]. [illegible]，2015.

[4] [illegible]，2013.

[5] [illegible] C[illegible]. [illegible] 出版社，2010.

[6] [illegible]. C语言程序设计[M]. [illegible]. 北京理工大学出版社，2012.

[7] [illegible]，2013.

[8] [illegible] [M]. [illegible] 出版社，2015.

[9] [illegible] [M]. [illegible] 出版社，2013.

[10] [illegible] C[illegible] [M]. [illegible] 出版社，2013.

[11] [illegible] [M]. [illegible]，2013.

[12] [illegible] C[illegible] [M]. [illegible]，2011.

[13] Brian W. Kernighan, Dennis M. Ritchie. The C Programming Language [M]. Second Edition. [illegible] 出版社，2007.

[14] Peter Prinz & Tony Crawford. C in a Nutshell[M]. O'Reilly Taiwan 公司，译. [illegible]，2008.